U0743561

高职高专公共基础课系列教材

# 信息技术素养

主　编　许新忠

副主编　李　哲　董晶晶　牛合利

参　编　樊园园　邢　星　范鲁娜

西安电子科技大学出版社

# 内 容 简 介

　　本书是一本介绍信息技术基础知识和应用的教材，全书对计算机基础知识、文字处理软件Word、电子表格处理软件 Excel、演示文稿软件 PowerPoint、计算机操作系统与网络、多媒体技术、信息前沿技术等知识进行了系统讲解，内容丰富，图片精美。

　　本书可以作为高职高专学校的教材，还可以作为办公人员、广大计算机使用者的参考书。

**图书在版编目(CIP)数据**

信息技术素养 / 许新忠主编. —西安：西安电子科技大学出版社，2022.8(2023.8 重印)
ISBN 978 - 7 - 5606 - 6631 - 0

Ⅰ. ①信⋯　Ⅱ. ①许⋯　Ⅲ. ①电子计算机—高等职业教育—教材
Ⅳ. ①TP3

中国版本图书馆 CIP 数据核字(2022)第 147205 号

策　　划　李鹏飞　刘　杰
责任编辑　李鹏飞
出版发行　西安电子科技大学出版社(西安市太白南路 2 号)
电　　话　(029)88202421　88201467　　邮　　编　710071
网　　址　www. xduph. com　　　　电子邮箱　xdupfxb001@163. com
经　　销　新华书店
印刷单位　陕西博文印务有限责任公司
版　　次　2022 年 8 月第 1 版　2023 年 8 月第 2 次印刷
开　　本　787 毫米×1092 毫米　1/16　印张 15.5
字　　数　365 千字
印　　数　6001~13 500 册
定　　价　45.00 元
ISBN 978 - 7 - 5606 - 6631 - 0/TP

XDUP 6933001 - 2

**＊ ＊ ＊如有印装问题可调换＊ ＊ ＊**

# 前　言

随着信息时代的到来和计算机信息技术的高速发展，许多单位对于工作人员的办公文档处理能力提出了越来越高的要求。适应信息化发展需求对大学生来说已经越来越迫切，学习办公信息化相关知识也已经成为各类专业学生的共识。为了培养符合时代要求的新一代大学生，满足大学生对信息技术基础知识的需求，我们编写了本书。

本书从实际出发，以培养学生的职业能力、实际动手能力和创新能力为目标，着重介绍了信息技术的相关基础知识、办公信息化知识以及信息技术前沿知识。全书共 7 个模块，模块 1 介绍了计算机基础知识的相关内容，主要包括计算机概述、计算机硬件系统、计算机软件系统、计算机信息表示、计算机安全及产权保护等；模块 2 介绍了文字处理软件 Word，主要包括常规排版、图文操作、表格、制作海报和设计毕业论文等；模块 3 介绍了电子表格处理软件 Excel，主要包括 Excel 2016 的概述、基本操作、公式和函数的运用、数据分析处理、图表操作、数据透视表和数据透视图、制作"企业人力资源管理"图表等；模块 4 介绍了演示文稿软件 PowerPoint，主要包括 PowerPoint 2016 的概述、PowerPoint 2016 基本操作、幻灯片设计、幻灯片动画设计、幻灯片设计理论、PowerPoint 2016 综合应用案例等；模块 5 介绍了计算机操作系统与网络，主要包括操作系统概述、Windows 10 基本操作、计算机网络、物联网技术、网络安全与管理等；模块 6 介绍了多媒体技术，主要包括多媒体基础知识、多媒体信息与文件、多媒体信息处理的关键技术、多媒体计算机系统构成等；模块 7 介绍了信息前沿技术，主要包括大数据、云计算、人工智能、区块链等。

本书实例丰富，结构清晰，易于理解。通过本书的学习，能够帮助学生夯实理论知识，增强实践能力，提高信息技术实际应用水平。

本书在编写过程中，参考和学习了大量文献资料，在此向这些文献的作者致以诚挚的感谢。由于编者水平有限，书中不足之处在所难免，恳请读者批评指正。

编　者
2022 年 6 月

# 目　　录

# 模块 1

# 计算机基础知识

计算机(Computer)俗称电脑，是一种用于高速计算的电子计算机器。计算机既可以进行数值计算，又可以进行逻辑计算，还具有存储记忆功能，是能够按照程序运行，自动、高速处理海量数据的现代化智能电子设备。计算机由硬件系统和软件系统组成，没有安装任何软件的计算机称为"裸机"。计算机可分为超级计算机、工业控制计算机、网络计算机、个人计算机、嵌入式计算机5类，较先进的计算机有生物计算机、光子计算机、量子计算机等。本模块主要介绍计算机的相关基础知识，包括计算机的产生、发展、组成、信息表示等内容。

## 任务 1.1　计算机概论

### 1.1.1　计算机的产生

世界上第一台电子数字式计算机于 1946 年 2 月 15 日在美国宾夕法尼亚大学研制成功，它的名称叫 ENIAC，是电子数值积分式计算机(Electronic Numberical Integrator and Computer)的缩写。它使用了 17 468 个真空电子管，耗电 174 千瓦，占地 170 平方米，重达 30 吨，每秒可进行 5000 次加法运算。虽然它还比不上今天最普通的一台微型计算机，但在当时它绝对是运算速度的冠军，并且其运算的精确度和准确度也是史无前例的。以圆周率(π)的计算为例，中国的古代数学家祖冲之利用算筹，耗费 15 年心血，才把圆周率计算到小数点后 7 位数。一千多年后，英国人香克斯以毕生精力计算圆周率，才计算到小数点后 707 位。而使用 ENIAC 进行计算，仅用了 40 秒就达到了这个纪录，还发现香克斯的计算中，第 528 位是错误的。

ENIAC 奠定了电子计算机的发展基础，在计算机发展史上具有划时代的意义，它的问世标志着电子计算机时代的到来。ENIAC 诞生后，数学家冯·诺依曼提出了重大的改进理论，主要有两点：其一是电子计算机应该以二进制为运算基础，其二是电子计算机应采用"存储程序"方式工作。冯·诺依曼进一步明确指出了整个计算机的结构应由五个部分组成：运算器、控制器、存储器、输入设备和输出设备。冯·诺依曼这些理论的提出，解决了计算机运算自动化的问题和速度配合的问题，对后来计算机的发展起到了决定性的作用。直至今天，绝大部分计算机的工作原理还是基于冯·诺依曼的理论。

## 1.1.2 计算机发展简史

ENIAC 诞生后的短短几十年间,计算机的发展突飞猛进。每一次更新换代都使计算机的体积和耗电量大大减小,功能大大增强,应用领域进一步拓宽。特别是体积小、价格低、功能强的微型计算机的出现,使得计算机迅速普及,进入了办公室和家庭,在办公自动化和多媒体应用方面发挥了很大的作用。目前,计算机的应用已扩展到社会的各个领域。计算机的发展过程可分成以下 4 个阶段。

**1. 第 1 代:电子管数字机(1946—1958 年)**

硬件方面,这一代计算机的逻辑元件采用的是真空电子管,用光屏管或汞延时电路作为存储器,输入或输出主要采用穿孔卡片或纸带;软件方面采用的是机器语言和汇编语言。这一代计算机体积大、功耗高、可靠性差、速度慢(一般为每秒数千次至数万次)、价格昂贵。但是,第 1 代计算机为以后的计算机发展奠定了基础,其应用领域以军事和科学计算为主。

**2. 第 2 代:晶体管数字机(1959—1964 年)**

20 世纪 50 年代中期,晶体管的出现使计算机的技术得到了巨大的发展。第 2 代计算机由晶体管代替电子管作为计算机的基础器件,用磁芯或磁鼓作存储器;软件方面出现了 Fortran、Cobol、Algo160 等计算机高级语言。第 2 代计算机的特点是体积缩小、能耗降低、可靠性提高、运算速度提高(一般为每秒数十万次,最高可达三百万次)、性能比第 1 代计算机有很大提升。其应用领域以科学计算和事务处理为主,并开始进入工业控制领域。

**3. 第 3 代:集成电路数字机(1965—1970 年)**

硬件方面,逻辑元件采用中小规模集成电路(MSI、SSI),主存储器仍采用磁芯;软件方面,出现了分时操作系统以及结构化、规模化程序设计方法。第 3 代计算机的特点是速度更快(一般为每秒数百万次至数千万次),而且可靠性有了显著提高,价格进一步下降,产品走向了通用化、系列化和标准化等。其应用开始进入文字处理和图形图像处理领域。

**4. 第 4 代:大规模集成电路机(1971 年至今)**

硬件方面,逻辑元件采用大规模和超大规模集成电路(LSI 和 VLSI);软件方面,出现了数据库管理系统、网络管理系统和面向对象语言等。1971 年世界上第一台微处理器在美国硅谷诞生,开创了微型计算机的新时代。第 4 代计算机的应用领域从科学计算、事务管理、过程控制逐步走向家庭。

## 1.1.3 计算机的特点及分类

**1. 计算机主要特点**

(1) 运算速度快。

计算机可以高速准确地完成各种算术运算。当今计算机系统的运算速度已达到每秒万亿次，微机也可达每秒亿次以上，这使得大量复杂的科学计算问题得以解决。在现代社会里，卫星轨道的计算、大型水坝的计算、24小时天气的计算，用计算机只需几分钟就可完成。

（2）计算精确度高。

科学技术的发展特别是尖端科学技术的发展，需要高度精确的计算。计算机控制的导弹之所以能准确地击中预定的目标，是与计算机的精确计算分不开的。一般计算机可以有十几位甚至几十位（二进制）有效数字，计算精度可达千分之几至百万分之几，是任何计算工具都望尘莫及的。

（3）逻辑运算能力强。

计算机不仅能进行精确计算，还具有逻辑运算功能，能对信息进行比较和判断。计算机能把参加运算的数据、程序以及中间结果和最后结果保存起来，并能根据判断的结果自动执行下一条指令以供用户随时调用。

（4）存储容量大。

计算机内部的存储器具有记忆能力，可以存储大量的信息。这些信息中，不仅包括各类数据信息，还包括加工这些数据的程序。

（5）自动化程度高。

由于计算机具有存储记忆能力和逻辑判断能力，因此人们可以将预先编好的程序组纳入计算机内存，在程序控制下，计算机可以连续地、自动地工作，不需要人为干预。

（6）性价比高。

随着计算机的应用越来越普遍化、大众化，它几乎已成为每家每户不可缺少的电器之一。

## 2. 计算机的分类

1）超级计算机

超级计算机（Supercomputer）通常是由数百数千甚至更多的处理器（机）组成的、能计算普通PC（个人计算机）和服务器不能完成的大型复杂课题的计算机。超级计算机是计算机中功能最强、运算速度最快、存储容量最大的一类计算机，是国家科技发展水平和综合国力的重要标志。超级计算机拥有最强的并行计算能力，主要用于科学计算，在气象、军事、能源、航天、探矿等领域承担大规模、高速度的计算任务。在结构上，虽然超级计算机和服务器都可能是多处理器系统，二者并无实质区别，但是现代超级计算机较多采用集群系统，更注重浮点运算的性能，可看作是一种专注于科学计算的高性能服务器，而且价格非常昂贵。

2）网络计算机

网络计算机包括服务器、工作站、集线器、交换机、路由器等。其中，集线器、交换机、路由器是特殊的网络计算机，它的硬件基础为CPU、存储器和接口，软件基础是网络互联操作系统（OS）。

服务器专指某些高性能计算机，能通过网络对外提供服务。相对于普通计算机来说，服务器对稳定性、安全性等方面的性能要求都更高，因此在CPU、芯片组、内存、磁盘系统、网络等硬件方面和普通计算机有所不同。服务器是网络的节点，存储、处理网络上80％的数据和信息，在网络中起到极其重要的作用。它们是为客户端计算机提供各种服务的高性能的计算机，其高性能主要表现在高速度的运算能力、长时间的可靠运行、强大的外部数据吞吐能力等方面。服务器的构成与普通计算机类似，也有处理器、硬盘、内存、系统总线等，但因为它是针对具体的网络应用特别制定的，所以服务器与微机在处理能力、稳定性、可靠性、安全性、可扩展性、可管理性等方面存在很大差异。服务器主要有网络服务器(DNS、DHCP)、打印服务器、终端服务器、磁盘服务器、邮件服务器、文件服务器等。

工作站是一种以个人计算机和分布式网络计算为基础，主要面向专业应用领域，具备强大的数据运算与图形、图像处理能力，为满足工程设计、动画制作、科学研究、软件开发、金融管理、信息服务、模拟仿真等专业领域而设计开发的高性能计算机。工作站最突出的特点是具有很强的图形处理能力，因此在图形图像领域，特别是计算机辅助设计领域，得到了迅速的发展。典型的代表产品为美国 Sun 公司的 Sun 系列工作站。

集线器(HUB)是一种共享介质的网络设备，它的作用可以简单地理解为，将一些机器连接起来组成一个局域网。HUB 本身不能识别目的地址，集线器上的所有端口争用一个共享信道的宽带，数据包在以 HUB 为架构的网络上以广播方式进行传输。

交换机(Switch)是按照通信两端传输信息的需要，以人工或设备自动完成的方法把要传输的信息送到符合要求的相应路由上的设备。广义的交换机就是一种在通信系统中完成信息交换功能的设备，它是集线器的升级换代产品，外观上与集线器非常相似，其作用与集线器大体相同。但是两者在性能上有区别：集线器采用的是共享带宽的工作方式，而交换机采用的是独享带宽的方式。

路由器(Router)是一种负责寻径的网络设备，在互联网络中能从多条路径中寻找通信量最少的一条网络路径提供给用户通信。路由器用于连接多个逻辑上分开的网络，为用户提供最佳的通信路径，路由器利用路由表为数据传输选择路径。路由表包含网络地址以及各地址之间距离的清单。路由器利用路由表查找数据包从当前位置到目的地址的正确路径，路由器使用最少时间算法或最优路径算法来调整信息传递的路径。

3）工业控制计算机

工业控制计算机是一种采用总线结构，对生产过程及其机电设备、工艺装备进行检测与控制的计算机系统总称，简称工控机。它由计算机和过程输入/输出(I/O)设备两大部分组成。工控机的主要类别有 IPC(PC 总线工业电脑)、PLC(可编程控制系统)、DCS(分散型控制系统)、FCS(现场总线系统)及 CNC(计算机数控)系统 5 种。

IPC 即基于 PC 总线的工业电脑，它的主要特点是价格低、质量高、产量大、软/硬件资源丰富。它的主要组成部分为工业机箱、无源底板及可插入其上的各种板卡(如 CPU卡、I/O 卡等)。IPC 采取全钢机壳、机卡压条过滤网、双正压风扇等设计及 EMC(Electro Magnetic Compatibility)技术以解决工业现场的电磁干扰、振动、灰尘、高/低温等问题。

PLC 采用一类可编程的存储器，用于其内部存储程序，执行逻辑运算、顺序控制、定时、计数与算术操作等面向用户的指令，并通过数字或模拟式输入/输出控制各种类型的机械或生产过程。

DCS 是一种高性能、高质量、低成本、配置灵活的分散控制系统系列产品，可以构成各种独立的控制系统、分散控制系统、监控和数据采集系统，能满足各种工业领域对过程控制和信息管理的需求。

FCS 是全数字串行、双向通信系统。系统内测量和控制设备如探头、激励器和控制器可相互连接、监测和控制。在工厂网络的分级中，它既作为过程控制（如 PLC、LC 等）和应用智能仪表（如变频器、阀门、条码阅读器等）的局部网，又具有在网络上分布控制应用的内嵌功能。国际上已知的现场总线类型有 40 余种，比较典型的现场总线有 FF、Profibus、LONworks、CAN、HART、CC-LINK 等。

CNC 系统是采用微处理器或专用微机的数控系统，由事先存放在存储器里的系统程序（软件）来实现控制逻辑，实现部分或全部数控功能，并通过接口与外围设备进行连接，称为计算机数控系统。

4）个人计算机

个人计算机包括台式机、一体机、笔记本电脑、掌上电脑、平板电脑。

台式机（Desktop）也叫桌面机，相对于笔记本电脑体积较大，主机、显示器等设备一般都是相互独立的，需要放置在电脑桌或者专门的工作台上，因此命名为台式机。台式机是非常流行的微型计算机，多数人家里和公司用的计算机都是台式机。

一体机是由一台显示器、一个计算机键盘和一个鼠标组成的计算机。它的芯片、主板与显示器集成在一起，显示器就是一台计算机，因此只要将键盘和鼠标连接到显示器上，机器就能使用。随着无线技术的发展，一体机的键盘、鼠标与显示器可实现无线连接，机器只有一根电源线。这就解决了一直为人诟病的台式机线缆多而杂的问题。有的一体机还具有电视接收、AV 功能，可整合专用软件，用于特定行业。

笔记本电脑（Notebook 或 Laptop）也称为手提电脑或膝上型电脑，是一种小型、可携带的个人计算机。笔记本电脑除了键盘，还提供了触控板（Touch Pad）或触控点（Pointing Stick），能够更好地支持定位和输入功能。

平板电脑是一款无须翻盖、没有键盘、大小不等、形状各异，却功能完整的电脑。其构成组件与笔记本电脑基本相同，但它是利用触笔在屏幕上书写，而不是使用键盘和鼠标输入，并且打破了笔记本电脑键盘与屏幕垂直的 J 型设计模式。它除了拥有笔记本电脑的所有功能，还支持手写输入或语音输入，且移动性和便携性更胜一筹。

## 1.1.4 计算机的主要技术指标

计算机的用途不同，对不同部件的性能指标要求也有所不同。例如：科学计算为主的计算机，其对主机的运算速度要求很高；以大型数据库处理为主的计算机，其对主机的内存容量、存取速度和外存储器的读写速度要求较高；用作网络传输的计算机，则要求有很高的 I/O 速度，因此应当有高速的 I/O 总线和相应的 I/O 接口。

### 1. 运算速度

计算机的运算速度是指计算机每秒钟执行的指令数，单位为百万条指令每秒（MIPS）或者百万条浮点指令每秒（MFPOPS），它们都是用基准程序来测试的。影响运算速度的有如下几个主要因素：

1）CPU 的主频

CPU 的主频是指计算机的时钟频率，它在很大程度上决定了计算机的运算速度。例如，Intel 公司的 CPU 主频最高已达 3.20 GHz 以上，AMD 公司的 CPU 主频可达 400 MHz 以上。

2）字长

字长是 CPU 进行运算和数据处理的最基本、最有效的信息位长度。PC 的字长，已由 8088 的准 16 位（运算用 16 位，I/O 用 8 位）发展到现在的 32 位、64 位。

3）指令系统的合理性

每种机器都设计了一套指令，一般均有数十条到上百条，例如：加、浮点加、逻辑与、跳转等，组成了指令系统。

**2. 存储器的指标**

1）存取速度

内存储器完成一次读（取）或写（存）操作所需的时间称为存储器的存取时间或者访问时间。而连续两次读（或写）所需的最短时间称为存储周期。对于半导体存储器来说，存取周期约为几十到几百纳秒（$10^{-9}$ s）。

2）存储容量

存储容量一般用字节（Byte）数来度量。PC 的内存储器已由 286 机配置的 1 MB，发展到现在的 2 GB 或 4 GB。内存容量的增加，对于运行大型软件十分必要，否则运行速度会慢得让人无法忍受。

**3. I/O 的速度**

主机 I/O 的速度，取决于 I/O 总线的设计。这对于慢速设备（例如键盘、打印机）关系不大，但对于高速设备的效果十分明显。

## 1.1.5 计算机应用简介

**1. 信息管理**

信息管理是以数据库管理系统为基础，辅助管理者提高决策水平，改善运营策略的计算机技术。信息处理包括数据的采集、存储、加工、分类、排序、检索和发布等一系列工作。信息处理已成为当代计算机的主要任务，是现代化管理的基础。信息管理已广泛应用于办公自动化、企事业计算机辅助管理与决策、情报检索、图书馆管理、电影电视动画设计、会计电算化等各行各业。

**2. 过程控制**

过程控制是利用计算机实时采集数据、分析数据，按最优值迅速地对控制对象进行自动调节或自动控制。采用计算机进行过程控制，不仅可以大大提高控制的自动化水平，而且可以提高控制的时效性和准确性，从而改善劳动条件、提高产量及合格率。因此，计算机过程控制已在机械、冶金、石油、化工、电力等行业得到广泛应用。

**3．辅助技术**

计算机辅助技术包括计算机辅助设计（CAD）、计算机辅助制造（CAM）和计算机辅助教学（CAI）。

CAD是利用计算机系统辅助设计人员进行工程或产品设计，以实现最佳设计效果的一种技术。CAD技术已应用于飞机设计、船舶设计、建筑设计、机械设计、大规模集成电路设计等。采用CAD技术，可缩短设计时间，提高工作效率，节省人力、物力和财力，更重要的是可提高设计质量。

CAM是指利用计算机系统进行产品的加工控制过程的技术，输入的信息是零件的工艺路线和工程内容，输出的信息是刀具的运动轨迹。将CAD和CAM技术集成，可以实现设计产品生产的自动化，这种技术被称为计算机集成制造系统。有些国家已把CAD和CAM、计算机辅助测试及计算机辅助工程组成一个集成系统，使设计、制造、测试和管理有机地组成为一体，形成高度的自动化系统，因此产生了自动化生产线和"无人工厂"。

CAI是指利用计算机系统进行课堂教学的技术。教学课件可以用PowerPoint或Flash等软件制作。CAI不仅能减轻教师的负担，还能使教学内容生动、形象逼真，能够以动态的方式演示实验原理或操作过程，激发学生的学习兴趣，提高教学质量，为培养现代化、高质量人才提供有效方法。

**4．翻译**

1947年，美国数学家、工程师沃伦·韦弗与英国物理学家、工程师安德鲁·布思提出了以计算机进行翻译（简称"机译"）的设想，使机译从此步入历史舞台，并走过了一条曲折而漫长的发展道路。机译被列为21世纪世界十大科技难题之一。与此同时，机译技术也拥有巨大的应用需求。

机译消除了不同文字和语言间的隔阂，堪称高科技造福人类之举。但机译的译文质量长期以来一直是个问题，离理想目标仍相差甚远。中国数学家、语言学家周海中教授认为，在人类尚未明了大脑是如何进行语言的模糊识别和逻辑判断的情况下，机译要想达到"信、达、雅"的程度是不可能的。这一观点道出了制约译文质量的瓶颈所在。

**5．多媒体应用**

随着电子技术特别是通信和计算机技术的发展，人们已经有能力把文本、音频、视频、动画、图形和图像等各种媒体综合起来，构成一种全新的概念——"多媒体"（Multimedia）。在医疗、教育、商业、银行、保险、行政管理、军事、工业、广播、交流和出版等领域，多媒体的应用发展得很快。

**6．计算机网络**

计算机网络是由一些独立的、具备信息交换能力的计算机互联构成的，以实现资源共享的系统。计算机在网络方面的应用使人类之间的交流跨越了时间和空间的障碍。计算机网络已成为人类建立信息社会的物质基础，它给我们的工作带来极大的便捷，如在全国范围内的信用卡、火车和飞机票多系统的使用等。用户可以在全球最大的互联网络——Internet上进行浏览、检索信息、收发电子邮件、阅读书报、玩网络游戏、选购商品、参与众多问题的讨论、实现远程医疗服务等。

### 1.1.6 计算机的发展趋势

随着科技的进步,各种计算机技术、网络技术的飞速发展,计算机的发展已经进入了一个快速而又崭新的时代,计算机已经从功能单一、体积较大发展到了功能复杂、体积微小、资源网络化等。计算机的未来充满了变数,性能的大幅度提高是不可置疑的,而实现性能的飞跃却有多种途径。不过性能的大幅提升并不是计算机发展的唯一路线,计算机的发展还应当变得越来越人性化,同时也要注重环保等问题。

计算机从出现至今,经历了机器语言,程序语言,简单操作系统和 Linux、MacOS、BSD、Windows 4 代现代操作系统,运行速度也得到了极大的提升,第 4 代计算机的运算速度已经达到几十亿次每秒。计算机也由原来的仅供军事科研使用发展到人人可拥有。计算机强大的应用功能,产生了巨大的市场需要,未来计算机性能应向着巨型化、微型化、网络化、智能化等方向发展。

**1. 巨型化**

巨型化是指为了适应尖端科学技术的需要,发展高速度、大存储容量和功能强大的超级计算机。随着人们对计算机的依赖性越来越强,特别是在军事和科研教育方面对计算机的存储空间和运行速度等要求会越来越高。

**2. 微型化**

微型化是指随着微型处理器(CPU)的出现,计算机中开始使用微型处理器,使计算机体积缩小,成本降低。另一方面,软件行业的飞速发展,提高了计算机内部操作系统的便捷度,计算机外部设备也趋于完善。计算机理论和技术的不断完善,促使微型计算机很快渗透到社会的各个行业和部门中,并成为人们生活和学习的必需品。几十年来,计算机的体积不断缩小,台式机、笔记本电脑、掌上电脑、平板电脑体积逐步微型化,为人们提供便捷的服务。因此,未来的计算机仍会不断趋于微型化,体积将越来越小。

**3. 网络化**

互联网将世界各地的计算机连接在一起,从此进入了互联网时代。计算机网络化彻底改变了人类世界,人们通过互联网进行沟通和交流(OICQ、微博等)、教育资源共享(文献查阅、远程教育等)、信息查阅共享(百度、谷歌)等,特别是无线网络的出现,极大地提高了人们使用网络的便捷性,未来计算机将会进一步向网络化方向发展。

**4. 智能化**

计算机人工智能化是未来发展的必然趋势。现代计算机具有强大的功能和运行速度,但与人脑相比,其智能化和逻辑能力仍有待提高。人类不断在探索如何让计算机能够更好地反映人类思维,使计算机能够具有人类的逻辑思维判断能力,可以通过思考与人类沟通和交流,抛弃以往的通过编码程序来运行计算机的方法,而是直接对计算机发出指令。

**5. 多媒体**

传统的计算机处理的信息主要是字符和数字。事实上,人们更习惯的是图片、文字、声音、图像等多种形式的多媒体信息。多媒体技术可以集图形、图像、音频、视频、文字于一体,使信息处理的对象和内容更加接近真实世界。

**6. 技术结合**

计算机微型处理器(CPU)以晶体管为基本元件,随着处理器的不断完善和更新换代的速度加快,计算机结构和元件也会发生很大的变化。光电技术、量子技术和生物技术的发展,对新型计算机的发展具有极大的推动作用。

# 任务 1.2　计算机硬件系统

## 1.2.1　主机箱、中央处理器和主板

计算机主机箱内的硬件主要包括主板、电源、中央处理器、随机存取存储器、显卡、声卡、硬盘。

### 1. 主板

主板(Motherboard 或 Mainboard)又称为主机板、系统板、逻辑板、母板、底板等,是构成复杂电子系统(例如电子计算机)的中心或者主电路板。它安装在机箱内,是计算机最基本的也是最重要的部件之一。主板上安装了组成计算机的主要电路系统,一般有 BIOS 芯片、I/O 控制芯片、键和面板控制开关接口、指示灯插接件、扩充插槽、主板及插卡的直流电源供电接插件等元件,如图 1-1 所示。

### 2. 电源

电源(见图 1-2)是向电子设备提供功率的装置,也称为电源供应器(Power Supply)。它提供计算机中所有部件所需要的电能。电源功率的大小、电流和电压是否稳定,将直接影响计算机的工作性能和使用寿命。

图 1-1　主板

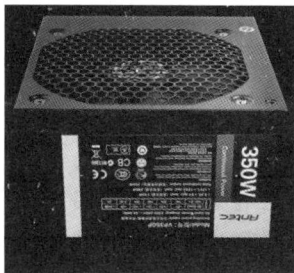

图 1-2　电源

### 3. 中央处理器

中央处理器(Central Processing Unit,简称CPU)是一块超大规模的集成电路,是一台计算机的运算核心和控制核心,如图 1-3 所示。它的功能主要是解释计算机指令以及处理计算机软件中的数据。CPU 主要包括运算器和高速缓冲存储器及实现它们之间联系的数据、控制及状态的总线。它与内部存储器和输入/输出设备合称为电子计算机三大核心部件。

### 4. 随机存取存储器

随机存取存储器(Random Access Memory,简称 RAM)是与 CPU 直接交换数据的内部存储器,也叫作主存(内存),如图 1-4 所示。它可以随时读写,而且速度很快,通常作

为操作系统或其他正在运行中的程序的临时数据存储媒介。这种存储器在断电时将丢失存储内容，故主要用于存储短时间使用的程序。按照存储单元的工作原理，随机存储器又分为静态随机存储器（SRAM）和动态随机存储器（DRAM）两种。

图 1-3　中央处理器

图 1-4　随机存取存储器

### 5. 显卡

显卡（Video Card 或 Graphics Card）全称为显示接口卡，又称为显示适配器，是计算机最基本的配置、最重要的配件之一，如图 1-5 所示。显卡作为电脑主机里的一个重要组成部分，是电脑进行数模信号转换的设备，承担输出显示图形的任务。显卡接在电脑主板上，它将电脑的数字信号转换成模拟信号由显示器显示出来，同时显卡还具有图像处理能力，可协助 CPU 工作，提高整体运行速度。对于从事专业图形设计的人来说显卡非常重要。

图 1-5　显卡

### 6. 声卡

声卡（Sound Card）也叫作音频卡，是多媒体技术中最基本的组成部分，是实现声波/数字信号相互转换的一种硬件，如图 1-6 所示。声卡的基本功能是把来自话筒、磁带、光盘的原始声音信号加以转换，输出到耳机、扬声器、扩音机、录音机等声响设备上，或通过音乐设备数字接口（MIDI）使乐器发出美妙的声音。

### 7. 硬盘

硬盘是电脑主要的存储媒介之一，由一个或者多个铝制或者玻璃制的碟片组成，如图 1-7 所示。碟片外覆盖有铁磁性材料。硬盘有固态硬盘（SSD）、机械硬盘（HDD）、混合硬盘（HHD）。SSD 采用闪存颗粒来存储，HDD 采用磁性碟片来存储，HHD 是把磁性硬盘和闪存集成到一起的一种硬盘。

图 1-6　声卡

图 1-7　硬盘

## 1.2.2　输入和输出设备

输入设备主要有键盘、鼠标、麦克风、摄像头等，输出设备主要有显示器、音箱、打印机等。

### 1. 键盘

键盘是最常用也是最主要的输入设备，通过键盘可以将英文字母、数字、标点符号等输入到计算机中，从而向计算机发出命令、输入数据等，如图1-8所示。起初这类键盘多用于品牌机，如HP、联想等品牌机都率先采用了这类键盘，受到广泛的好评，并曾一度被视为品牌机的特色。随着时间的推移，市场上也出现了独立的、具有各种快捷功能的键盘单独出售，并附带专用的驱动和设定软件，在兼容机上也能实现个性化的操作。

图1-8　键盘

### 2. 鼠标

鼠标是计算机的输入设备，也是计算机显示系统横纵坐标定位的指示器，因形似老鼠而得名"鼠标"，分有线鼠标和无线鼠标两种，如图1-9所示。

### 3. 麦克风

麦克风是将声音信号转换为电信号的转换器件，由"Microphone"这个英文单词音译而来，也称话筒、微音器，如图1-10所示。20世纪，麦克风由最初通过电阻转换声电发展为电感、电容式转换，大量新的麦克风技术逐渐发展起来，其中包括铝带、动圈等麦克风，以及目前广泛使用的电容麦克风和驻极体麦克风。

图1-9　鼠标

图1-10　麦克风

### 4. 摄像头

摄像头（Camera或Webcam）又称为电脑相机、电脑眼、电子眼等，如图1-11所示，是一种视频输入设备，被广泛地运用于视频会议、远程医疗及实时监控等方面。普通的人也可以彼此通过摄像头在网络进行影像、声音的交谈和沟通。另外，人们还可以将其用于当前各种流行的数码影像、影音处理的设备。

**5. 显示器**

显示器属于电脑的输出设备，它是一种将一定的电子文件通过特定的传输设备显示到屏幕上再反射到人眼的显示工具，如图 1-12 所示。根据制造材料的不同，可分为：阴极射线管显示器(CRT)、等离子显示器(PDP)和液晶显示器(LCD)等。

图 1-11　摄像头　　　　　　　　　　　　　　　图 1-12　显示器

**6. 音箱**

音箱(见图 1-13)是整个音响系统的终端，其作用是把音频电能转换成相应的声能，并把它辐射到空间去。它担负着把电信号转变成声信号供人的耳朵直接聆听这样一个关键任务。

**7. 打印机**

打印机(Printer)是计算机的输出设备之一，用于将计算机处理结果打印在相关介质上，如图 1-14 所示。衡量打印机好坏的指标有三项：打印分辨率，打印速度和打印噪声。打印机的种类很多，按打印元件对纸是否有击打动作，分为击打式打印机和非击打式打印机两种。按打印字符结构，分为全形字打印机和点阵字符打印机两种。按一行字在纸上形成的方式，分为串式打印机和行式打印机两种。按所采用的技术，分为柱形、球形、喷墨式、热敏式、激光式、静电式、磁式、发光二极管式打印机等多种打印机。

图 1-13　音箱　　　　　　　　　　　　　　　图 1-14　打印机

## 1.2.3　其他外部设备

常用的计算机外部设备有光驱、存储卡、U 盘和移动硬盘等。

**1. 光驱**

光驱是一种读取光盘信息的设备，如图 1-15 所示。因为光盘存储容量大，价格便宜，保存时间长，适宜保存大量的数据，如声音、图像、动画、视频、电影等多媒体信息，所以光驱是多媒体电脑不可缺少的硬件配置。

**2. 存储卡**

存储卡是用于手机、数码照相机、便携式电脑、MP3 和其他数码产品上的独立存储介质，一般是卡片的形态，故统称为"存储卡"，又称为"数码存储卡""数字存储卡""储存卡"等，如图 1-16 所示。存储卡具有体积小巧、携带方便、使用简单的优点。

图 1-15 光驱

图 1-16 存储卡

**3. U 盘**

U 盘全称 USB 闪存驱动器，是一种使用 USB 接口的无须物理驱动器的微型高容量移动存储产品，通过 USB 接口与电脑连接，实现即插即用，如图 1-17 所示。U 盘连接到电脑的 USB 接口后，U 盘的资料可与电脑交换。

**4. 移动硬盘**

移动硬盘(Mobile Hard disk)是以硬盘为存储介质，与计算机之间交换大容量数据、强调便携性的存储产品，如图 1-18 所示。移动硬盘多采用 USB 接口，可以较高的速度与系统进行数据传输。

图 1-17 U 盘

图 1-18 移动硬盘

# 任务 1.3　计算机软件系统

## 1.3.1　计算机操作系统

### 1. 操作系统的定义

操作系统是方便用户管理和控制计算机软、硬件资源的系统软件(或程序集合)。从用户角度看，操作系统可以看成是对计算机硬件的扩充；从人机交互方式来看，操作系统是用户与机器的接口；从计算机的系统结构看，操作系统是一种层次、模块结构的程序集合，属于有序分层法，是无序模块的有序层次调用。操作系统在设计方面体现了计算机技术和管理技术的结合。

操作系统是软件，而且是系统软件。它在计算机系统中的作用，大致可以从两个方面体现：对内，操作系统管理计算机系统的各种资源，扩充硬件的功能；对外，操作系统提供良好的人机界面，方便用户使用计算机。它在整个计算机系统中具有承上启下的作用。

**2. 操作系统的组成**

一般来说，操作系统由以下几个部分组成：

（1）进程调度子系统：决定哪个进程使用 CPU，对进程进行调度、管理。

（2）进程间通信子系统：负责各个进程之间的通信。

（3）内存管理子系统：负责管理计算机内存。

（4）设备管理子系统：负责管理各种计算机外部设备，主要由设备驱动程序构成。

（5）文件子系统：负责管理磁盘上的各种文件和目录。

（6）网络子系统：负责处理各种与网络有关的东西。

## 1.3.2 计算机应用软件

**1. 应用软件的定义**

应用软件是针对用户的某种应用目的所编写的软件，是用户可以使用的各种程序设计语言，以及用各种程序设计语言编制的应用程序的集合，分为应用软件包和用户程序。它可以拓宽计算机系统的应用领域，增加硬件的功能。

**2. 常用应用软件**

（1）办公软件：如微软 Office、WPS Office 等；

（2）图像处理软件：如 Adobe、PhotoShop、数码大师、影视屏王等；

（3）媒体播放器：如 Realplayer、Windows Media Player、暴风影音等；

（4）媒体编辑器：如会声会影、声音处理软件 Cool Edit、视频解码器 ffdshow 等；

（5）媒体格式转换器：如 Moyea FLV to Video Converter、Total Video Converter、Win AVI Video Converter、Win MPG Video Convert、Win MPG IPod Convert、Real Media Editor 等；

（6）图像浏览工具：如 ACDSee、Google Picasa、XnView 等；

（7）截图工具：如 Snagit、EPSnap、HyperSnap 等；

（8）图像/动画编辑工具：如 Flash、PhotoShop、GIF Movie Gear、Picasa、光影魔术手等；

（9）通信工具：如 QQ、MSN、微信等；

（10）编程/程序开发软件：如 JDK、Visual ASM、Microsoft Visual Studio 等；

（11）翻译软件：如 PowerWord、MagicWin、Systran 等；

（12）防火墙和杀毒软件：如金山毒霸、卡巴斯基、江民、瑞星、诺顿、360 安全卫士等；

（13）阅读器：如 CAJ Viewer、Adobe Reader 等；

（14）输入法：如搜狗、拼音加加、智能 ABC、极品五笔等；

（15）网络电视：如 PowerPlayer、PPLive、PPMate、PPNtv、PPStream、QQLive 等；

　　（16）系统优化/保护工具：如 Windows 清理助手、Windows 优化大师、超级兔子、奇虎 360 安全卫士、数据恢复文件 EasyRecovery 等；

　　（17）下载软件：如 Thunder、WebThunder、BitComet、eMule、FlashGet 等；

　　除此之外，常用的软件还有压缩软件 WINRAR、虚拟光驱 DAEMON Tools、数学公式编辑软件 mathtype、文本编辑器 UltraEdit 等。

# 任务 1.4　计算机信息表示

## 1.4.1　信息的表示形式

　　需要处理的信息在计算机中常常被称为数据。所谓的数据，是指可以由人工或自动化手段加以处理的那些事实、概念、场景和指示的表示形式，包括字符、符号、表格、声音和图形等。数据可在物理介质上记录或传输，并通过外围设备被计算机接收，经过处理而得到结果，计算机对数据进行解释并赋予一定意义后，使之成为人们所能接受的信息。

**1. 数据的表示单位**

计算机中数据的常用单位有位、字节和字等。

1）位（bit）

计算机中最小的数据单位是二进制的一个数位，简称为位。正如我们前面所讲的那样，一个二进制位可以表示两种状态（0 或 1），两个二进制位可以表示四种状态（00、01、10、11）。显然，位越多，所表示的状态就越多。

2）字节（Byte）

字节是计算机中用来表示存储空间大小的最基本单位。一个字节由 8 个二进制位组成。例如，计算机内存的存储容量、磁盘的存储容量等都是以字节为单位进行表示的。

除了用字节为单位表示存储容量，还可以用千字节（KB）、兆字节（MB）以及十亿字节（GB）等表示存储容量。它们之间存在下列换算关系：

$$1\ B = 8\ bit$$
$$1\ KB = 2^{10}\ B = 1024\ B$$
$$1\ MB = 2^{10}\ KB = 2^{20}\ B = 1048576\ B$$
$$1\ GB = 2^{10}\ MB = 2^{30}\ B = 1073741824\ B$$

3）字（Word）

字和计算机中字长的概念有关。字长是指计算机在进行处理时一次作为一个整体进行处理的二进制数的位数，具有这一长度的二进制数被称为该计算机中的一个字。字通常取字节的整数倍，是计算机进行数据存储和处理的运算单位。

计算机按照字长进行分类，可以分为 8 位机、16 位机、32 位机和 64 位机等。字长越长，那么计算机所表示数的范围就越大，处理能力也越强，运算精度也就越高。在不同字长的计算机中，字的长度也不相同。例如，在 8 位机中，一个字含有 8 个二进制位，而在 64 位机中，一个字则含有 64 个二进制位。

**2. 数制**

在人类历史发展的长河中，先后出现过多种不同的计数方法，其中有一些我们至今仍在使用当中，例如十进制和六十进制。

如今，大多数人使用的数字系统是基于 10 的。这种情况并不奇怪，因为最初人们是用手指来数数的。古代巴比伦人使用以 60 为基数的六十进制数字体系，六十进制迄今为止仍用于计时。使用六十进制，巴比伦人把 75 表示成"1.15"，这和我们把 75 分钟写成 1 小时 15 分钟是一样的。中美洲的玛雅人使用二十进制数，但又不是一种规则的二十进制。真正的二十进制应该是以 1，20，$20^2$，$20^3$ 等顺序增加数目，而玛雅体系使用的序列是 1，20，$18×20$，$18×20^2$ 等，这使得一些计算变得复杂。

在早期的数字系统中，还有一种非常著名的罗马数字沿用至今。钟表的表盘上常常使用罗马数字，此外，它还用来在纪念碑和雕像上标注日期，标注书的页码，或作为提纲条目的标记。现在仍在使用的罗马数字有 I，V，X，L，C，D，M，其中 I 表示 1，V 表示 5，X 表示 10，L 表示 50，C 表示 100，D 表示 500，M 表示 1000。

**3. 进位计数制和非进位计数制**

数制可分为非进位计数制和进位计数制两种。非进位计数制的特点是：表示数值大小的数码与它在数中的位置无关。典型的非进位计数制是罗马数字。例如，在罗马数字中：I 总是代表 1，II 总是代表 2，III 总是代表 3，IV 总是代表 4，V 总是代表 5 等。

进位计数制的特点是：表示数值大小的数码与它在数中所处的位置有关。例如，十进制数 123.45，数码 1 处于百位上，它代表 $1×10^2=100$，即 1 所处的位置具有 $10^2$ 权；2 处于十位上，它代表 $2×10^1=20$，即 2 所处的位置具有 $10^1$ 权；3 代表 $3×10^0=3$；而 4 处于小数点后第一位，代表 $4×10^{-1}=0.4$；最低位 5 处于小数点后第二位，代表 $5×10^{-2}=0.05$。

如上所述，数据用少量的数字符号按先后位置排列成数位，并按照由低到高的进位方式进行计数，我们将这种表示数的方法称之为进位计数制。

在进位计数制中，每种数制都包含有两个基本要素。

(1) 基数：计数制中所用到的数字符号的个数。例如，十进制的基数为 10。

(2) 位权：一个数字符号处在某个位上所代表的数值是其本身的数值乘上所处数位的一个固定常数，这个不同数位的固定常数称为位权。

**4. 计算机科学中的常用数制**

在计算机科学中，常用的数制是十进制、二进制、八进制和十六进制四种。

1）十进制数及其特点

十进制数(Decimal Notation)的基本特点是基数为 10，用 10 个数字符号 0，1，2，3，4，5，6，7，8，9 来表示，且逢十进一，因此对于一个十进制数，各位的位权是以 10 为底的幂。

例如可以将十进制数 $(2836.52)_{10}$ 表示为

$$(2836.52)_{10}=2×10^3+8×10^2+3×10^1+6×10^0+5×10^{-1}+2×10^{-2}$$

这个式子我们称之为十进制数 2836.52 的按位权展开式。

2）二进制数及其特点

二进制数(Binary Notation)的基本特点是基数为 2，用 2 个数字符号 0，1 来表示，且逢二进一，因此，对于一个二进制的数而言，各位的位权是以 2 为底的幂。

例如二进制数 $(110.101)_2$ 可以表示为

$$(110.101)_2 = 1 \times 2^2 + 1 \times 2^1 + 0 \times 2^0 + 1 \times 2^{-1} + 0 \times 2^{-2} + 1 \times 2^{-3}$$

3）八进制数及其特点

八进制数（Octal Notation）的基本特点是基数为 8，用 8 个数字符号 0，1，2，3，4，5，6，7 来表示，且逢八进一，因此，各位的位权是以 8 为底的幂。

例如八进制数 $(16.24)_8$ 可以表示为

$$(16.24)_8 = 1 \times 8^1 + 6 \times 8^0 + 2 \times 8^{-1} + 4 \times 8^{-2}$$

4）十六进制数及其特点

十六进制数（Hexadecimal Notation）的基本特点是基数为 16，用 16 个数字符号 0，1，2，3，4，5，6，7，8，9，A，B，C，D，E，F 来表示，且逢十六进一，因此，各位的位权是以 16 为底的幂。

例如十六进制数 $(5E.A7)_{16}$ 可以表示为

$$(5E.A7)_{16} = 5 \times 16^1 + E \times 16^0 + A \times 16^{-1} + 7 \times 16^{-2}$$

5）$R$ 进制数及其特点

扩展到一般形式，一个 $R$ 进制数，基数为 $R$，用 $R$ 个数字符号 0，1，…，$R-1$ 来表示，且逢 $R$ 进一，因此，各位的位权是以 $R$ 为底的幂。

一个 $R$ 进制数的按位权展开式为

$$(N)_R = k_n \times R^n + k_{n-1} \times R^{n-1} + \cdots + k_0 \times R^0 + k_{-1} \times R^{-1} + k_{-2} \times R^{-2} + \cdots + k_{-m} \times R^{-m}$$

本书中，当各种计数制同时出现的时候，我们用下标加以区别。在其他的教材或参考书中，也有人根据其英文的缩写，将 $(2836.52)_{10}$ 表示为 2836.52D，将 $(110.101)_2$、$(16.24)_8$、$(5E.A7)_{16}$ 分别表示为 110.101B、16.24O、5E.A7H。

**5. 计算机中为什么要用二进制**

在日常生活中人们不经常使用二进制，因为它不符合人们的固有习惯。但在计算机内部的数是用二进制数来表示的，这主要有以下几个方面的原因。

1）电路简单，易于表示

计算机是由逻辑电路组成的，逻辑电路通常只有两种状态。例如开关的接通和断开、晶体管的饱和和截止、电压的高和低等。这两种状态正好用来表示二进制的两个数码 0 和 1。若是采用十进制，则需要有 10 种状态来表示 10 个数码，实现起来比较困难。

2）可靠性高

两种状态表示两个数码，数码在传输和处理中不容易出错，因而使电路更加可靠。

3）运算简单

二进制数的运算规则简单，无论是算术运算还是逻辑运算都容易进行。十进制的运算规则相对烦琐，现在我们已经证明，$R$ 进制数的算术求和、求积规则各有 $R(R+1)/2$ 种。如采用二进制，求和与求积运算法只有 3 种，因而简化了运算器等物理器件的设计。

4）逻辑性强

计算机不仅能进行数值运算而且能进行逻辑运算。逻辑运算的基础是逻辑代数，而逻辑代数是二进制逻辑。二进制的两个数码 0 和 1，恰好代表逻辑代数中的"真"(True)和"假"(False)。

## 1.4.2 数制转换

人们习惯采用十进位计数制，简称十进制。但是由于技术上的原因，计算机内部一律采用二进制表示数据，而在编程中又经常使用十进制，有时为了表述上的方便还会使用八进制或十六进制，因此，了解不同计数制及其相互转换是十分重要的。

### 1. R 进制数转换为十进制数

根据 R 进制数的按位权展开式，可以很方便地将 R 进制数转化为十进制数。

**例 1-1** 将 $(110.101)_2$、$(16.24)_8$、$(5E.A7)_{16}$ 转化为十进制数。

**解**
$$(110.101)_2 = 1 \times 2^2 + 1 \times 2^1 + 0 \times 2^0 + 1 \times 2^{-1} + 0 \times 2^{-2} + 1 \times 2^{-3}$$
$$= 6.625$$
$$(16.24)_8 = 1 \times 8^1 + 6 \times 8^0 + 2 \times 8^{-1} + 4 \times 8^{-2}$$
$$= 14.3125$$
$$(5E.A7)_{16} = 5 \times 16^1 + E \times 16^0 + A \times 16^{-1} + 7 \times 16^{-2}$$
$$= 5 \times 16^1 + 14 \times 16^0 + 10 \times 16^{-1} + 7 \times 16^{-2}$$
$$= 94.6523（近似数）$$

### 2. 十进制数转化为 R 进制数

将十进制数转化为 R 进制数，只要对其整数部分，采用除以 R 取余法，而对其小数部分，则采用乘以 R 取整法即可。

**例 1-2** 将 $(179.48)_{10}$ 化为二进制数。

**解**

整数部分 179 除以 2 取余　低位　　小数部分 0.48 乘以 2 取整　高位

| 2 | 179 | | | 0.48×2=0.96 | ······ 0 |
| | 2 | 89 | ······ 1 | 0.96×2=1.92 | ······ 1 |
| | 2 | 44 | ······ 1 | 0.92×2=1.84 | ······ 1 |
| | 2 | 22 | ······ 0 | 0.84×2=1.68 | ······ 1 |
| | 2 | 11 | ······ 0 | 0.68×2=1.36 | ······ 1 |
| | 2 | 5 | ······ 1 | 0.36×2=0.72 | ······ 0 |
| | 2 | 2 | ······ 1 | 0.72×2=1.44 | ······ 1 |
| | 2 | 1 | ······ 0 | 0.44×2=0.88 | |
| | | 0 | ······ 1　高位 | | 低位 |

其中，$(179)_{10} = (10110011)_2$，$(0.48)_{10} = (0.0111101)_2$（近似取 7 位），因此，$(179.48)_{10} =$

$(10110011.0111101)_2$。

从此例可以看出，一个十进制的整数可以精确转化为一个二进制整数，但是一个十进制的小数并不一定能够精确地转化为一个二进制小数。

**例 1-3** 将 $(179.48)_{10}$ 化为八进制数。

**解**

整数部分179除以8取余　低位　小数部分 0.48 乘以8取整　高位

$$0.48 \times 8 = 3.84 \quad \cdots\cdots \quad 3$$
$$8 \underline{|179}$$
$$0.84 \times 8 = 6.72 \quad \cdots\cdots \quad 6$$
$$8 \underline{|22} \cdots\cdots \quad 3$$
$$8 \underline{|2} \cdots\cdots \quad 6 \qquad 0.72 \times 8 = 5.76 \quad \cdots\cdots \quad 5$$
$$0.76$$
$$0 \qquad\qquad \cdots\cdots 2 \quad 高位 \qquad\qquad\qquad 低位$$

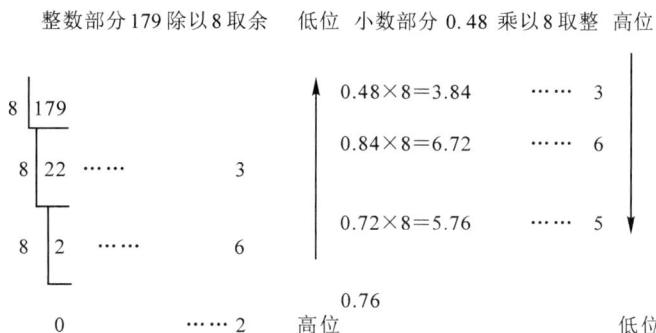

其中，$(179)_{10} = (263)_8$，$(0.48)_{10} = (0.365)_8$（近似取 3 位），因此，$(179.48)_{10} = (263.365)_8$。

**例 1-4** 将 $(179.48)_{10}$ 化为十六进制数。

**解**

整数部分179除以16取余 低位　小数部分 0.48 乘以16取整 高位

$$16 \underline{|179}$$
$$0.48 \times 16 = 7.68 \quad \cdots\cdots 7$$
$$16 \underline{|11} \cdots\cdots \quad 3$$
$$0.68 \times 16 = 10.88 \quad \cdots\cdots A$$
$$0.88$$
$$0 \cdots\cdots \qquad B \quad 高位 \qquad\qquad\qquad 低位$$

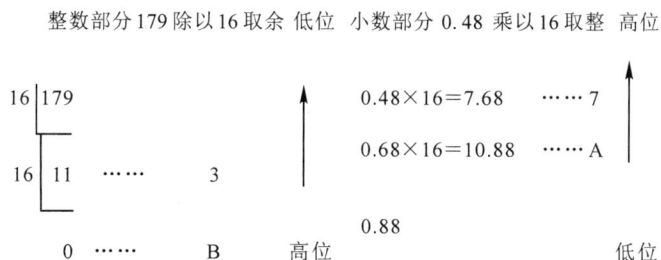

其中，$(179)_{10} = (B3)_{16}$，$(0.48)_{10} = (0.7A)_{16}$（近似取 2 位），所以，$(179.48)_{10} = (B3.7A)_{16}$。

与十进制数转化为二进制数类似，当将十进制小数转换为八进制或十六进制小数时，同样会遇到不能精确转化的问题。那么，到底什么样的十进制小数才能精确地转化为一个 $R$ 进制的小数呢？事实上，一个十进制纯小数 $p$ 能精确表示成 $R$ 进制小数的充分必要条件是此小数可表示成 $k/(Rm)$ 的形式（其中，$k$，$m$，$R$ 均为整数，$k/(Rm)$ 为不可约分数）。

**3. 二进制数、八进制数、十六进制数之间的转换**

因为 $8 = 2^3$，所以需要 3 位二进制数表示 1 位八进制数；而 $16 = 2^4$，所以需要 4 位二进制数表示 1 位十六进制数。由此可以看出，二进制数、八进制数、十六进制数之间的转换是比较容易的。

1）二进制数和八进制数之间的转换

二进制数转换成八进制数时，以小数点为中心向左右两边延伸，每三位一组，小数点前不足三位时，前面添 0 补足三位；小数点后不足三位时，后面添 0 补足三位。然后将各组二进制数转换成八进制数。

**例 1-5** 将 $(10110011.011110101)_2$ 化为八进制。

**解** $(10110011.011110101)_2 = 010\ 110\ 011.011\ 110\ 101 = (263.365)_8$

八进制数转换成二进制数则可概括为"一位拆三位"，即把一位八进制数写成对应的三位二进制数，然后按顺序连接起来。

**例 1 - 6** 将 $(1234)_8$ 化为二进制数。

**解** $(1234)_8 = 1234 = 001\ 010\ 011\ 100 = (1010011100)_2$

2）二进制数和十六进制数之间的转换

类似于二进制数转换成八进制数，二进制数转换成十六进制数时也是以小数点为中心向左右两边延伸，每四位一组，小数点前不足四位时，前面添 0 补足四位；小数点后不足四位时，后面添 0 补足四位。然后，将各组的四位二进制数转换成十六进制数。

**例 1 - 7** 将 $(10110101011.011101)_2$ 转换成十六进制数 $(10110101011.011101)_2 = 0101$。

**解** $1010\ 1011.0111\ 0100 = (5AB.74)_{16}$

十六进制数转换成二进制数时，将十六进制数中的每一位拆成四位二进制数，然后按顺序连接起来。

**例 1 - 8** 将 $(3CD)_{16}$ 转换成二进制数。

**解** $(3CD)_{16} = 3CD = 0011\ 1100\ 1101 = (1111001101)_2$

3）八进制数与十六进制数的转换

八进制数与十六进制数之间的转换，通常先转换为二进制数作为过渡，再用上面所讲的方法进行转换。

**例 1 - 9** 将 $(3CD)_{16}$ 转换成八进制数。

**解** $(3CD)_{16} = 3CD = 0011\ 1100\ 1101 = (1111001101)_2 = 001\ 111\ 001\ 101 = (1715)_8$

表 1 - 1 提供了二进制数、八进制数、十六进制数之间进行转换时经常用到的数据，熟练掌握这些基本数据是必要的。

**表 1 - 1　二进制数、八进制数、十进制数、十六进制数之间的转换**

| 十进制数 | 二进制数 | 八进制数 | 十六进制数 | 十进制数 | 二进制数 | 八进制数 | 十六进制数 |
|---|---|---|---|---|---|---|---|
| 0 | 0000 | 0 | 0 | 8 | 1000 | 10 | 8 |
| 1 | 0001 | 1 | 1 | 9 | 1001 | 11 | 9 |
| 2 | 0010 | 2 | 2 | 10 | 1010 | 12 | A |
| 3 | 0011 | 3 | 3 | 11 | 1011 | 13 | B |
| 4 | 0100 | 4 | 4 | 12 | 1100 | 14 | C |
| 5 | 0101 | 5 | 5 | 13 | 1101 | 15 | D |
| 6 | 0110 | 6 | 6 | 14 | 1110 | 16 | E |
| 7 | 0111 | 7 | 7 | 15 | 1111 | 17 | F |

## 1.4.3　数值的表示形式

### 1. 定点数和浮点数的概念

在计算机中，数值型的数据有两种表示方法，一种叫作定点数，另一种叫作浮点数。

所谓定点数，就是在计算机中所有数的小数点位置固定不变。定点数有两种：定点小数和定点整数。定点小数将小数点固定在最高数据位的左边，因此它只能表示小于 1 的纯小数。定点整数将小数点固定在最低数据位的右边，因此定点整数表示的只是纯整数。由此可见，定点数表示数的范围较小。

为了扩大计算机中数值型数据的表示范围，将 12.34 表示为 $0.1234 \times 10^2$，其中 0.1234 叫作尾数，10 叫作基数，可以在计算机内固定下来。2 叫作阶码，若阶码的大小发生变化，则意味着实际数据小数点的移动，我们把这种数据叫作浮点数。由于基数在计算机中固定不变，因此，我们可以用两个定点数分别表示尾数和阶码，从而表示这个浮点数。其中，尾数用定点小数表示，阶码用定点整数表示。

在计算机中，无论是定点数还是浮点数，都有正负之分。在表示数据时，专门有 1 位或 2 位表示符号，对单符号位来讲，通常用"1"表示负号；用"0"表示正号。对双符号位而言，则用"11"表示负号；用"00"表示正号。通常情况下，符号位都处于数据的最高位。

**2. 定点数的表示方法**

一个定点数，在计算机中可用不同的码制来表示，常用的码制有原码、反码和补码三种。不论用什么码制来表示，数据本身的值并不发生变化，数据本身所代表的值叫作真值。下面，就来讨论这三种码制的表示方法。

1）原码

原码的表示方法为：如果真值是正数，则最高位为 0，其他位保持不变；如果真值是负数，则最高位为 1，其他位保持不变。

**例 1-10**　写出 13 和 -13 的原码（取 8 位码长）

**解**　因为 $13 = (1101)_2$，所以 13 的原码是 00001101，-13 的原码是 10001101。

采用原码，优点是转换非常简单，只要根据正负号将最高位置 0 或 1 即可。但原码表示在进行加减运算时很不方便，符号位不能参与运算，并且 0 的原码有两种表示方法：

+0 的原码是 00000000，-0 的原码是 10000000。

2）反码

反码的表示方法为：如果真值是正数，则最高位为 0，其他位保持不变；如果真值是负数，则最高位为 1，其他位按位求反。

**例 1-11**　写出 13 和 -13 的反码（取 8 位码长）

**解**　因为 $13 = (1101)_2$，所以 13 的反码是 00001101，-13 的反码是 11110010。

反码跟原码相比较，符号位虽然可以作为数值参与运算，但计算完后，仍需要根据符号位进行调整。另外 0 的反码同样也有两种表示方法：+0 的反码是 00000000，-0 的反码是 11111111。

为了克服原码和反码的上述缺点，人们又引进了补码表示法。补码的作用在于能把减法运算化成加法运算，现代计算机中一般采用补码来表示定点数。

3）补码

补码的表示方法为：若真值是正数，则最高位为 0，其他位保持不变；若真值是负数，则最高位为 1，其他位按位求反后再加 1。

**例 1-12**　写出 13 和 -13 的补码（取 8 位码长）

**解**　因为 $13 = (1101)_2$，所以 13 的补码是 00001101，-13 的补码是 11110011。

补码的符号可以作为数值参与运算，且计算完后，不需要根据符号位进行调整。另外，0 的补码表示方法也是唯一的，即 00000000。

### 3. 浮点数的表示方法

浮点数表示法类似于科学记数法，任一数均可通过改变其指数部分，使小数点发生移动，如数 23.45 可以表示为：$10^1 \times 2.345$、$10^2 \times 0.2345$、$10^3 \times 0.02345$ 等各种不同形式。

浮点数的一般表示形式为：$N = 2E \times D$，其中，$D$ 称为尾数，$E$ 称为阶码。如图 1-19 所示为浮点数的一般形式。

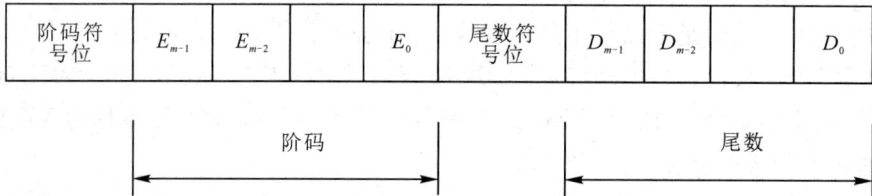

| 阶码符号位 | $E_{m-1}$ | $E_{m-2}$ | | $E_0$ | 尾数符号位 | $D_{m-1}$ | $D_{m-2}$ | | $D_0$ |
|---|---|---|---|---|---|---|---|---|---|

阶码      尾数

图 1-19　浮点数的一般形式

对于不同的机器，阶码和尾数各占多少位，分别用什么码制进行表示都有具体规定。在实际应用中，浮点数的表示首先要进行规格化，即转换成一个纯小数与 $2m$ 之积，并且小数点后的第一位是 1。

**例 1-13**　写出浮点数 $(-101.11101)_2$ 的机内表示（阶码用 4 位原码表示，尾数用 8 位补码表示，阶码在尾数之前）

**解**　$(-101.11101)_2 = 23 \times (-0.10111101)_2$

阶码为 3，用原码表示为 0011

尾数为 $-0.10111101$，用补码表示为 1.01000011

因此，该数在计算机内表示为 0011.01000011

## 1.4.4　信息编码

在计算机中，对非数值的文字和其他符号进行处理时，要对文字和符号进行数字化，即用二进制编码来表示文字和符号。其中西文字符最常用到的编码方案有 ASCII 码和 EBCDIC 码。对于汉字，我国也制定了相应的编码方案。

### 1. ASCII 编码

微机和小型计算机中普遍采用 ASCII 码（American Standard Code for Information Interchange，美国信息交换标准代码）表示字符数据，该编码被 ISO（国际化标准组织）采纳，作为国际上通用的信息交换代码。

ASCII 码由 7 位二进制数组成，由于 $2^7 = 128$，因此能够表示 128 个字符数据。如表 1-2 所示，可以看出 ASCII 码具有以下特点：

(1) 表中前 32 个字符和最后一个字符为控制字符，在通信中起控制作用。

(2) 10 个数字字符和 26 个英文字母由小到大排列，且数字在前，大写字母次之，小写字母在最后，这一特点可用于字符数据的大小比较。

(3) 数字 0～9 由小到大排列，ASCII 码分别为 48～57，ASCII 码与数值恰好相差 48。

(4) 在英文字母中，A 的 ASCII 码值为 65，a 的 ASCII 码值为 97，且由小到大依次排列。因此，只要我们知道了 A 和 a 的 ASCII 码，也就知道了其他字母的 ASCII 码。

表 1 - 2　常用 ASCII 码表

| 高四位 | | | | | ASCII非打印控制字符 | | | | | | 高四位 | | | | ASCII 打印字符 | | | | | | | | |
|---|---|---|---|---|---|---|---|---|---|---|---|---|---|---|---|---|---|---|---|---|---|---|---|
| | 0000 | | | | | 0001 | | | | | 0010 | | 0011 | | 0100 | | 0101 | | 0110 | | 0111 | | |
| 低四位 | 0 | | | | | 1 | | | | | 2 | | 3 | | 4 | | 5 | | 6 | | 7 | | |
| | 十进制 | 字符 | ctrl | 代码 | 字符解释 | 十进制 | 字符 | ctrl | 代码 | 字符解释 | 十进制 | 字符 | 十进制 | 字符 | 十进制 | 字符 | 十进制 | 字符 | 十进制 | 字符 | 十进制 | 字符 | ctrl |
| 0000 0 | 0 | BLANK NULL | ^@ | NUL | 空 | 16 | ► | ^P | DLE | 数据链路转意 | 32 | | 48 | 0 | 64 | @ | 80 | P | 96 | ` | 112 | p | |
| 0001 1 | 1 | ☺ | ^A | SOH | 头标开始 | 17 | ◄ | ^Q | DC1 | 设备控制1 | 33 | ! | 49 | 1 | 65 | A | 81 | Q | 97 | a | 113 | q | |
| 0010 2 | 2 | ☻ | ^B | STX | 正文开始 | 18 | ↕ | ^R | DC2 | 设备控制2 | 34 | " | 50 | 2 | 66 | B | 82 | R | 98 | b | 114 | r | |
| 0011 3 | 3 | ♥ | ^C | ETX | 正文结束 | 19 | ‼ | ^S | DC3 | 设备控制3 | 35 | # | 51 | 3 | 67 | C | 83 | S | 99 | c | 115 | s | |
| 0100 4 | 4 | ♦ | ^D | EOT | 传输结束 | 20 | ¶ | ^T | DC4 | 设备控制4 | 36 | $ | 52 | 4 | 68 | D | 84 | T | 100 | d | 116 | t | |
| 0101 5 | 5 | ♣ | ^E | ENQ | 查询 | 21 | § | ^U | NAK | 反确认 | 37 | % | 53 | 5 | 69 | E | 85 | U | 101 | e | 117 | u | |
| 0110 6 | 6 | ♠ | ^F | ACK | 确认 | 22 | ▬ | ^V | SYN | 同步空闲 | 38 | & | 54 | 6 | 70 | F | 86 | V | 102 | f | 118 | v | |
| 0111 7 | 7 | • | ^G | BEL | 震铃 | 23 | ↨ | ^W | ETB | 传输块结束 | 39 | ' | 55 | 7 | 71 | G | 87 | W | 103 | g | 119 | w | |
| 1000 8 | 8 | ◘ | ^H | BS | 退格 | 24 | ↑ | ^X | CAN | 取消 | 40 | ( | 56 | 8 | 72 | H | 88 | X | 104 | h | 120 | x | |
| 1001 9 | 9 | ○ | ^I | TAB | 水平制表符 | 25 | ↓ | ^Y | EM | 媒体结束 | 41 | ) | 57 | 9 | 73 | I | 89 | Y | 105 | i | 121 | y | |
| 1010 A | 10 | ◙ | ^J | LF | 换行/新行 | 26 | → | ^Z | SUB | 替换 | 42 | * | 58 | : | 74 | J | 90 | Z | 106 | j | 122 | z | |
| 1011 B | 11 | ♂ | ^K | VT | 垂直制表符 | 27 | ← | ^[ | ESC | 转意 | 43 | + | 59 | ; | 75 | K | 91 | [ | 107 | k | 123 | { | |
| 1100 C | 12 | ♀ | ^L | FF | 换页/新页 | 28 | ∟ | ^\ | FS | 文件分隔符 | 44 | , | 60 | < | 76 | L | 92 | \ | 108 | l | 124 | \| | |
| 1101 D | 13 | ♪ | ^M | CR | 回车 | 29 | ↔ | ^] | GS | 组分隔符 | 45 | - | 61 | = | 77 | M | 93 | ] | 109 | m | 125 | } | |
| 1110 E | 14 | ♫ | ^N | SO | 移出 | 30 | ▲ | ^6 | RS | 记录分隔符 | 46 | . | 62 | > | 78 | N | 94 | ^ | 110 | n | 126 | ~ | |
| 1111 F | 15 | ☼ | ^O | SI | 移入 | 31 | ▼ | ^- | US | 单元分隔符 | 47 | / | 63 | ? | 79 | O | 95 | _ | 111 | o | 127 | Δ | Back space |

注：表中的ASCII字符可以用："ALT" + "小键盘上的数字键" 输入

　　ASCII 码是 7 位编码，为了便于处理，在 ASCII 码的最高位前增加 1 位 0，凑成 8 位的一个字节，所以，一个字节可存储一个 ASCII 码，也就是说一个字节可以存储一个字符。ASCII 码是使用最广的字符编码，数据使用 ASCII 码的文件称为 ASCII 文件。表 1 - 3 为扩充 ASCII 码表。

表 1 - 3　扩充 ASCII 码表

| 高四位 | | 扩充ASCII码字符集 | | | | | | | | | | | | | | |
|---|---|---|---|---|---|---|---|---|---|---|---|---|---|---|---|---|
| | | 1000 | | 1001 | | 1010 | | 1011 | | 1100 | | 1101 | | 1110 | | 1111 | |
| | | 8 | | 9 | | A/10 | | B/16 | | C/32 | | D/48 | | E/64 | | F/80 | |
| 低四位 | | 十进制 | 字符 | 十进制 | 字符 | 十进制 | 字符 | 十进制 | 字符 | 十进制 | 字符 | 十进制 | 字符 | 十进制 | 字符 | 十进制 | 字符 |
| 0000 | 0 | 128 | Ç | 144 | É | 160 | á | 176 | ▒ | 192 | └ | 208 | ╨ | 224 | α | 240 | ≡ |
| 0001 | 1 | 129 | ü | 145 | æ | 161 | í | 177 | ▓ | 193 | ┴ | 209 | ╥ | 225 | ß | 241 | ± |
| 0010 | 2 | 130 | é | 146 | Æ | 162 | ó | 178 | █ | 194 | ┬ | 210 | ╧ | 226 | Γ | 242 | ≥ |
| 0011 | 3 | 131 | â | 147 | ô | 163 | ú | 179 | │ | 195 | ├ | 211 | ╙ | 227 | π | 243 | ≤ |
| 0100 | 4 | 132 | ä | 148 | ö | 164 | ñ | 180 | ┤ | 196 | ─ | 212 | Ô | 228 | Σ | 244 | ⌠ |
| 0101 | 5 | 133 | à | 149 | ò | 165 | Ñ | 181 | ╡ | 197 | ┼ | 213 | ╒ | 229 | σ | 245 | ⌡ |
| 0110 | 6 | 134 | å | 150 | û | 166 | ª | 182 | ╢ | 198 | ╞ | 214 | ╓ | 230 | µ | 246 | ÷ |
| 0111 | 7 | 135 | ç | 151 | ù | 167 | º | 183 | ╖ | 199 | ╟ | 215 | ╫ | 231 | τ | 247 | ≈ |
| 1000 | 8 | 136 | ê | 152 | ÿ | 168 | ¿ | 184 | ╕ | 200 | ╚ | 216 | ╪ | 232 | Φ | 248 | ° |
| 1001 | 9 | 137 | ë | 153 | Ö | 169 | ⌐ | 185 | ╣ | 201 | ╔ | 217 | ┘ | 233 | Θ | 249 | • |
| 1010 | A | 138 | è | 154 | Ü | 170 | ¬ | 186 | ║ | 202 | ╩ | 218 | ┌ | 234 | Ω | 250 | · |
| 1011 | B | 139 | ï | 155 | ¢ | 171 | ½ | 187 | ╗ | 203 | ╦ | 219 | █ | 235 | δ | 251 | √ |
| 1100 | C | 140 | î | 156 | £ | 172 | ¼ | 188 | ╝ | 204 | ╠ | 220 | ▄ | 236 | ∞ | 252 | ⁿ |
| 1101 | D | 141 | ì | 157 | ¥ | 173 | ¡ | 189 | ╜ | 205 | ═ | 221 | ▌ | 237 | φ | 253 | ² |
| 1110 | E | 142 | Ä | 158 | ₧ | 174 | « | 190 | ╛ | 206 | ╬ | 222 | ▐ | 238 | ε | 254 | ■ |
| 1111 | F | 143 | Å | 159 | ƒ | 175 | » | 191 | ┐ | 207 | ╧ | 223 | ▀ | 239 | ∩ | 255 | BLANK FF |

注：表中的ASCII字符可以用："ALT" + "小键盘上的数字键" 输入

### 2. ANSI 编码

ANSI(美国国家标准协会)编码是一种扩展的 ASCII 码，使用 8 个比特来表示每个符号。8 个比特能表示 256 个信息单元，因此它可以对 256 个字符进行编码。ANSI 码开始的 128 个字符的编码和 ASCII 码定义得一样，只是在最左边加了一个 0。例如：在 ASCII 编码中，字符"a"用 1100001 表示，而在 ANSI 编码中，则用 01100001 表示。除了 ASCII 码表示的 128 个字符，ANSI 码还可以表示另外的 128 个符号，如版权符号、英镑符号、希腊字符等。

### 3. EBCDIC 编码

尽管 ASCII 码是计算机世界的主要标准，但在许多 IBM 大型机系统上却没有采用。在 IBM System/360 计算机中，IBM 研制了自己的 8 位字符编码——EBCDIC 码(Extended Binary Coded Decimal Interchange Code，扩展的二—十进制交换码)。该编码是对早期的 BCDIC 6 位编码的扩展，其中一个字符的 EBCDIC 码占用一个字节，用 8 位二进制码表示信息，一共可以表示 256 种字符。

### 4. Unicode 编码

在假定会有一个特定的字符编码系统能适用于世界上所有语言的前提下，1988 年，几个主要的计算机公司一起开始研究一种替换 ASCII 码的编码，称为 Unicode 编码。鉴于 ASCII 码是 7 位编码，Unicode 采用 16 位编码，每一个字符需要 2 个字节。这意味着 Unicode 的字符编码范围从 0000h～FFFFh，可以表示 65536 个不同字符。

Unicode 编码不是从零开始构造的，开始的 128 个字符编码 0000h～007Fh 就与 ASCII 码字符一致，这样就能够兼顾已存在的编码方案，并有足够的扩展空间。从原理上来说，Unicode 可以表示现在正在使用的，或者已经不再使用的任何语言中的字符。对于国际商业和通信来说，这种编码方式是非常有用的，因为在一个文件中可能需要包含有汉语、英语和日语等不同的文字。并且 Unicode 编码还适用于软件的本地化，也就是针对特定的国家修改软件。使用 Unicode 编码，软件开发人员可以修改屏幕的提示、菜单和错误信息来适应不同的语言和地区。目前，Unicode 编码在 Internet 中使用较为广泛，微软公司和苹果公司也已经在它们的操作系统中支持 Unicode 编码了。

### 5. 国家标准汉字编码(GB2312—80)

国家标准汉字编码简称国标码。该编码集的全称是"信息交换用汉字编码字符—基本集"，国家标准号是"GB2312—80"。该编码的主要用途是作为汉字信息交换码使用。

GB2312—80 标准含有 6763 个汉字，其中一级汉字(最常用)有 3755 个，按汉语拼音顺序排列；二级汉字有 3008 个，按部首和笔画排列；另外还包括 682 个西文字符、图符。GB2312—80 标准将汉字分成 94 个区，每个区又包含 94 个位，每位存放一个汉字。这样一来，每个汉字就有一个区号和一个位号，所以我们也经常将国标码称为区位码。例如：汉字"青"在 39 区 64 位，其区位码是 3964；汉字"岛"在 21 区 26 位，其区位码是 2126。

国标码规定一个汉字用两个字节来表示，每个字节只用前七位，最高位均未作定义。但要注意，国标码不同于 ASCII 码，并非汉字在计算机内的真正表示代码，它仅仅是一种编码方案，计算机内部汉字的代码叫作汉字机内码，简称汉字内码。

在微机中，汉字内码一般都是采用两字节表示，前一字节由区号与十六进制数 A0 相加，后一字节由位号与十六进制数 A0 相加，因此汉字编码两字节的最高位都是 1，这种形式避免了国标码与标准 ASCII 码的二义性(用最高位来区别)。在计算机系统中，由于机内码的存在，输入汉字时允许用户根据自己的习惯使用不同的输入码，进入计算机系统后再统一转换成机内码存储。

**6. 其他汉字编码**

除了前面谈到的国标码，还有另外的一些汉字编码方案。例如，在我国的台湾地区，就使用 Big5 汉字编码方案。这种编码就不同于国标码，因此在双方的交流中就会涉及汉字内码的转换，特别是 Internet 的发展使人们更加关注这个问题。现在虽然已经推出了许多支持多内码的汉字操作系统平台，但是全球汉字信息编码的标准化已成为社会发展的必然趋势。

# 任务 1.5　计算机安全及产权保护

计算机安全与产权保护是指采取一切合理可行的手段，保护计算机信息系统资源、信息资源，以及利用计算机取得的知识产权不受自然和人为有害因素的威胁和危害。计算机安全与产权保护主要涉及以下几个方面。

## 1.5.1　硬件安全

计算机硬件是指计算机所用的芯片、板卡及输入和输出等设备。CPU、内存条、南桥、北桥、BIOS 等都属于芯片；显卡、网卡、声卡、控制卡等属于板卡；键盘、显示器、打印机、扫描仪等属于输入和输出设备。

计算机硬件安全主要包括防代码植入、硬件加固等方面。比如 CPU，它是造成电脑性能安全隐患的最大威胁。计算机 CPU 内部集成有运行系统的指令集，这些指令代码都是保密的，若在其中植入了可远程遥控的木马，将会对国计民生产生极大的威胁。因此，防芯片中的代码植入是计算安全的重要内容。计算机硬件安全的另外一项常用技术就是加固技术，经过加固技术生产的计算机防震、防水、防化学腐蚀，可在野外全天候运行，保证数据的存储与读取安全。

## 1.5.2　防病毒攻击

计算机病毒是指编制或在计算机程序中插入的破坏计算机功能或者毁坏数据，影响计算机使用，并能自我复制的一组计算机指令或者程序代码。由于计算机病毒传染和发作都可以编制成条件方式，像定时炸弹一样，因此有极强的隐蔽性和突发性。目前病毒种类已有 7000～8000 种，主要在 DOS、Windows、Windows NT、UNIX 等操作系统中传播。1995 年以前的计算机病毒主要破坏 DOS 引导区、文件分配表、可执行文件。近年来又出现了专门针对 Windows、文本文件、数据库文件的病毒。1999 年令计算机用户担忧的 CIH 病毒，不仅破坏硬盘中的数据，而且还损坏主板中的 BIOS 芯片。计算机的网络化又加大了病毒的危害性和清除病毒的困难。

防病毒攻击可采取的措施主要是安装杀毒软件、防火墙，并定期进行病毒库更新和病毒查杀。

## 1.5.3　防电磁辐射泄密

显示器、键盘、打印机产生的电磁辐射会把电脑信号扩散到几百米甚至一千米以外的地方，针式打印机的辐射甚至达到 GSM 手机的辐射量。情报人员可以利用专用接收设备接收这些电磁信号，然后还原，从而实时监视电脑上的所有操作，并窃取相关信息。另外，硬件泄密甚至涉及了电源。电源泄密的原理是通过市电电线，把电脑产生的电磁信号沿电线传出去，情报人员利用特殊设备从电源线上就可以把信号截取下来并还原。

应对电磁辐射泄密的对策主要有以下几种：采用红黑电源防止通过电源产生电磁辐射泄密；对显示屏、打印机等采用电磁辐射屏蔽处理，防止辐射扩散。

## 1.5.4 采用加密和认证的方式提高网络安全

### 1. 加密技术

加密技术是电子商务采取的基本安全措施，交易双方可根据需要在信息交换的阶段使用。加密技术分为两类，对称加密和非对称加密。

对称加密又称私钥加密，即信息的发送方和接收方用同一个密钥去加密和解密数据。它的最大优势是加/解密速度快，适合对大数据量进行加密，但密钥管理困难。如果进行通信的双方能够确保专用密钥在密钥交换阶段未曾泄露，那么机密性和报文完整性就可以通过这种加密方法加密机密信息、随报文一起发送报文摘要或报文散列值来实现。

非对称加密又称为公钥加密，使用一对密钥分别来完成加密和解密操作，其中一个公开发布（即公钥），另一个由用户自己秘密保存（即私钥）。信息交换的过程是：甲方生成一对密钥并将其中的一把作为公钥向其他交易方公开，得到该公钥的乙方使用该密钥对信息进行加密后再发送给甲方，甲方再用自己保存的私钥对加密信息进行解密。

### 2. 认证技术

认证技术是用电子手段证明发送者和接收者身份及其文件完整性的技术，即确认双方的身份信息在传送或存储过程中未被篡改过。认证技术主要涉及数字签名和数字证书两方面。

数字签名也称为电子签名，如同出示手写签名一样，能起到电子文件认证、核准和生效的作用。其实现方式是把散列函数和公开密钥算法结合起来，发送方从报文文本中生成一个散列值，并用自己的私钥对这个散列值进行加密，形成发送方的数字签名；然后，将这个数字签名作为报文的附件和报文一起发送给报文的接收方；报文的接收方首先从接收到的原始报文中计算出散列值，接着再用发送方的公开密钥来对报文附加的数字签名进行解密；如果这两个散列值相同，那么接收方就能确认该数字签名是发送方的。数字签名机制提供了一种鉴别方法，以解决伪造、抵赖、冒充、篡改等问题。

数字证书是一个经证书授权中心数字签名的包含公钥拥有者信息以及公钥的文件。数字证书的最主要构成包括一个用户公钥和密钥所有者的用户身份标识符，以及被信任的第三方签名。第三方一般是用户信任的证书权威机构，如政府部门和金融机构。用户以安全的方式向公钥证书权威机构提交他的公钥并得到证书，然后用户就可以公开这个证书。任何需要用户公钥的人都可以得到此证书，并通过相关的信任签名来验证公钥的有效性。数字证书通过标志交易各方身份信息的一系列数据，提供了一种验证各自身份的方式，用户可以用它来识别对方的身份。

## 1.5.5 定期备份

数据备份的重要性毋庸置疑，无论防范措施做得多么严密，也无法完全防止网络攻击的情况出现。如果遭到致命的攻击，操作系统和应用软件可以重装，而重要的数据就只能靠日常备份了。因此，无论采取多么严密的防范措施，也要随时备份重要数据，做到有备无患！

# 模块 2

# 文字处理软件 Word

Microsoft Word 是微软公司的一个文字处理软件，它最初是由 Richard Brodie 为了运行 DOS 的 IBM 计算机在 1983 年编写的，随后的版本可运行于 Apple Macintosh（1984 年）、SCO UNIX 和 Microsoft Windows（1989 年）。Word 是 Microsoft Office 的一部分。Word 给用户提供了创建专业而优雅的文档的工具，帮助用户节省时间的同时还可得到优雅美观的结果。一直以来，Microsoft Word 都是比较流行的文字处理软件。作为 Office 套件的核心程序，Word 提供了许多易于使用的文档创建工具，同时也提供了丰富的功能集供创建复杂的文档使用。使用 Word 的文本格式化操作或图片处理功能，也可以使简单的文档变得比只使用纯文本更具吸引力。本模块主要介绍 Word 2016 的相关操作。

## 任务 2.1　常 规 排 版

### 2.1.1　初识 Word 2016

#### 1. Word 2016 的启动与退出

在"开始"菜单中按照"所有程序→Microsoft Office→Microsoft Word"顺序即可打开 Word 软件，软件启动后会自动打开一个空白的 Word 文档。软件启动后，单击界面右上角的 ■ 按钮即可退出软件。退出软件时，如果有未保存的文件，软件会提示是否保存。

#### 2. Word 2016 的工作界面

Word 2016 的工作界面如图 2-1 所示，主要由快速访问工具栏、标题栏、窗口操作按钮、选项卡、共享按钮、功能区、文档编辑区、状态栏、视图栏、缩放比例等组成。

工作界面各项功能如下：

（1）快速访问工具栏：常用功能一般为保存或者撤销。

（2）标题栏：显示当前文档的名称。

（3）窗口操作按钮：最小化、切换窗口大小或者关闭文档。

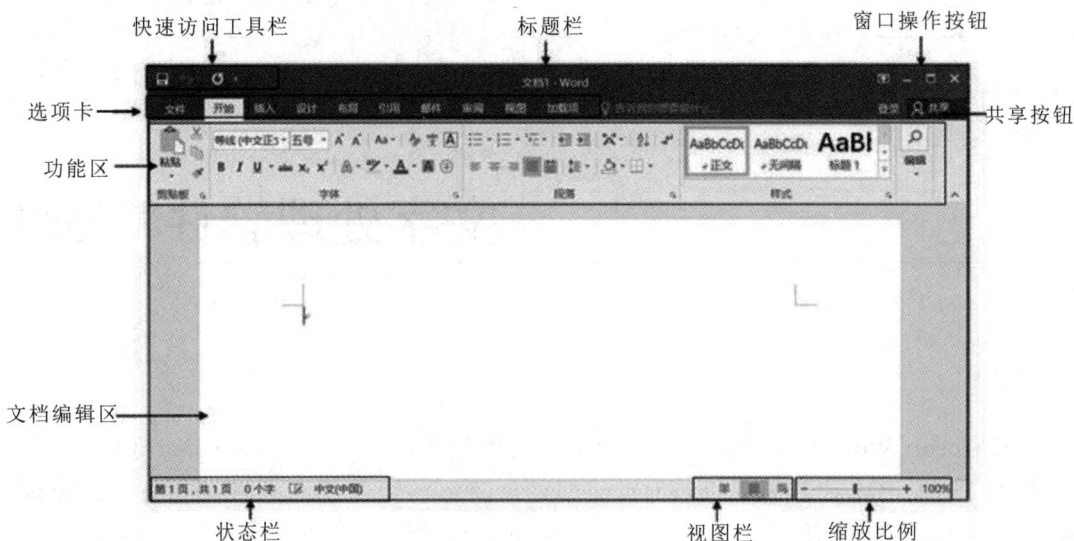

图 2-1　Word 2016 工作界面

（4）选项卡：通过选项卡可切换到不同的操作选项，使用相应的工具对文档进行编辑，选项卡包括文件、开始、插入、设计、布局、引用、邮件、审阅、视图、加载项等选项。

（5）共享按钮：可将文件与其他用户共享。

（6）功能区：功能区包括各类文档编辑工具，可对文档进行编辑、修饰。每项菜单栏下包含不同的工具，可通过菜单栏进行切换。

（7）文档编辑区：编辑文字内容。

（8）状态栏：用于显示文档状态信息，包括总项数和当前光标所处页数、字符数、拼写检查、文字标准等信息。

（9）视图栏：切换 Word 界面的显示形式。

（10）缩放比例：控制 Word 编辑区文字的显示比例。

## 2.1.2　Word 2016 的基本操作

### 1. 文件的新建

用户每次启动 Word 程序的时候都会创建一个新的文档，Word 2016 提供了多种新建文档的方式。

（1）通过启动 Word 程序的方法进行创建，操作步骤如下："开始→所有程序→Microsoft office 2016→Microsoft Word 2016"，即可以创建一个空白的 Word 文档，默认的文件名为"文档 1"。

（2）通过手动方法进行创建，操作步骤如下：启动 Word 2016 后在"文件"选项卡中选择"新建"命令可以打开"新建"面板，如图 2-2 所示。可以在其中选择"空白文档"或某一种模板样式即可。

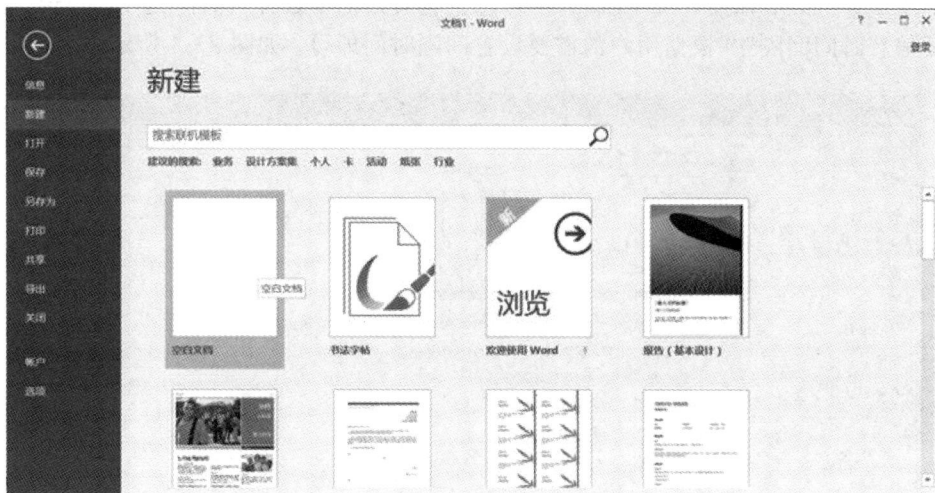

图 2-2　"新建"面板

**2．文件的保存**

在对文档进行编辑后，就需要对文档进行保存，这样编辑的文档在下一次就可以继续使用。在工作过程中要养成随时保存文档的习惯，以免因为误操作或电脑死机造成数据的丢失。Word 提供了"保存"和"另存为"两种保存方法。

（1）如果保存新建的文档，可以采用"保存"的方法。操作步骤如下：单击快速访问工具栏中的"保存"按钮 ；或者在"文件"选项卡中选择"保存"命令；或者使用快捷键<Ctrl＋S>，第一次保存的文件会自动跳转到"另存为"命令。Word 2016 中引入了"云"操作，用户可以将文档保存到 OneDrive 中；如果要将文档保存到本机则在保存位置选项中选择"这台电脑"，选择保存的位置后，在弹出的"另存为"对话框中，对文档保存的位置、文件名及文件类型进行设置，如图 2-3 所示。

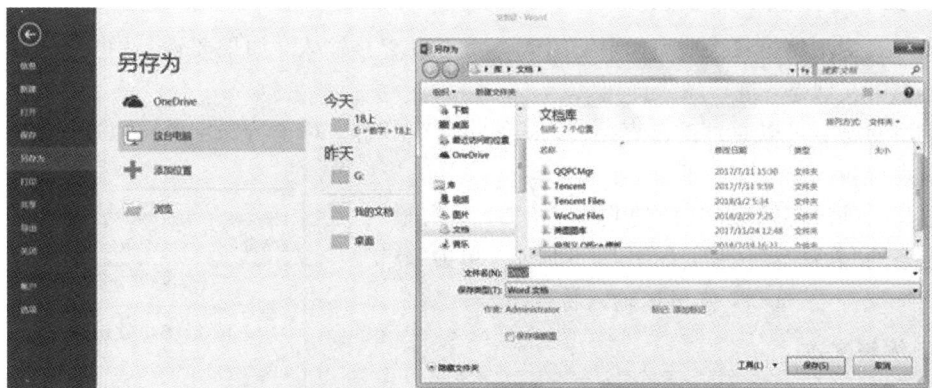

图 2-3　"另存为"对话框

（2）如果要为现有文档建立副本，则可以采用"另存为"的方法。操作步骤如下：在"文件"选项卡中选择"另存为"命令，在弹出的"另存为"对话框中选择存储路径即可。

（3）为了防止突发情况造成数据丢失，需要设置自动保存。操作步骤如下：在"文件"

选项卡中选择"选项"命令，在弹出的"Word 选项"对话框中选择"保存"选项。勾选"保存自动恢复信息时间间隔"并根据用户的需要设置间隔时间即可。如图 2-4 所示。

图 2-4　设置自动保存

### 3. 文件的打开

打开文件的方法非常简单，首先找到文件的存储位置直接双击即可打开，或者在 Word 2016 的"文件"选项卡中选择"打开"命令。如果用户想打开最近打开过的文件，可以在"最近使用的文档"列表框中进行选择。

## 2.1.3　输入与编辑文字

### 1. 文字与符号的输入

当进入文本编辑状态时，如果要输入英文可以直接输入，如果要输入中文则要将输入法切换到中文状态，进行输入即可。

常用的符号可以通过键盘直接输入，如"@""￥"等。对于特殊字符可以通过输入法的软键盘进行输入，操作步骤如下：

选择一种汉字输入法（如搜狗输入法），单击输入法状态条的"软键盘"按钮，如图 2-5 所示。单击"软键盘"或"特殊符号"选项，则可以输入特殊符号。

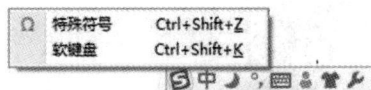

图 2-5　软键盘

### 2. 编辑文本

1）选择文本

选择文本通常有以下几种方法：

① 鼠标选择法。用鼠标完成文本的选择是最常用的方法，操作方法非常简单。这里以选择正文第一段文字为例，将光标定位到要选择文本的开始位置，按住鼠标左键拖动到第一段文字的最后，释放鼠标左键即可，如图 2-6 所示。

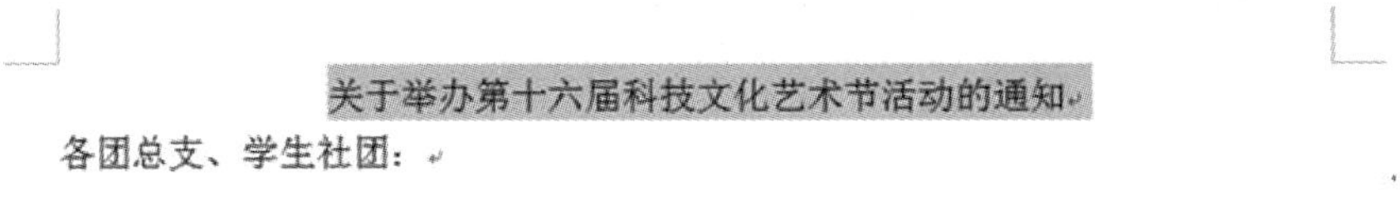

关于举办第十六届科技文化艺术节活动的通知。

各团总支、学生社团：

图 2-6 选择文本

② 鼠标键盘结合选择法。这种方法更加适合复杂的文本选择，可以大大提高操作的速度。

选择连续文本：将光标定位到要选择文本开始的位置，按住<Shift>键不放，再单击所选文本结束的位置即可选中一段连续的文本。

选择不连续文本：先选择一部分文本，之后按住<Ctrl>键不放，再选择其他需要选定的文本区域，即可同时选择不连续的文本区域。

③ 使用组合键选择文本法。使用键盘选择文本时，先将插入点放到要选择文本的开始位置，然后进行组合键操作即可。各组合键及功能如表 2-1 所示。

表 2-1 选择文本组合键

| 组合键 | 功　　能 |
| --- | --- |
| Shift+← | 选择光标左边的一个字符 |
| Shift+→ | 选择光标右边的一个字符 |
| Shift+↑ | 选择光标至光标上一行同一位置之间所有的字符 |
| Shift+↓ | 选择光标至光标下一行同一位置之间所有的字符 |
| Ctrl+A | 选择全部文档 |

2）修改和删除文本

如果要添加文本，则将光标定位到要添加文本的位置，输入新的内容即可。如果要改写一段文本，则选择错误文本后重新输入新的内容即可。

可以使用键盘上的 Backspace 或 Delete 键删除文字，两者的区别是按下<Backspace>键可以删除光标左侧的文本，而按下<Delete>键可以删除光标右侧的文本。

如果在输入文本和编辑文本时不慎执行了错误操作，可以按下快捷访问工具栏中的撤销操作按钮，或者按下快捷键<Ctrl+Z>，多次操作可以撤销多步。如果执行了误撤销操作想要恢复以前的修改，可以按下快捷访问工具栏中的恢复操作按钮 。需要注意的是，对于已经执行了保存命令的文档是无法进行恢复操作的。当按下<Insert>键后输入新的文本，则会删除当前光标后的字符替换为新输入的文本。

3）移动文本

方法一，采用剪切、粘贴的方法，具体操作如下：

选中需要移动的文本后执行剪切命令，可以单击鼠标右键在快捷菜单中选择"剪切"命令，也可以使用快捷键<Ctrl+X>，然后将光标定位到需要移动到的位置执行粘贴命令，也可以使用快捷键<Ctrl+V>。

方法二，采用拖拽的方法，具体操作如下：

选择要移动的文本后，按住鼠标左键将文本拖拽到要放置的位置，然后松开鼠标即可实现文本的移动。

4）定位、查找和替换文本

使用 Word 的查找功能可以很快地在文档中查找文本，使用替换功能则能快捷地将查找到的文本进行更改或批量修改，使用定位功能可以快速定位到文档中指定的位置。当文档较长时，Word 2016 中的查找、替换和定位功能可以减少很多繁琐的工作。

（1）定位文本。

① 使用鼠标定位文本。使用鼠标定位文本最简单的方法是使用滚动条。单击滚动条中的 ▲ 按钮，文档将向上移动一行；使用鼠标拖动滚动条可以使文档滚动到所需的位置；单击滚动条中的 ▼ 按钮，文档将向下移动一行；单击"前一页"按钮 ▲，文档将向上移动一页；单击"下一页"按钮 ▼，文档将向下移动一页。

② 使用快捷键定位文档。使用快捷键定位文档非常方便，快捷键的使用如表 2-2 所示。

表 2-2　文本定位快捷键

| 快捷键 | 功　能 | 快捷键 | 功　能 |
|---|---|---|---|
| ← | 左移一个字符 | Ctrl+↑ | 上移一段 |
| → | 右移一个字符 | Ctrl+↓ | 下移一段 |
| Ctrl+← | 左移一个单词 | End | 移至行尾 |
| Ctrl+→ | 右移一个单词 | Home | 移至行首 |
| ↑ | 上移一行 | Page Up | 从现在所在的屏上移一屏 |
| ↓ | 下移一行 | Page Down | 从现在所在的屏下移一屏 |

③ 使用"转到"命令定位文档。使用"转到"命令可以直接跳转到指定的位置，操作方法如下：在"开始"选项卡"编辑"功能区中，单击查找按钮右侧的三角按钮 🔍 查找 ▼，在弹出的下拉列表中选择"定位"命令，即可弹出"定位"对话框，如图 2-7 所示。在"定位目标"中选择需要定位的方式，并在右侧文本框中输入定位的位置，单击"定位"按钮即可。

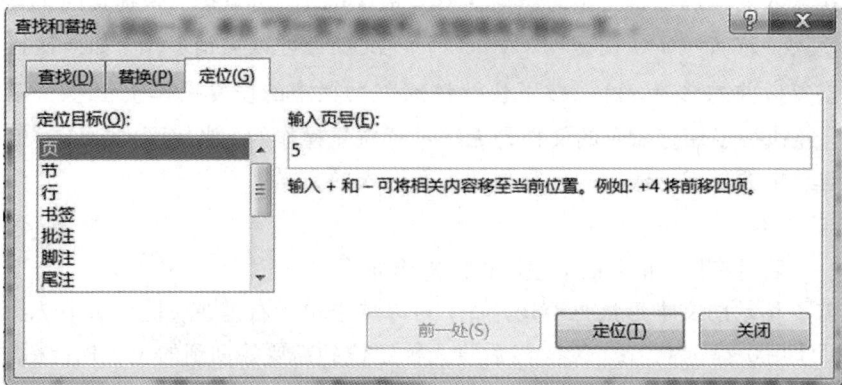

图 2-7　"定位"对话框

（2）查找文本。

使用查找功能可以帮助用户快速地找到文档中指定的内容。如查找"活动通知.docx"文档中"比赛"内容，具体实现过程如下：

① 打开文档"活动通知.docx"，将光标定位到需要查找的开始位置。

② 在"开始"选项卡"编辑"功能区中单击"查找"按钮 🔍 查找，在文档的左侧则会出现"导航"面板。在"搜索文档"文本框中输入要查找的文本，如"比赛"，文档中所有查找到的内容会以黄底黑字的形式显示，如图2-8所示。

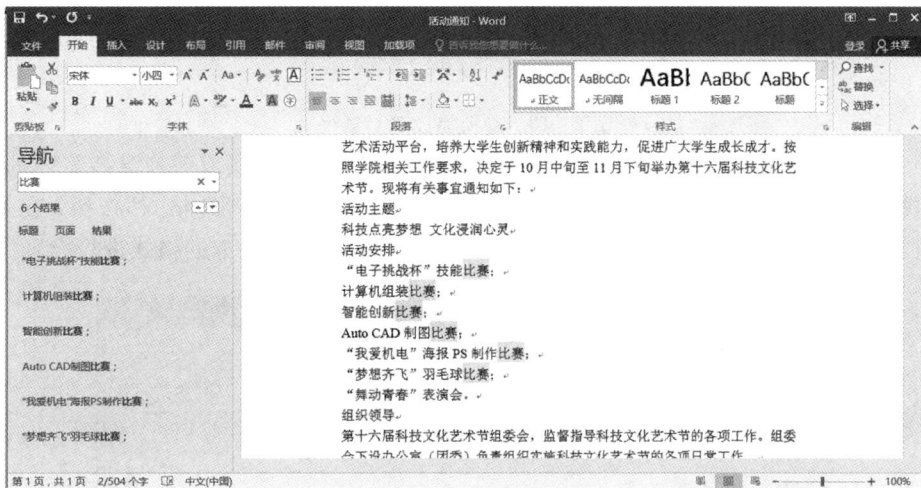

图 2-8　查找设置

（3）替换文本。

替换功能可以帮助用户将查找到的文本进行更改，或批量修改相同的内容。如将"活动通知.docx"文档中"比赛"替换为"大赛"，具体实现过程如下：

① 打开文档"活动通知.docx"，将光标定位到需要查找的开始位置。

② 在"开始"选项卡"编辑"功能区中单击"替换"按钮 替换，弹出"查找和替换"对话框，并自动切换到"替换"选项卡，如图2-9所示。

图 2-9　"查找和替换"对话框

③ 在"查找内容"文本框中输入要查找的内容如"比赛"，在"替换为"文本框中输入要

替换的内容如"大赛",然后单击"全部替换"按钮,即可完成对查找内容的全部替换。替换完成后会弹出对话框,如图 2-10 所示,如果要继续从开始处搜索则单击"是"按钮,否则单击"否"按钮。

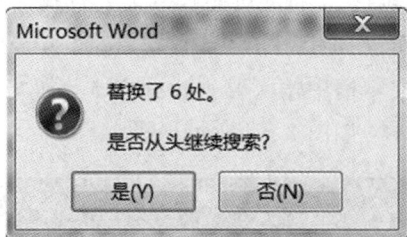

图 2-10　替换完成后对话框

④ 如果要将查找或替换的文本设置为特殊的格式,或者查找或替换某些特殊的字符,在"查找和替换"对话框中单击"更多"按钮,如图 2-11 所示。单击"格式"按钮,在弹出的下拉列表中选择"字体"或"段落"命令等,在弹出的对话框中对文本的格式进行设置。

图 2-11　"查找和替换"对话框

### 3. 设置字体格式

如果一个文档中的字体格式一样,那么就不能突出内容的层级,通过字体格式的设置可以让文档的外观变得更加漂亮。

(1)设置字体、字号和字形。

例如将"活动通知.docx"文档中标题文字设置为如图 2-12 所示的效果,具体实现过程如下:

关于举办第十六届科技文化艺术节活动的通知

各团总支、学生社团：

为进一步丰富校园文化生活，搭建具有时代特征、青年特点的大学生校园科技艺术活动平台，培养大学生创新精神和实践能力，促进广大学生成长成才。按照学院相关工作要求，决定于 10 月中旬至 11 月下旬举办第十六届科技文化艺术节。现将有关事宜通知如下：

图 2 - 12　标题字体设置效果

在"开始"选项卡"字体"功能区中对标题文字进行设置。步骤如下：

① 打开文档"活动通知.docx"。

② 选择文档标题文本，在"开始"选项卡字体功能区中设置字体为"黑体"，字号为"小二"，并单击"加粗"按钮。

③ 单击"字体颜色"按钮右侧的下拉箭头，可以在打开的颜色列表中选择颜色，"蓝色，个性色 5，深色 25％"，如图 2 - 13 所示。

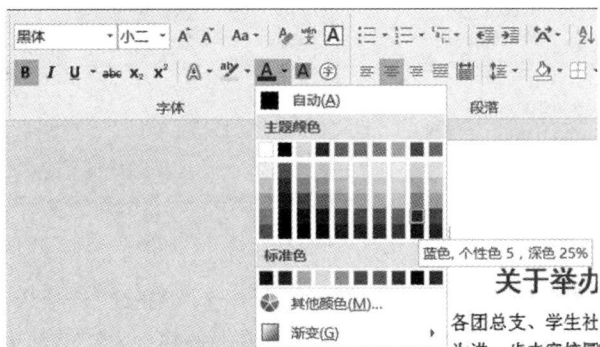

图 2 - 13　字体功能区

（2）设置文字效果。

设置文字效果就是更改文字的填充方式，例如给文字加边框底纹，阴影、映像、发光等效果。通过给文字设置效果，可以使文字看起来更加美观。

① 边框和底纹。

在用办公软件处理文字时，为了强调重点，需要对文字进行加边框和底纹的处理。

例如将"活动通知.docx"文档中标题文字设置为如图 2 - 14 所示的效果，具体实现过程如下：

关于举办第十六届科技文化艺术节活动的通知

各团总支、学生社团：

为进一步丰富校园文化生活，搭建具有时代特征、青年特点的大学生校园科技艺术活动平台，培养大学生创新精神和实践能力，促进广大学生成长成才。按照学院相关工作要求，决定于 10 月中旬至 11 月下旬举办第十六届科技文化艺术节，现将有关事宜通知如下：

图 2 - 14　边框和底纹设置效果

A. 首先选中标题段文字，在"开始"选项卡段落功能区中单击下框线右侧的按钮 ，在弹出的下拉列表中选择"边框和底纹"命令，如图 2-15 所示，则会弹出"边框和底纹"命令。

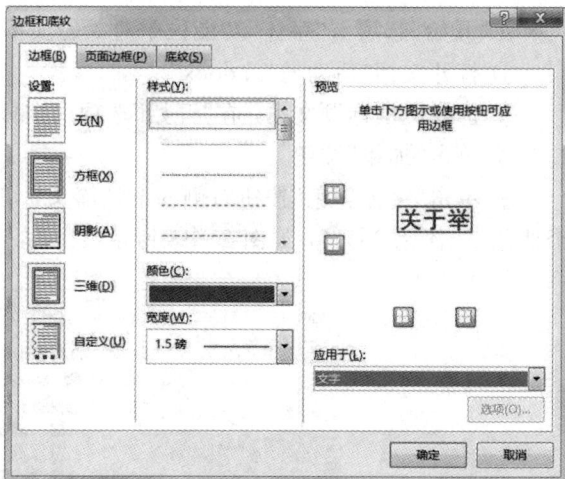

B. 为所选文字添加 1.5 磅的蓝色方框，操作步骤如下：选择"边框"选项卡，在"边框类型"下拉列表中选择"方框"，在"样式"下拉列表中选择单实线，在"颜色"下拉列表中根据颜色提示选择蓝色，在"宽度"下拉列表中选择线宽为"1.5 磅"，并在"应用于"下拉列表中选择"文字"，如图 2-16 所示。

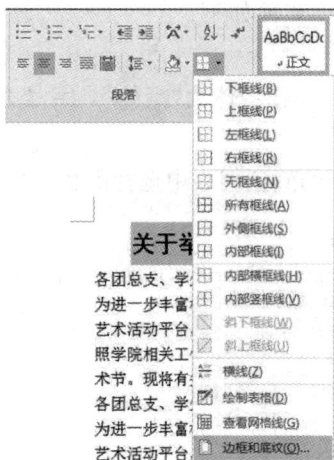

图 2-15 "边框和底纹"命令

图 2-16 边框设置

C. 为所选文字添加黄色底纹，操作步骤如下：选择"底纹"选项卡，在"填充"下拉列表中根据颜色提示选择黄色，并在"应用于"下拉列表中选择"文字"，如图 2-17 所示。

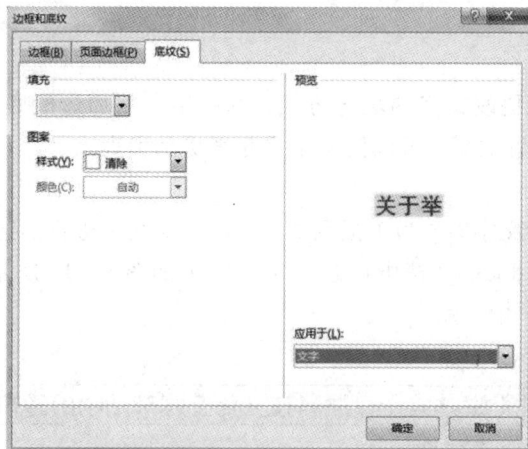

图 2-17 底纹设置

② 文字艺术效果。

设置文字的艺术效果就是更改文字的填充方式、边框样式，或为文字添加阴影、映像、发光等效果，使文字看起来更加美观、漂亮。

　　例如对"活动通知.docx"文档中的标题设置文字效果,可以使用"开始"选项卡"字体"功能区中的"文字效果"按钮 进行设置,具体实现过程如下:

　　A. 选中需要添加艺术效果的标题段文字。

　　B. 在"开始"选项卡"字体"功能区中单击"文字效果"按钮 。在弹出的下拉列表中可以选择一种艺术字效果,例如"紧密映像,接触",如图2-18所示。

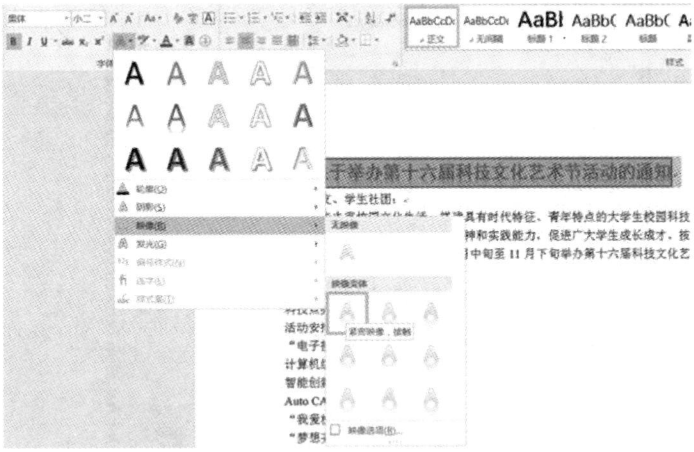

图2-18　文字效果设置

　　说明:通过"文字效果"按钮 的下拉列表中的"轮廓""阴影""映像"和"发光"选项,用户可以为文字设置详细的艺术效果。例如为文字添加"右下斜偏移"阴影,如图2-19所示。

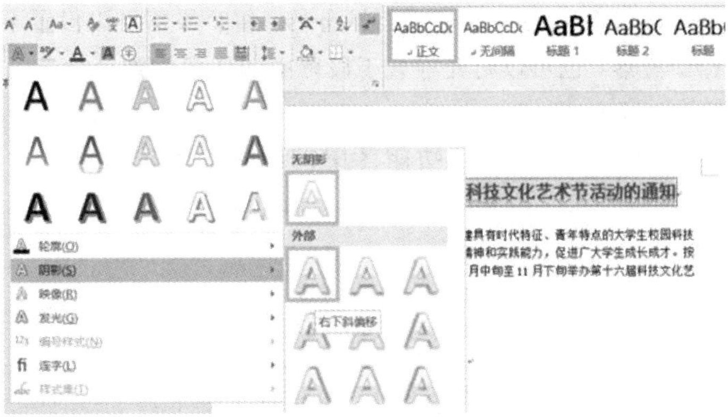

图2-19　阴影的设置

　　(3)设置字符间距。

　　为了使标题段文本更加清晰,可以增加文本的字符间距。操作步骤如下:选择文档标题文本,单击鼠标右键,在快捷菜单中选择"字体"命令,在弹出的"字体"设置对话框中,选择"高级"选项卡。在"字符间距"选项组的"间距"下拉列表中选择字符间距的类型为"加宽",并设置加宽的磅值为"1磅",如图2-20所示。

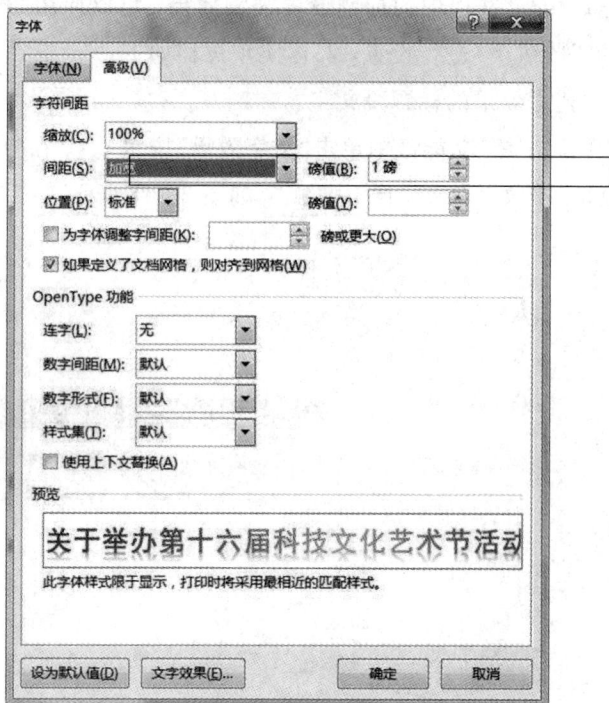

图 2-20　字符间距设置

说明：在此对话框中，用户可以通过"缩放"下拉列表设置文本的缩放比例，通过"位置"下拉列表设置文本的显示位置。

**4. 设置段落格式**

文档中的段落是以段落标记符号 ↵ 进行区分的，每个段落可以设置不同的格式。设置段落的格式可以选中段落，也可以将光标置于段落中的任意位置。

（1）设置段落的对齐方式。

方法一，使用"开始"选项卡段落功能区中的段落对齐按钮进行设置，如图 2-21 所示。

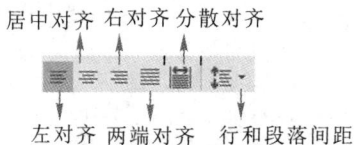

图 2-21　段落对齐设置按钮

段落功能区中的左对齐是指段落中的每一行都以页面的左边为参照对齐；居中对齐是指每一行距离页面左右两边的距离相同；右对齐是指每一行都以页面的右边为参照对齐；两端对齐是指每行的首位对齐，如果字数不够则保持左对齐；分散对齐和两端对齐相似，区别在于如果字数不够则通过增加字符间距的方式使所有行都保持首位对齐。

方法二，在"段落"设置对话框中进行设置，操作步骤如下：

将光标定位到段落的任意位置，单击鼠标右键，在弹出的快捷菜单中选择"段落"命令，或在"开始"选项卡段落功能区中单击右下角的"段落"按钮 ，这两种方法都会弹出"段落"设置对话框。具体对齐方式可在"常规"选项组中的"对齐方式"下拉列表中进行选择，如图 2-22 所示。

图 2-22 "段落"设置对话框

（2）设置段落缩进。

段落缩进是指各段的左、右缩进，首行缩进及悬挂缩进。段落缩进可以在"段落"设置对话框的"缩进"选项组中进行设置，如图 2-23 所示。

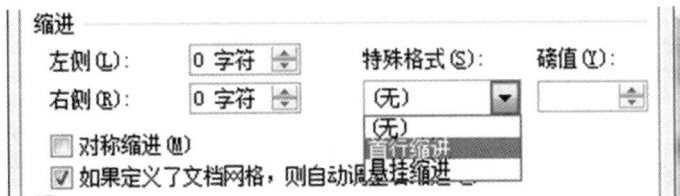

图 2-23 段落缩进

段落的左右缩进是指各段的左右边界相对于左右页边距的距离缩进；首行缩进是指段落的第一行相对于段落的左边界的距离缩进；悬挂缩进是指第一行定格显示，其他各行进行的距离缩进。

（3）设置段落间距及行距。

段落间距是指两个段落之间的距离，行距是指段落中行与行之间的距离。通过增加段落间距与行距可以使文本更加清晰。段落间距及行距可以在"段落"设置对话框的间距选项组中进行设置，如图 2-24 所示。

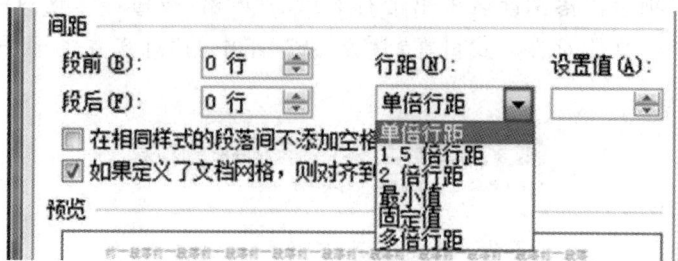

图 2-24　段落间距选项组

段落间距的设置，可以单击"段前"和"段后"两个微调框右侧的上下选择按钮，也可以在"设置值"文本框中直接输入相应的值。"行距"中的"单倍行距""1.5倍行距"和"2倍行距"可以直接选中，单击"确定"按钮即可；如果要设置其他倍数的

图 2-25　多倍行距的设置

行距（如1.25倍）则可以选择"多倍行距"，在"设置值"文本框中直接输入1.25即可，如图2-25所示。最小值和固定值的设置方法和多倍行距的设置方法类似。

如将"活动通知.docx"文档中文字的段落设置为如图2-26所示的效果，具体实现过程如下：

① 选中正文前十六段文本后，单击鼠标右键，在弹出的快捷菜单中选择"段落"命令，弹出"段落"设置对话框；

② 单击缩进选项组中"特殊格式"下拉箭头，在弹出的下拉列表中设置首行缩进为"2字符"；

③ 在间距选项组中设置段前间距为"0.5行"，单击"行距"下拉列表右侧的下拉箭头，在弹出的下拉列表中选择"固定值"选项，用户可以通过"设置值"微调框的微调按钮进行调节或者直接输入数值18磅，单击"确定"按钮，如图2-27所示。

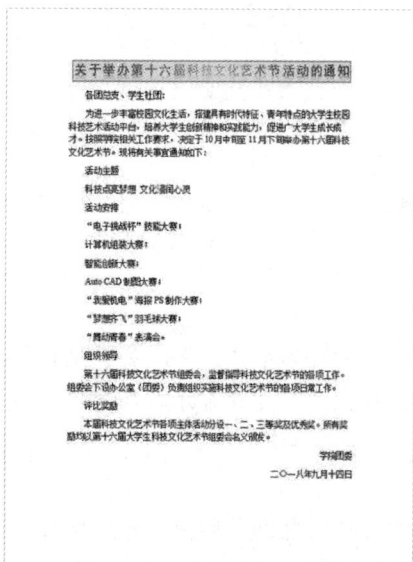

图 2-26　段落设置效果

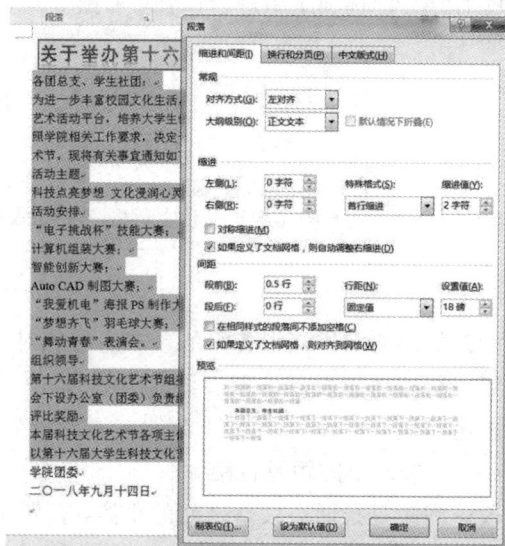

图 2-27　段落设置

④ 选中正文最后两段文本后，单击鼠标右键，在弹出的快捷菜单中选择"段落"命令，弹出的"段落"设置对话框。单击"常规"选项组中"对齐方式"下拉箭头，在弹出的下拉列表中选择"右对齐"选项，单击"确定"按钮，如图 2-28 所。

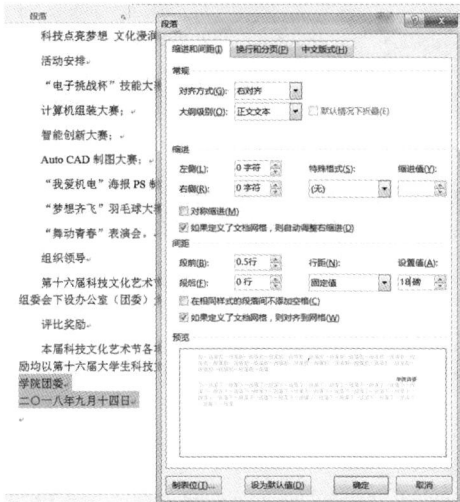

图 2-28　段落对齐设置

⑤ 单击"保存"按钮，或使用快捷键<Ctrl＋S>，完成对"活动通知"文档的保存。

## 2.1.4　其他格式设置

### 1. 设置项目符号和编号

在 Word 中使用项目符号和编号可以使文档条理清晰，重点突出。项目符号是一种平行排列标志，编号能表示出先后顺序。下面介绍项目符号和编号的使用方法。

（1）添加编号。

打开文档"活动通知.docx"。选中需要设置编号的文本，如图 2-29 所示。在"开始"选

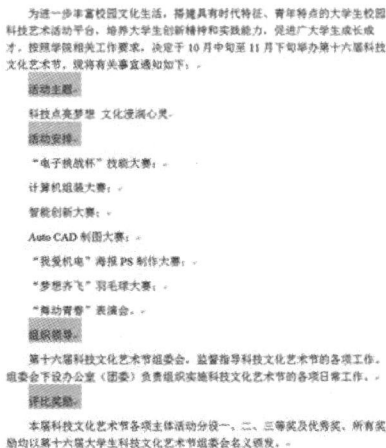

图 2-29　选择文本

项卡的"段落"功能区中单击"编号"按钮 的下拉箭头,在弹出的下拉列表中可以选择编号的样式,如图 2-30 所示。如果要对文本的编号进行设置,则单击"编号"下拉列表中的"定义新编号格式"命令。在弹出的对话框中可以对编号的字体、对齐方式等进行设置。

(2)添加项目符号。

选中需要设置项目符号的文本,在"开始"选项卡的"段落"功能区中单击"项目符号"按钮 的下拉简头,在弹出的下拉列表中可以选择项目符号的样式,如图 2-31 所示。

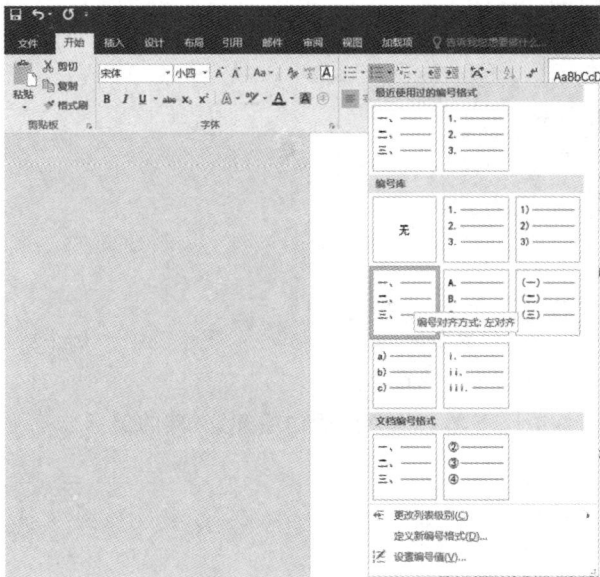

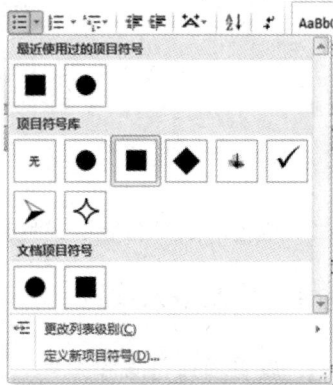

图 2-30  设置编号          图 2-31  设置项目符号

## 2. 首字下沉

首字下沉是指段落开始的第一个字或几个字放大显示,并且可以选择下沉或悬挂的显示方式。首字下沉通常应用于文档的开始处,在报纸和杂志等出版物中经常使用。对段落进行首字下沉设置,可以很好地凸显出段落的位置和整个段落的重要性,起到引人入胜的效果,如将"桃花源记.docx"文档中文字设置为如图 2-32 所示的效果。

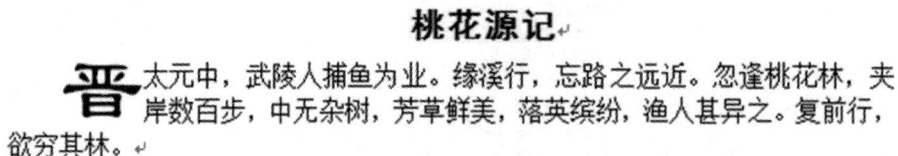

### 桃花源记

**晋**太元中,武陵人捕鱼为业。缘溪行,忘路之远近。忽逢桃花林,夹岸数百步,中无杂树,芳草鲜美,落英缤纷,渔人甚异之。复前行,欲穷其林。

图 2-32  首字下沉效果

具体实现过程如下:

① 打开文档"桃花源记.docx",将光标定位到要设置首字下沉的段落的任意位置。

② 在"插入"选项卡"文本"功能区中单击"首字下沉"按钮 的下拉箭头,在弹出的下拉列表中选择首字下沉的方式,或单击"首字下沉选项",如图 2-33 所示。

图 2-33 首字下沉命令

③ 单击"首字下沉选项"会弹出"首字下沉"对话框，用户可以对首字下沉的位置进行详细的设置。例如位置选择"下沉"，在"字体"下拉列表中选择下沉文字的字体为"隶书"，在"下沉行数"微调框中设置下沉的行数为"2"，在"距正文"微调框中设置下沉文字距正文的距离为"0.2厘米"，单击"确定"按钮，如图 2-34 所示。

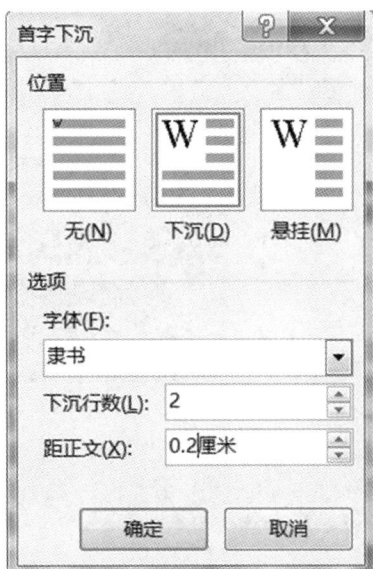

图 2-34 "首字下沉"对话框

### 3．分栏

利用分栏功能可以将文本的版面分成多栏显示，这样更便于阅读并且版式更加生动，报纸和杂志的排版中经常使用分栏。

如将"桃花源记.docx"文档中文字设置为如图 2-35 所示的效果，具体实现过程如下：

① 打开文档"桃花源记.docx"，选中需要设置分栏效果的段落。

② 在"布局"选项卡"文本"功能区中单击"分栏"按钮的下拉箭头，在弹出的下拉列表中选择分栏的方式，如"一栏""二栏""三栏""偏左""偏右"，或选择"更多分栏"命令，如图 2-36 所示。

③ 单击"更多分栏"命令会弹出"分栏"对话框，用户可以对分栏效果进行详细的设置。例如在"预设"选项组中选择"两栏"，勾选"分隔线"复选框使两栏间添加分隔线，如图 2-37 所示。

## 桃花源记

晋 太元中，武陵人捕鱼为业。缘溪行，忘路之远近。忽逢桃花林，夹岸数百步，中无杂树，芳草鲜美，落英缤纷，渔人甚异之。复前行，欲穷其林。

林尽水源，便得一山，山有小口，仿佛若有光。便舍船，从口入。初极狭，才通人。复行数十步，豁然开朗。土地平旷，屋舍俨然，有良田美池桑竹之属。阡陌交通，鸡犬相闻。其中往来种作，男女衣着，悉如外人。黄发垂髫，并怡然自乐。

见渔人，乃大惊，问所从来。具答之。便要还家，设酒杀鸡作食。村中闻有此人，咸来问讯。自云先世避秦时乱，率妻子邑人来此绝境，不复出焉，遂与外人间隔。问今是何世，

乃不知有汉，无论魏晋。此人一一为具言所闻，皆叹惋。余人各复延至其家，皆出酒食。停数日，辞去。此中人语云："不足为外人道也"。

既出，得其船，便扶向路，处处志之。及郡下，诣太守，说如此。太守即遣人随其往，寻向所志，遂迷，不复得路。

南阳刘子骥，高尚士也，闻之，欣然规往。未果，寻病终，后遂无问津者。

图 2-35　分栏设置效果

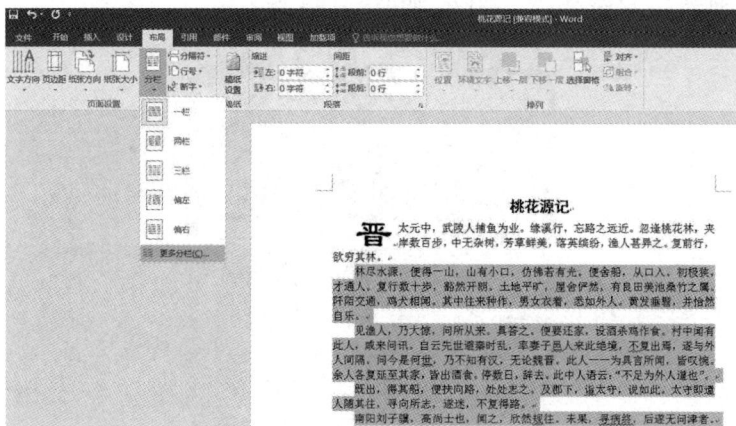

图 2-36　分栏命令

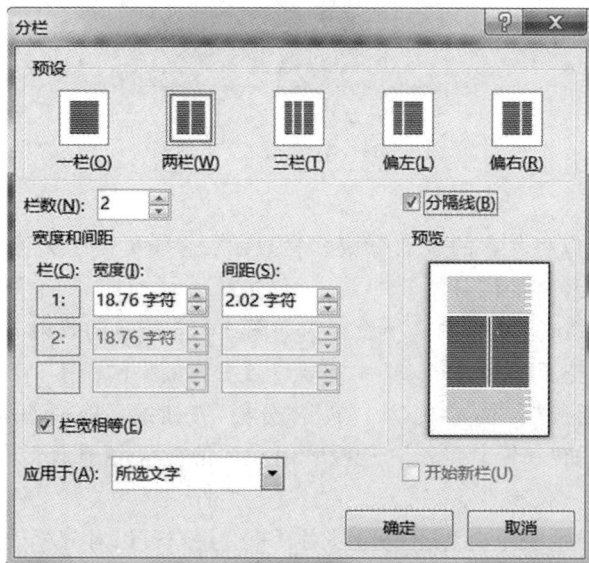

图 2-37　"分栏"对话框

**4. 设置页眉、页脚**

通过设置页眉、页脚可以添加一些文档的提示信息。页眉一般位于文档的顶部，通常可以添加文档的注释信息，如公司名称、文档标题、文件名或作者名等信息；页脚一般位于文档的底部，通常可以添加日期、页码等信息。

（1）插入页眉、页脚。

页眉和页脚的插入方法类似，下面以插入页眉为例介绍设置方法。

在"插入"选项卡"页眉和页脚"功能区中单击"页眉"按钮的下拉箭头，在弹出的下拉列表中选择所需要的页眉类型，如图2-38所示。

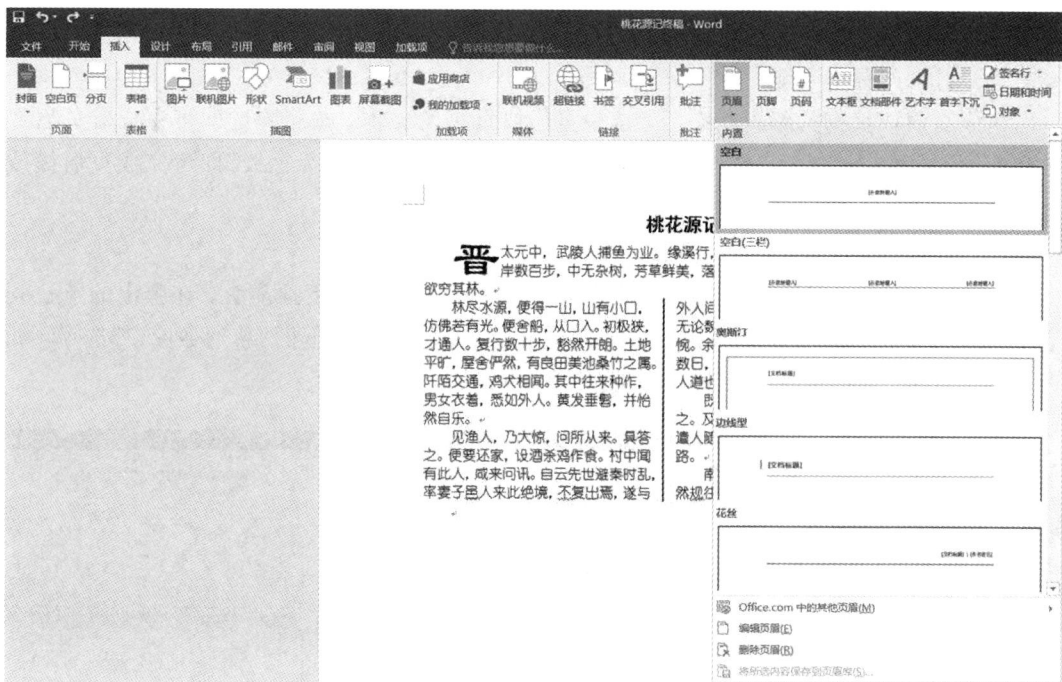

图2-38　插入页眉

插入页眉后，页面将显示虚线的页眉编辑区，可以在其中输入文字、图片或符号等，如图2-39所示。

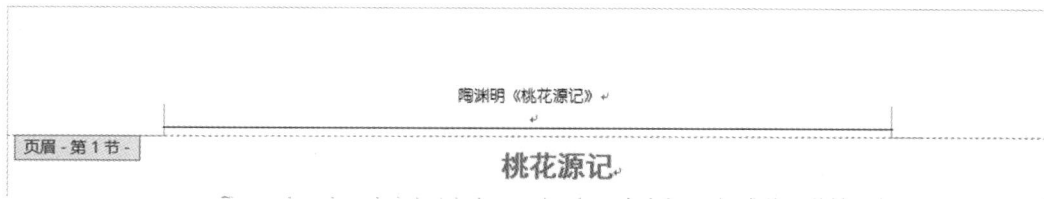

图2-39　页眉编辑区

（2）设置页眉和页脚。

用户可以对已插入的页眉和页脚进行编辑。在页眉或页脚处进行双击，进入页眉或页脚的编辑状态，在出现的"页眉和页脚工具设计"功能标签中进行设置，如图2－40所示。

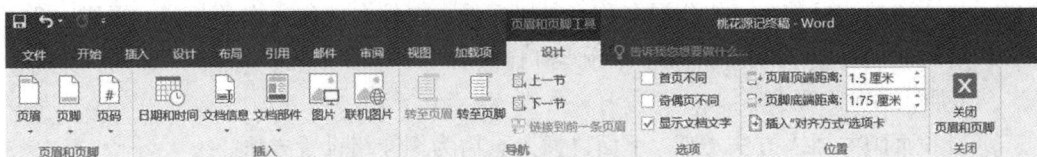

图2-40　设置页眉、页脚格式

如果要在页眉或页脚中插入图片，可以打开"页眉和页脚工具设计"功能标签，单击"图片"按钮，会弹出"插入图片"对话框，从中可以选择磁盘中的图片插入到页眉或页脚中。

（3）删除页眉和页脚。

进入页眉或页脚的编辑状态后，选中页眉或页脚的文本，按删除键即可完成对页眉文字的删除。在"开始"选项卡"段落"功能区中设置边框和底纹为"无框线"即可完成页眉横线的删除。

（4）插入页码。

在"插入"选项卡"页眉和页脚"功能区中单击"页码"按钮的下拉箭头，在弹出的下拉列表中可以选择页码的位置及样式。例如选择"页面底端"选项组下的"普通数字2"选项，如图2-41所示。这样就可以在页面底端的居中位置插入页码。

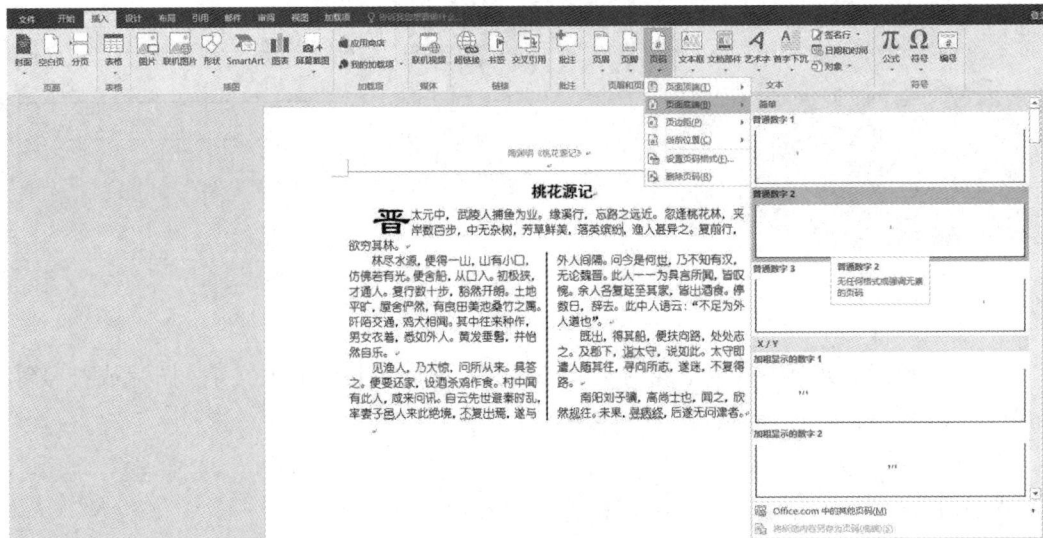

图2-41　插入页码

（5）设置页码格式。

如果要对页码的格式进行修改，则在"页眉和页脚工具设计"选项卡中，单击"设置页码格式"按钮，如图2-42所示。在弹出的"页码格式"对话框中设置页码的格式，如图2-43所示。在"编号格式"下拉列表中可以选择编号的格式，在"页码编号"选项组中可以选择"续前节"或"起始页码"。例如设置页码格式为罗马数字，起始页码为"Ⅲ"。

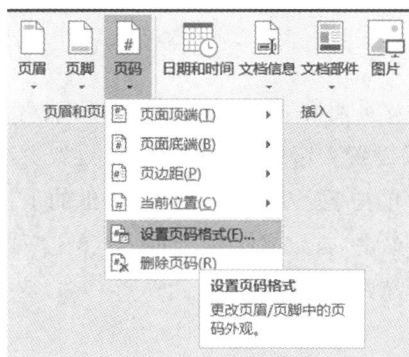

图 2-42　设置页码格式

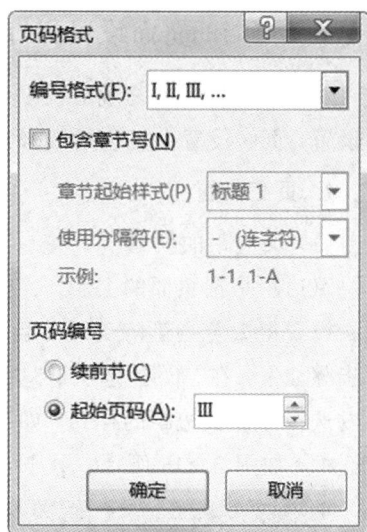

图 2-43　"页码格式"对话框

**5. 使用分隔符隔开内容**

Word 2016 中的分隔符有分页符和分节符两大类。分页符主要用于分页，作用只是分页，前后还是同一节；分节符主要用于章节的分割，可以同一页中不同节，也可以分节的同时分页。分隔符的插入方法如下：在"布局"选项卡"页面设置"功能区中单击"分隔符"按钮，选择需要的分隔符类型单击即可，如图 2-44 所示。

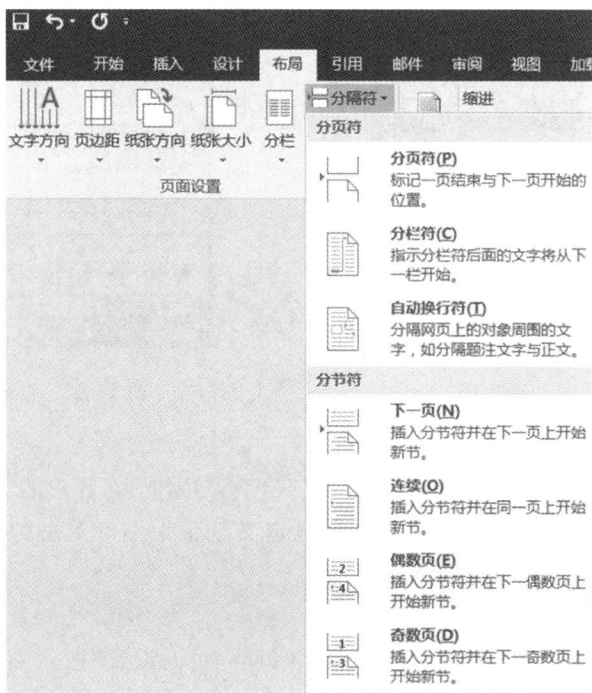

图 2-44　分隔符的插入

## 2.1.5 文档的页面设置和打印

对文档进行打印之前必须要对页面进行设置，可以使用默认的格式也可以根据需要进行设置，页面设置主要包括纸张大小、页边距等内容。

**1.页面设置**

（1）页边距的设置。

页边距是指页面的上、下、左、右的边距以及页眉和页脚距离页边界的距离，页边距如果设置得太宽会影响美观并且浪费纸张，如果设置太窄则会影响装订。设置页边距的操作步骤如下：在"布局"选项卡"页边距"功能区中单击"页边距"按钮，在弹出的下拉列表中可以选择一种页边距的样式，如图2-45所示。单击"自定义边距"命令会弹出"页面设置"对话框，如图2-46所示。用户可以根据需要设置页边距。

图2-45 页边距命令

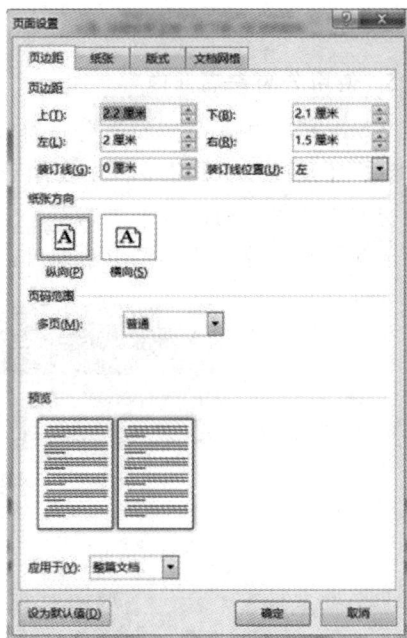

图2-46 页面设置对话框

（2）纸张的设置。

在"布局"选项卡"页面设置"组中单击"纸张大小"按钮，在弹出的下拉列表中选择一种纸张的样式，如图2-47所示。如果用户要自定义纸张大小可单击"其他纸张大小"命令，在弹出的"页面设置"对话框中进行设置。

（3）版式的设置。

在"布局"选项卡"页面设置"组中单击右下角的"页面设置"按钮 ，在弹出的"页面设置"对话框中，选择"版式"选项卡。可以对页眉、页脚距边界的距离以及页面的垂直对齐方式进行修改，如图2-48所示。

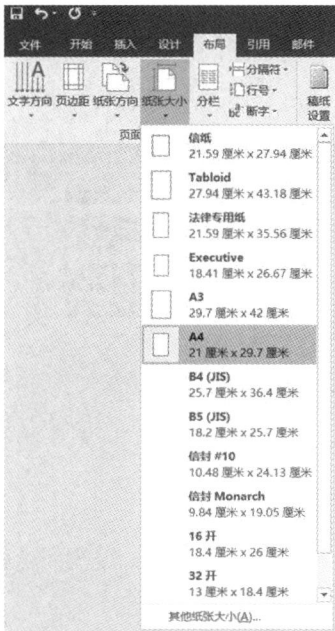

图 2-47　纸张大小设置　　　　　　　　　图 2-48　版面设置

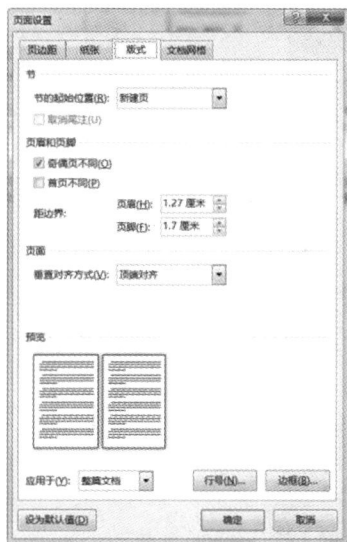

### 2. 水印设置

为页面添加水印效果的操作步骤如下：在"设计"选项卡"页面背景"组中单击"水印"按钮，在弹出的下拉列表中可以选择一种水印的样式，如图 2-49 所示。

图 2-49　水印设置

用户如果单击"自定义水印"按钮，则会弹出"水印"对话框。选择"图片水印"单选项可以添加图片水印，选择"文字水印"单选项可以添加文字水印，文字水印可以选择样本文字，也可以自己输入文字，并设置字体样式。

### 3. 打印文档

在打印文档之前需要进行打印设置，如页面设置、份数设置、页面范围及纸张大小等。执行"文件"菜单下的"打印"命令，可以打开"打印设置"面板，如图 2-50 所示。左边为打印设置，右边为打印预览效果。

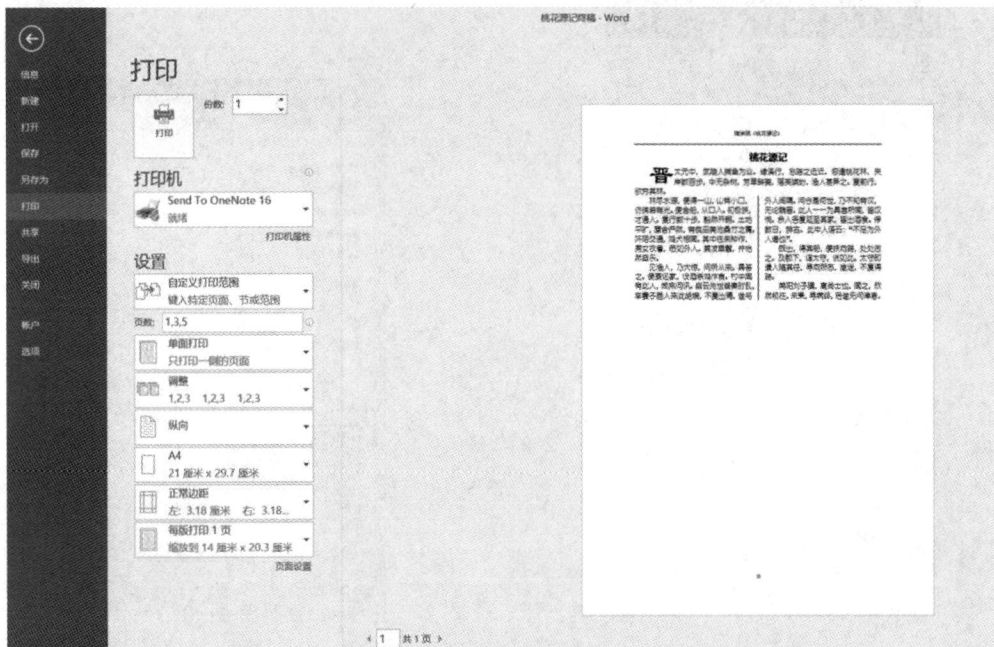

图 2-50　打印设置

在"份数"文本框中可以输入要打印的份数，在"页数"文本框中输入要打印文档的页数，如果要打印指定的页数，中间可以用逗号分隔。

## 2.1.6　制作"大数据时代"文档

为了加深读者对文字、段落格式设置以及页眉设置方法的理解和运用，本小节通过案例的形式完成一个介绍大数据时代的文档的排版任务。

### 1. 需求分析

本案例需要制作一张介绍大数据时代的文档，要求标题醒目，内容简洁。最终效果如图 2-51 所示。

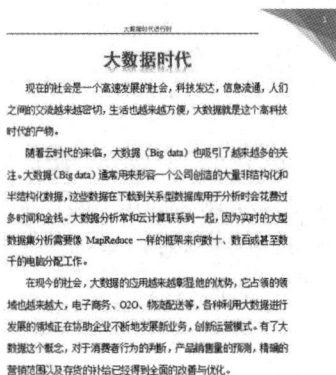

图 2-51　最终效果

根据最终效果，对案例进行分析，通过以下几个方面实现：

（1）标题部分：进行字体及艺术效果设置。

（2）内容部分：进行中文和西文的字体设置，首行缩进及行距段落设置。

（3）页面效果：添加页眉。

**2. 操作步骤**

（1）标题字体设置。

打开文档"大数据时代.docx"。选中标题文本后，在"开始"选项卡中设置字体为"黑体"，字号为"一号"，字体加粗，并设置字体颜色为红色，如图2-52所示。

图2-52 标题设置

（2）标题添加艺术效果。

选中标题文本，在"开始"选项卡"字体"功能区中单击"文字效果"按钮 A·，为标题文本添加"紧密映像，接触"的映像效果，如图2-53所示。

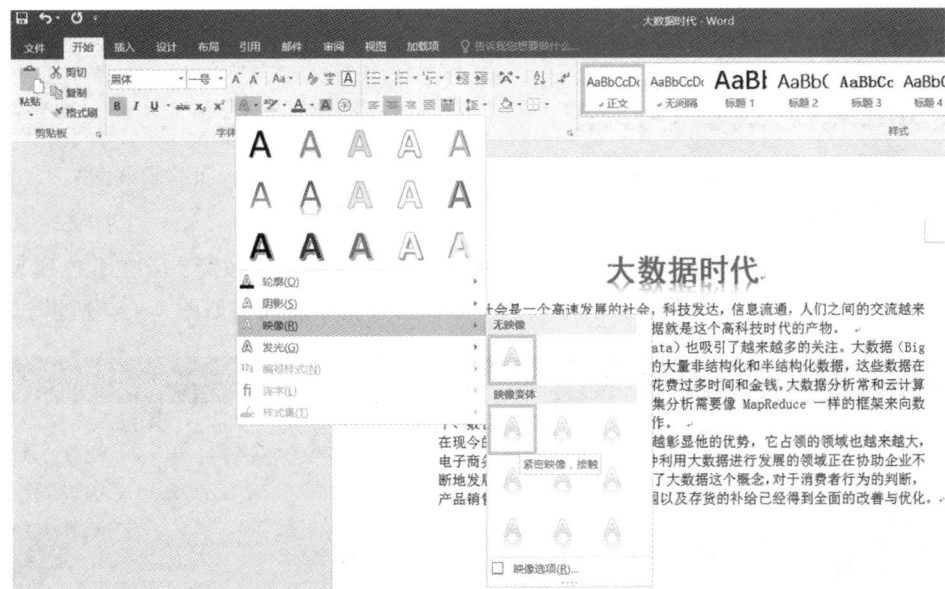

图2-53 标题艺术效果设置

（3）调整标题字符间距及渐变填充效果。

选中标题文本，单击鼠标右键，在快捷菜单中选择"字体"命令，在弹出的"字体"对话框中选择"高级"选项卡，设置字符间距加宽 5 磅。

（4）正文部分格式设置。

选中正文部分，单击鼠标右键，在快捷菜单中选择"字体"命令，在弹出的"字体"对话框中选择"字体"选项卡，设置中文字体为"宋体"，西文字体为"Times New Roman"，字号为"四号"。如图 2-54 所示。

选中正文部分，单击鼠标右键，在快捷菜单中选择"段落"命令，在弹出的"段落"对话框中选择"段落"选项卡，设置首行缩进为"2 字符"，行距为"1.5 倍行距"，如图 2-55 所示。

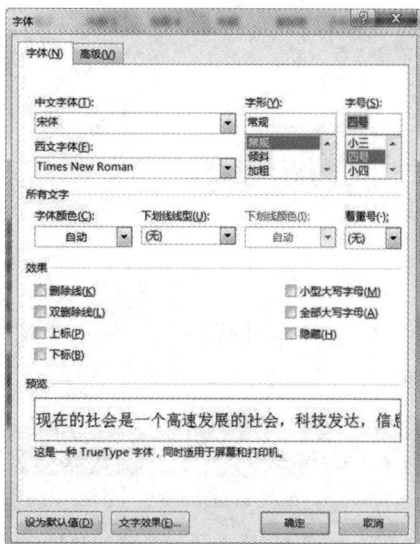

图 2-54　正文字体设置

图 2-55　正文段落设置

（5）页眉设置。

在"插入"选项卡"页面和页脚"功能区中单击"页眉"按钮的下拉箭头，在下拉列表中选择"平面（奇数页）"型页眉，并在页眉中输入文本。插入页眉后效果如图 2-56 所示。

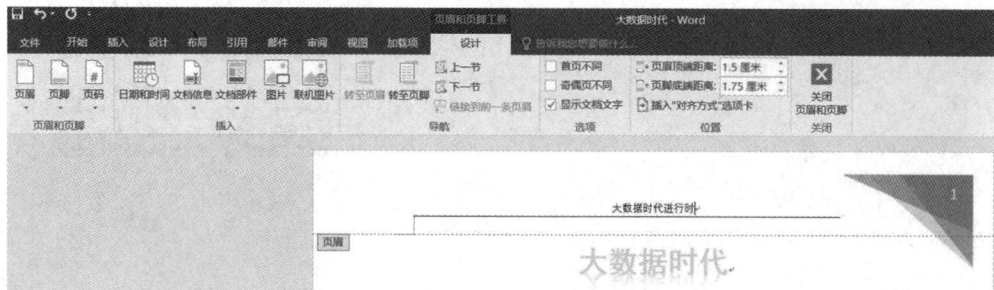

图 2-56　页眉设置

(6) 保存文档。

执行"文件"菜单下的保存命令，或按快捷键<Ctrl＋S>，文档名称为"大数据时代"，文件类型为 Word 文档(＊.docx)，保存文档。

# 任务2.2 图文操作

Word 2016 具有强大的图文处理能力，可以对图像或图形进行插入、缩放、修改的操作，也可以实现图像和文本的混排。给文档添加图像后可以使文档更加生动美观，达到图文并茂的效果。

## 2.2.1 文本框的插入与编辑

文本框是一种图形对象，一般用于放置文本。文本框可以放置在页面中的任意位置，用户可以根据需要调整文本框的大小和样式。

### 1. 插入文本框

插入文本框的操作步骤如下：在"插入"选项卡"文本"功能区中单击"文本框"按钮，在弹出的下拉列表中选择"绘制文本框"命令，如图 2-57 所示。此时鼠标光标变为十字光标形状，可以通过拖动鼠标完成文本框的绘制。

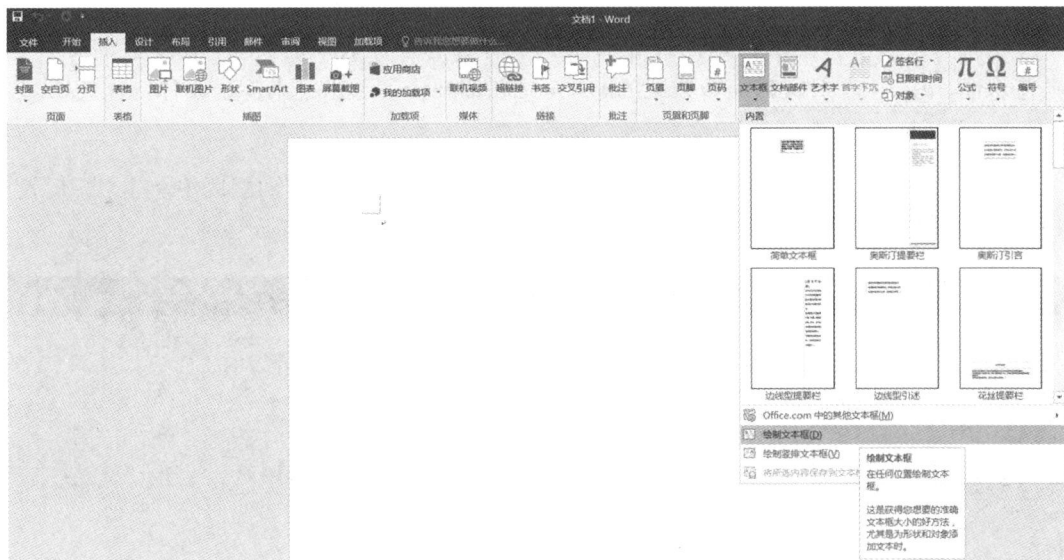

图 2-57 插入文本框

### 2. 编辑文本框

首先将鼠标移动到文本框的边缘，当鼠标变为✛形状时即可选中文本框。

文本框填充设置操作步骤如下：在"绘图工具格式"选项卡"形状样式"功能区中单击"形状填充"按钮，在弹出的下拉列表中选择文本框的填充颜色，如图 2-58 所示。

文本框文本对齐设置操作步骤如下：在"绘图工具格式"选项卡"文本"功能区中单击

"对齐文本"按钮，在弹出的下拉列表中可以设置文本框内文本的垂直对齐方式，如图 2-59 所示。水平对齐方式可以在"开始"选项卡"段落"功能区中进行设置。

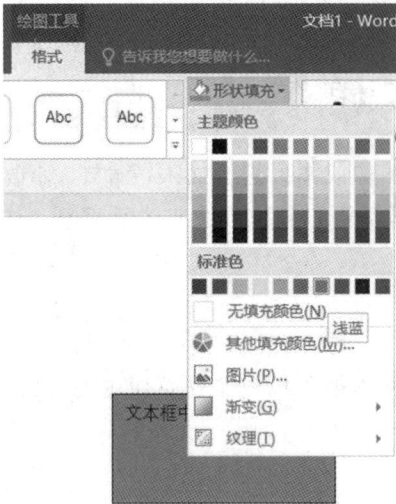

图 2-58 文本框填充设置

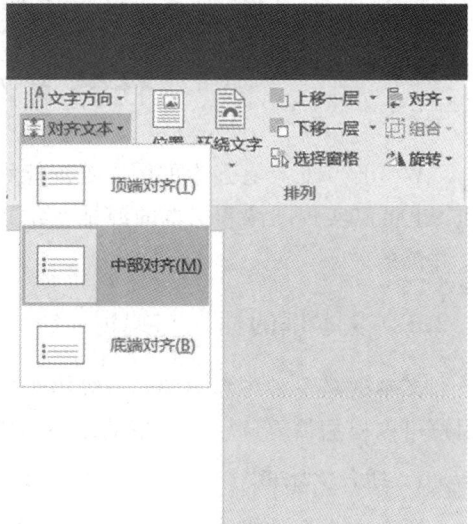

图 2-59 文本框文本对齐设置

## 2.2.2 艺术字的插入与编辑

艺术字在 Word 中的应用极为广泛，它是一种具有特殊效果的文字，比一般的文字更具艺术性，因此，在对文档编辑排版的时候，往往需要使用艺术字来实现某种特殊效果。

### 1. 插入艺术字

在文档中插入艺术字的操作步骤如下：在"插入"选项卡"文本"功能区中单击"艺术字"按钮，在弹出的下拉列表中选择一种艺术字样式，如图 2-60 所示。

图 2-60 艺术字的插入

此时在文档中会出现"请在此放置您的文字"字样的对话框，在该文本框中输入内容即可。例如输入"大数据时代"，效果如图 2-61 所示。

### 2. 编辑艺术字

对于已经插入的艺术字，用户可以根据需要修改艺术字的样式，编辑艺术字的操作步骤如下：选中需要编辑的艺术字，在"绘图工具格式"选项卡"艺术字样式"功能区中中单击"文字效果"按钮，在弹出的下拉列表中选择需要修改的选项，例如选择"转换"选项中的"上弯弧"效果，如图 2-62 所示。

图 2-61　艺术字效果　　　　　　　　　　图 2-62　艺术字编辑

## 2.2.3　图片、联机图片、形状的插入与编辑

Word 2016 中可以插入各种图片，如 Office 自带的剪贴画、计算机中保存的图片，以及各种形状的绘图等。

### 1. 插入与编辑图片

插入图片的操作步骤如下：打开文档"大数据时代.docx"，将光标定位到正文第二段的开始处，在"插入"选项卡"插图"功能区中单击"图片"按钮，在弹出的"插入图片"对话框中找到"大数据.jpg"图片，单击"插入"按钮，如图 2-63 所示。

图 2-63　图片的插入

图片的编辑包括以下 3 个方面：

（1）调整图片环绕方式。操作步骤如下：选中需要设置环绕方式的图片，在"图片工具格式"选项卡"排列"功能区中单击"环绕文字"按钮，在弹出的下拉列表中选择一种文本的环绕方式，例如选择"四周型"选项，如图 2-64 所示。此时图片的四周将被文字环绕，可以

使用鼠标拖拽或者方向键来对图片的位置进行调整。

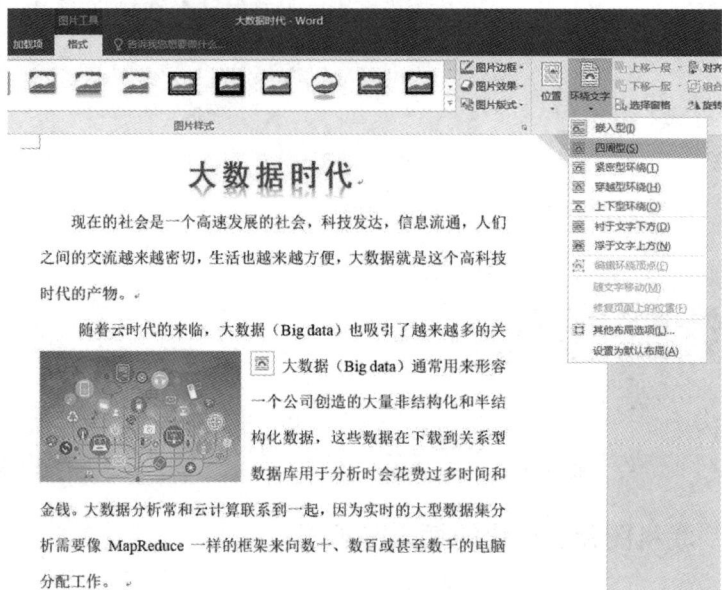

图 2-64　图片环绕方式的设置

（2）调整图片环绕大小。选中需要调整大小的图片，这时图片的周围会出现 8 个控制点，将鼠标移动到控制点上当鼠标变为双箭头时，按下鼠标左键拖动即可完成图片大小的调整。

（3）裁切图片。选中需要进行裁切的图片，在"图片工具格式"选项卡"大小"功能区中单击"裁剪"按钮，此时图片的周围将会出现裁切定界框，然后将鼠标移动到选中图片的控制点上，单击鼠标左键进行拖动即可完成图片的裁切，如图 2-65 所示。

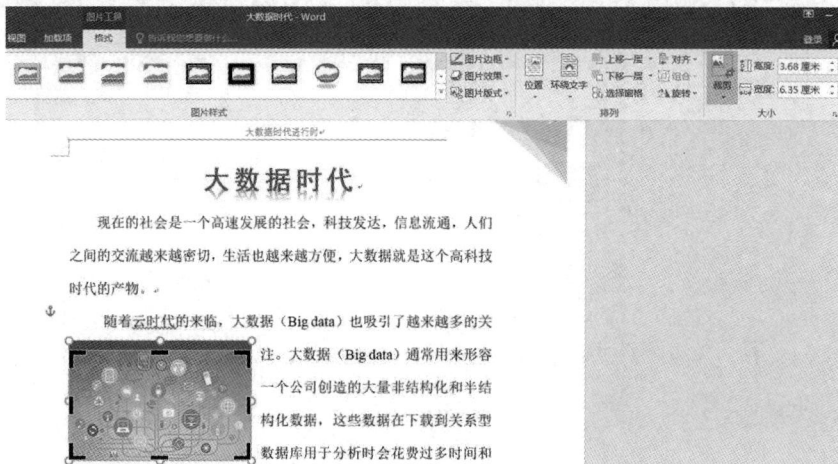

图 2-65　图片的裁剪

### 2. 插入联机图片

Word 2016 中可以插入网络中的图片，即联机图片。使用插入联机图片功能，可以方便地插入互联网上面的图片，不用先将图片下载到本地，然后又插入到 Word 文档中，极大地方便了用户的工作。

插入联机图片操作步骤如下：在"插入"选项卡"插图"功能区中单击"联机图片"按钮，会弹出"插入图片"对话框。输入要搜索的内容，单击"搜索"按钮，可以搜索网络中的图片，然后插入到 Word 文档中，如图 2 - 66 所示。

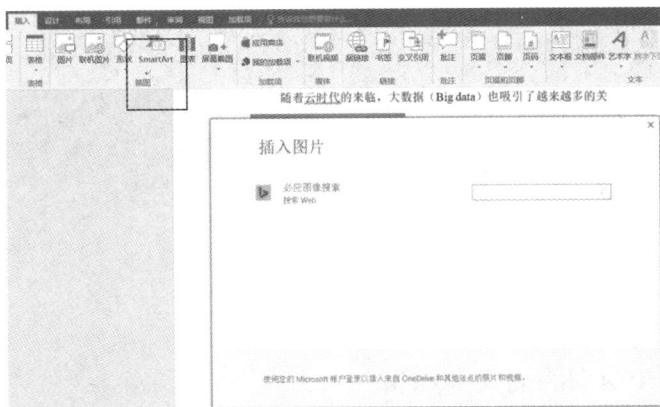

图 2 - 66　插入联机图片

### 3. 插入与编辑形状

插入形状的操作步骤如下：在"插入"选项卡"插图"功能区中单击"形状"按钮，在弹出的下拉列表中可以选择一种形状，通过拖动鼠标即可绘制出形状，如图 2 - 67 所示。

形状的编辑包括以下 2 个方面：

（1）调整形状的填充和轮廓。操作步骤如下：选中需要调整填充和轮廓的形状，在"绘图工具格式"选项卡"形状样式"功能区中单击"形状填充"按钮，在弹出的下拉列表中可以选择相应的颜色类型进行填充；单击"形状轮廓"按钮，可以设置形状外边框的类型、粗细、颜色和图案，如图 2 - 68 所示。

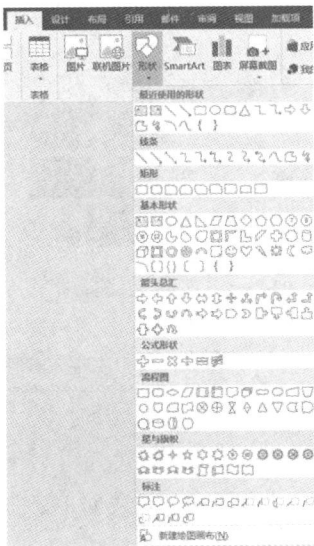

图 2 - 67　形状的插入

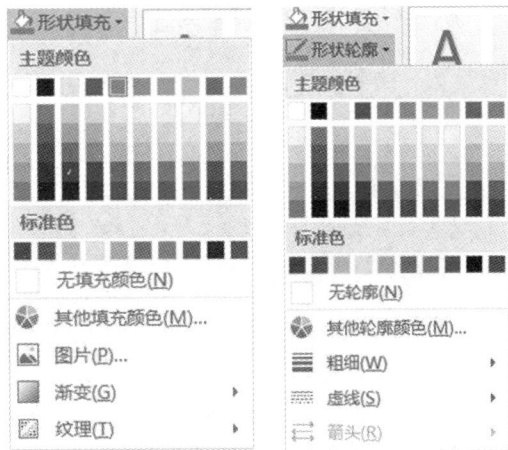

图 2 - 68　形状填充和轮廓的设置

（2）调整形状的叠放次序。操作步骤如下：选中需要调整叠放次序的形状，在"绘图工具格式"选项卡"排列"功能区中单击"上移一层"或"下移一层"按钮可以对形状的位置进行调整，如果要使所选形状位于最下方，可以单击"下移一层"按钮右侧的下拉箭头，在弹出的下拉列表中选择"置于底层"命令，如图 2-69 所示。

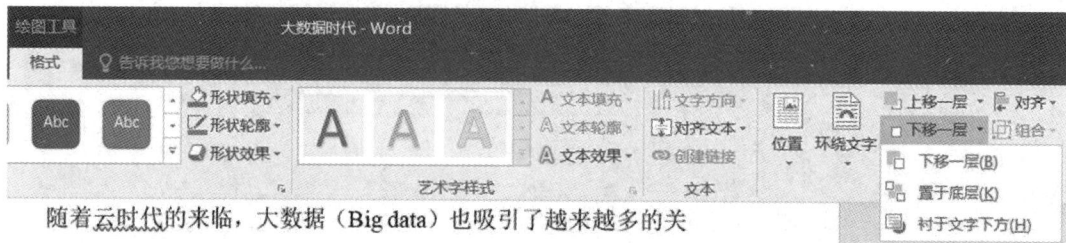

图 2-69　形状叠放次序的设置

## 2.2.4　SmartArt 图形的插入与编辑

SmartArt 是一种图形绘制工具，具有功能强大、类型丰富、效果生动的优点。在进行文档编辑时，如果需要使用插图、图形或图像来表达内容（如组织结构图、业务流程图等），就可以使用 SmartArt 进行图形绘制。

下面以制作公司组织结构图来说明 SmartArt 图形的用法。

（1）在"插入"选项卡"插图"功能区中单击"SmartArt"按钮。

（2）单击选项组中的"层次结构"按钮，并选择"标记的层次结构"图形，如图 2-70 所示，单击"确定"按钮。

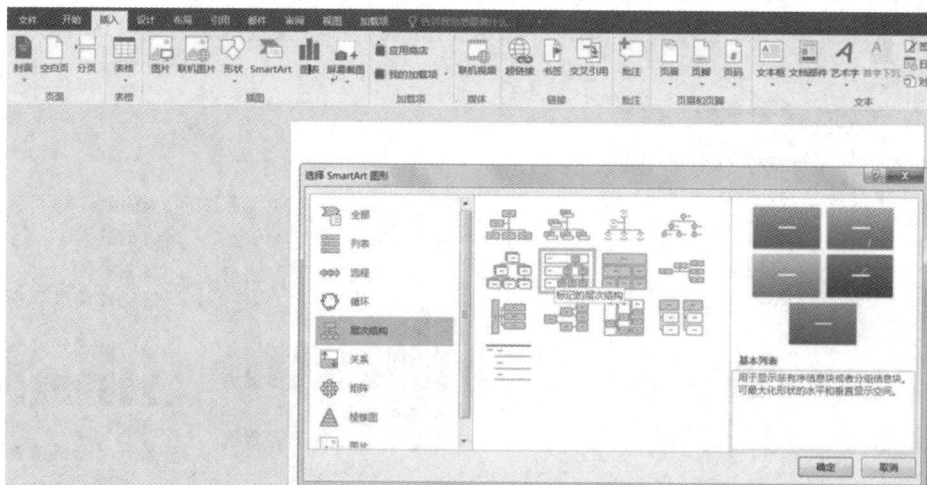

图 2-70　插入 SmartArt 图形

（3）单击鼠标右键，在弹出的快捷菜单中选择"添加形状"命令，向后或向下添加形状，并添加文字更改形状，制作效果如图 2-71 所示。

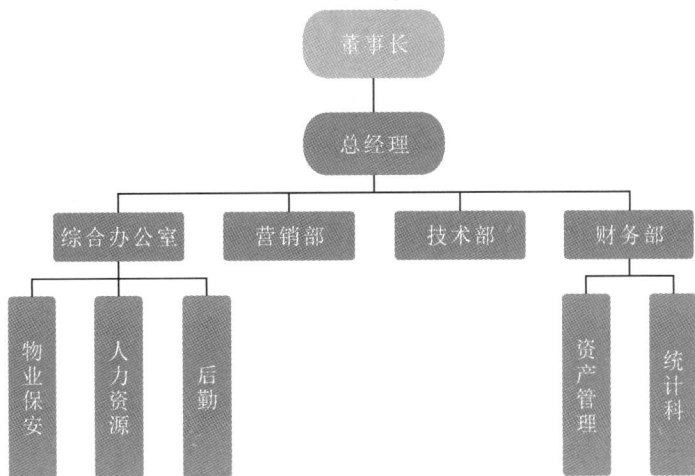

图 2-71　组织结构图

## 2.2.5　制作"编辑部纳新"海报

为了加深读者对文本框、艺术字及形状的插入与编辑方法的理解和运用，本小节通过案例的形式完成一个编辑部社团纳新的宣传文档制作任务。

### 1. 需求分析

本案例需要制作一张编辑部社团纳新的宣传文档，要求标题醒目，对内容进行模块式的编排，最终效果如图 2-72 所示。

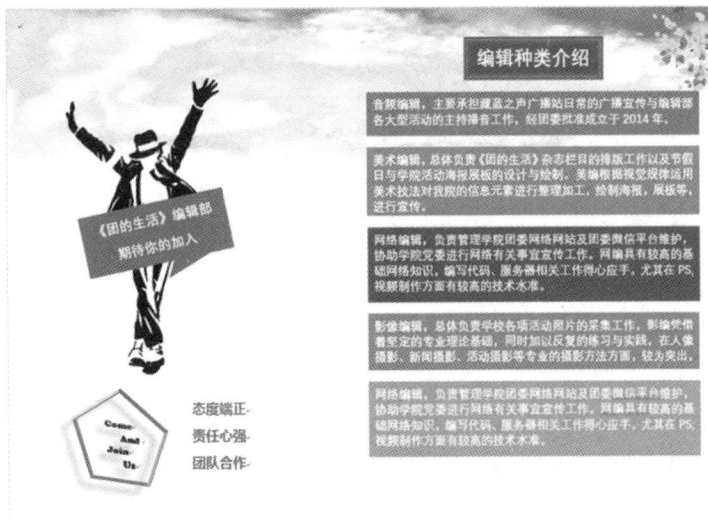

图 2-72　最终效果

根据最终效果，对案例进行分析，通过以下三部分实现：

（1）标题部分：进行字体及艺术效果设置。

（2）内容部分：采用文本框进行模块式的编排。

（3）页面效果：添加图片及形状使文档更加醒目。

**2. 操作步骤**

（1）页面设置：将纸张大小设置为 A4，纸张方向为横向，页边距上下为 0.43 厘米，左右为 0.51 厘米。页面背景设置为图片"背景.jpg"。

（2）插入图片并设置格式：插入图片"人物.jpg"，并设置环绕方式为四周形环绕。

（3）插入形状并设置格式：插入形状，如图 2-73 所示。

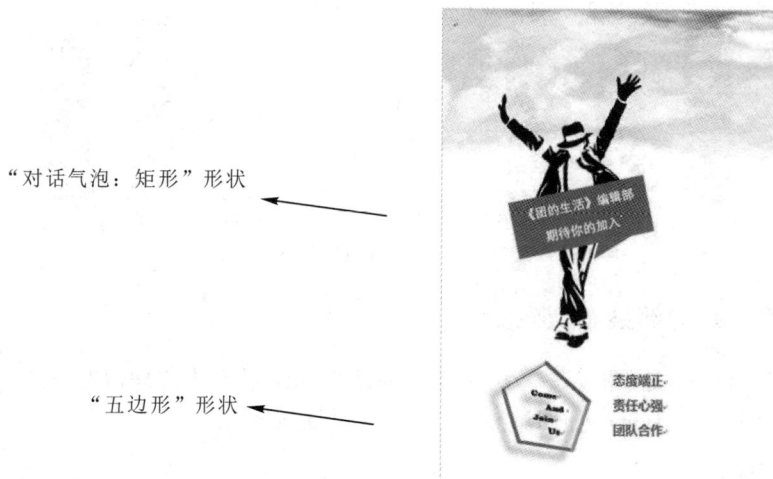

"对话气泡：矩形"形状

"五边形"形状

图 2-73　插入形状

（4）插入文本框并设置格式。

（5）保存文档。

# 任务 2.3　表　　格

在 Word 中通常需要输入许多数据，使用表格可以清晰地表现数据，并且可以对数据进行排序、计算等。同时 Word 2016 提供了大量精美的表格样式，可以使文档更加美观。

## 2.3.1　添加表格

### 1. 插入表格

方法一，直接选择行数和列数，操作步骤如下：

在"插入"选项卡"表格"功能区中单击"表格"按钮，在弹出的"插入表格"菜单中直接选择行数和列数，如图 2-74 所示。

方法二，采用对话框进行设置，操作步骤如下：

在"插入"选项卡"表格"功能区中单击"表格"按钮，在弹出的"插入表格"菜单中执行"插入表格"命令，在弹出的"插入表格"对话框中对行数和列数进行设置，如图 2-75 所示。

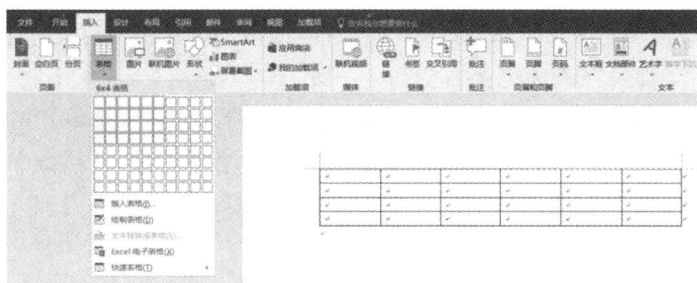

图 2-74　直接插入表格　　　　　图 2-75　"插入表格"对话框

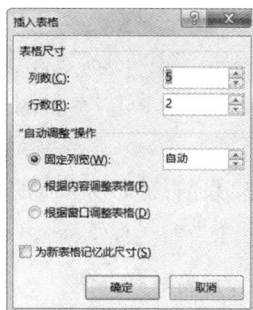

**2. 绘制表格**

对于复杂的表格可以通过绘制表格的方法来制作。具体操作步骤如下：在"插入"选项卡"表格"功能区中单击"表格"按钮，在弹出的"插入表格"菜单中执行"绘制表格"命令，此时鼠标将会变为铅笔形状，然后按住鼠标左键不松在文档中进行拖动，即可绘制出表格的外围边框。在需要绘制行或列的位置，按住鼠标左键拖动即可绘制出行或列。

**3. 文本与表格的相互转换**

在 Word 中可以实现文本与表格的相互转换。

文本转换为表格的操作步骤如下：打开素材文件"课程表.docx"。选中需要转换为表格的文本，在"插入"选项卡"表格"功能区中单击"表格"按钮，在弹出的"插入表格"菜单中执行"文本转换为表格"命令，则会弹出"将文本转换为表格"对话框，如图 2-76 所示。单击"确定"按钮，即可将所选文本转换为表格。

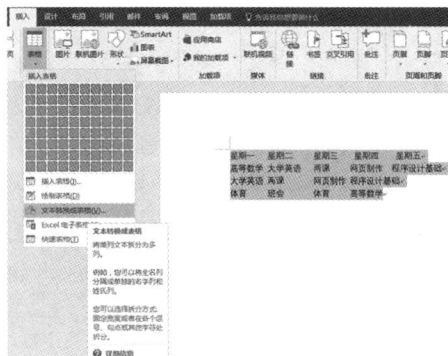

图 2-76　文本转换为表格

表格转换为文本的操作步骤如下：选中需要转换为文本的表格，在"表格工具布局"选项卡"数据"功能区中单击"转换为文本"按钮，则会弹出"表格转换成文本"对话框。可以根据需要选择任意一种文字分隔符，单击"确定"按钮，即可将所选表格转换为文本。

## 2.3.2　调整表格

**1. 插入行与列**

在使用表格时经常遇到行数或列数不够用的情况，Word 2016 中提供了多种插入行的方法。

方法一，在选项卡中设置。操作步骤如下：将光标定位到要插入行的任意一个单元格，在"表格工具布局"选项卡"行和列"功能区中单击"在下方插入行"按钮，即可在当前光标下插入一行；单击"在右侧插入列"，即可在当前光标右侧插入一列。

方法二，采用快捷菜单设置。操作步骤如下：将光标定位到要插入行的任意一个单元格，单击鼠标右键，在弹出的快捷菜单中选择"插入"命令，在子菜单中选择"在下方插入行"命令，即可在当前光标下插入一行；选择"在右侧插入列"命令，即可在当前光标右侧插入一列。

**2. 删除行与列**

删除行与列的方法与插入行与列类似，将光标定位到要删除行的任意一个单元格，在"表格工具布局"选项卡"行和列"功能区中单击"删除"按钮，在弹出的菜单中选择"删除行"命令，如图 2-77 所示。或单击鼠标右键，在弹出的快捷菜单中选择"删除单元格"命令，在弹出的"删除单元格"对话框中选择"删除整行"命令，如图 2-78 所示。删除列操作类似。

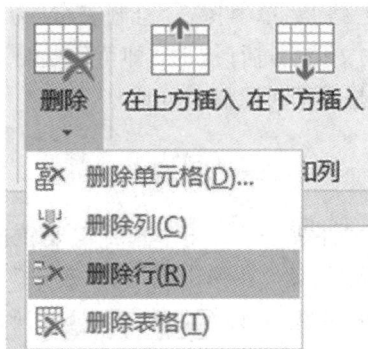

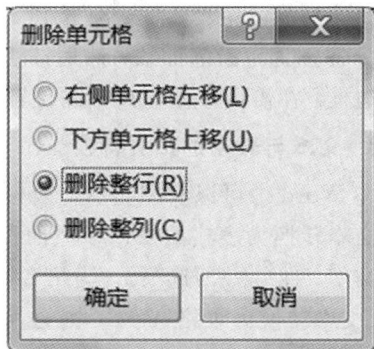

图 2-77　删除行命令　　　　　图 2-78　"删除单元格"对话框

**3. 合并和拆分单元格**

有时需要将表格中的一行或者几个单元格合并为一个单元格，也需要将一个单元格拆分为多个等宽的单元格，下面介绍如何合并和拆分单元格。

（1）合并单元格。

合并单元格可以在选项卡中设置，操作步骤如下：选中需要合并的单元格，在"表格工具布局"选项卡"合并"功能区中单击"合并单元格"按钮，即可将所选的单元格合并为一个单元格，如图 2-79 所示。

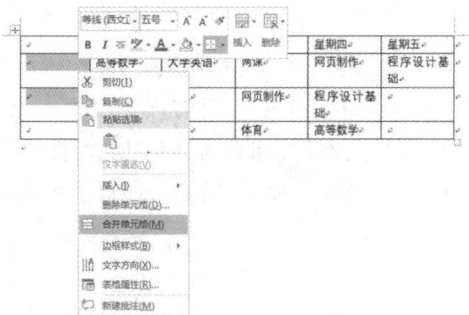

图 2-79　"合并单元格"按钮

（2）拆分单元格。

拆分单元格也可以在选项卡中设置，操作步骤如下：选中需要拆分的单元格，在"表格工具布局"选项卡"合并"功能区中单击"拆分单元格"按钮，在弹出的"拆分单元格"对话框中，设置需要拆分的行数和列数，如图 2 - 80 所示，单击"确定"按钮即可拆分单元格。

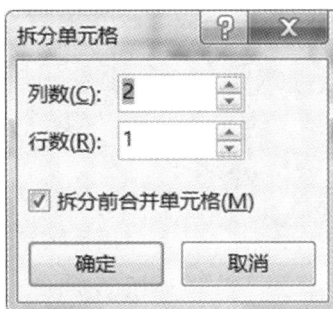

图 2 - 80 "拆分单元格"对话框

### 4. 设置行高与列宽

用户可以对表格的行高与列宽进行调整，Word 2016 提供了以下四种方法。

方法一，使用鼠标手动操作，操作步骤如下：将鼠标移动到需要调整列宽的边框上，按住鼠标左键拖拽，此时会显示一条虚线指定新的列宽位置。

方法二，在选项卡中设置，操作步骤如下：选中需要修改列宽的列，在"表格工具布局"选项卡"单元格大小"功能区中设置新的列宽值，这里调节列的宽度为"3 厘米"，如图 2 - 81 所示。

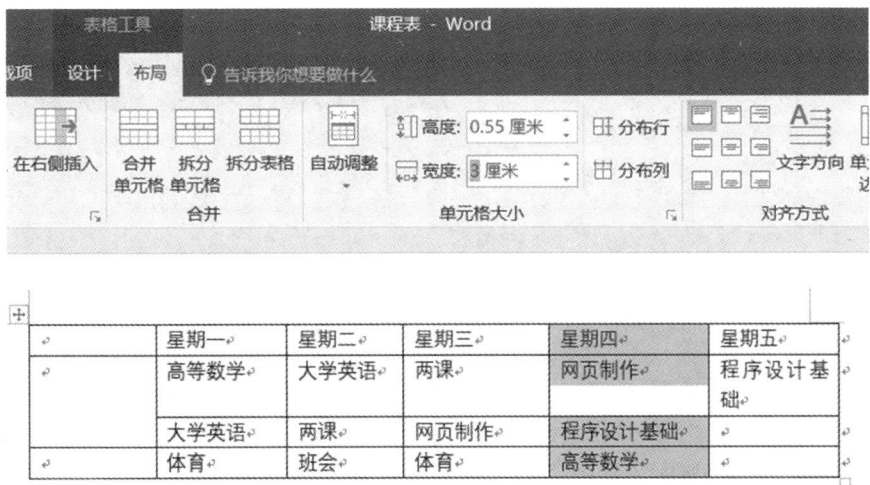

图 2 - 81 选项卡中设置列宽

方法三，在"表格属性"对话框中设置，操作步骤如下：选中需要修改列宽的列，单击鼠标右键，在弹出的快捷菜单中选择"表格属性"命令，选中"行"选项卡，在微调框中输入数值，这里调节行的高度为"2 厘米"，如图 2 - 82 所示。

方法四，采用自动调节功能设置，操作步骤如下：选中整个表格，在"表格工具布局"选项卡"单元格大小"功能区中单击"自动调整"按钮，在弹出的下拉列表中选择"根据内容自动调整表格"命令，如图2-83所示。

图2-82　"表格属性"对话框

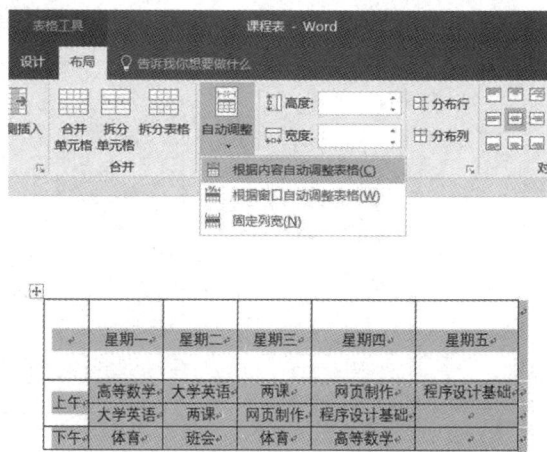

图2-83　"根据内容自动调整表格"命令

### 5. 表格与单元格的对齐方式

表格的对齐方式可以在"表格属性"对话框中设置，具体操作步骤如下：选中整个表格，单击鼠标右键，在弹出的快捷菜单中选择"表格属性"命令，选中"表格"选项卡，用户可以对表格的对齐方式和文字环绕方式进行设置，如图2-84所示。

设置单元格对齐方式的具体操作步骤如下：选中需要设置对齐方式的单元格，在"表格工具布局"选项卡"单元格大小"功能区中选择一种单元格的对齐方式，如图2-85所示。

图2-84　"表格属性"对话框

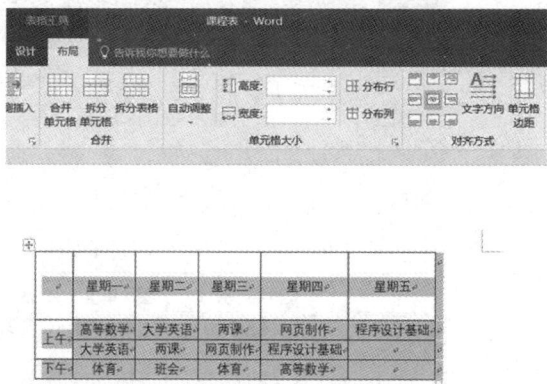

图2-85　单元格对齐方式

### 6. 设置表格样式

（1）边框和底纹的设置。

选中表格后，单击鼠标右键，在弹出的快捷菜单中选择"表格属性"命令，在弹出的"表格属性"对话框中单击"边框和底纹"按钮，在弹出的"边框和底纹"对话框中选择"方框"选项可以设置表格外边框的样式，在"样式"列表框中选择"单实线"线型，在"颜色"列表框中选择蓝色，在"宽度"列表框中选择"3磅"，如图2-86所示。

　　再在"边框和底纹"对话框中选择"自定义"选项，在"样式"列表框中选择"单实线"线型，在"颜色"列表框中选择蓝色，在"宽度"列表框中选择"1磅"，在"预览"框中的内部单击，单击"确定"按钮，即可设置表格内边框，如图2-87所示。

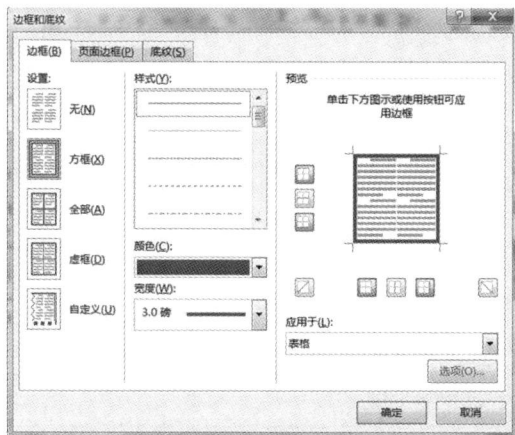

图2-86　设置表格外边框　　　　　　　　图2-87　设置表格内边框

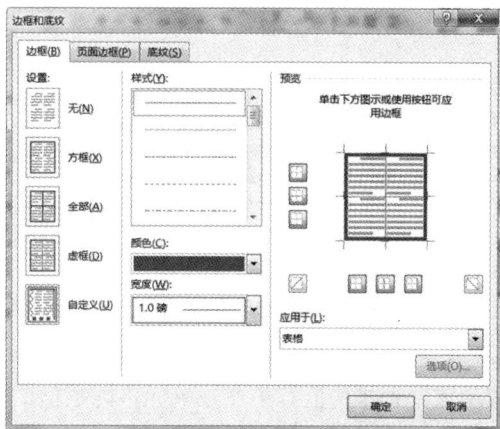

　　如果要设置某一部分单元格的边框，则要选中该部分单元格。例如，要将课程表第一行的下框线设置为"3磅""蓝色""单实线"，则需选中表格第一行，在"边框和底纹"对话框中选择"边框"选项卡，选择"自定义"选项，设置"宽度"为"3磅"，"颜色"为蓝色，"样式"为"单实线"，在"预览"框中的底部单击即可，如图2-88所示。再选择"底纹"选项卡，设置底纹颜色为"白色，背景1，深色5%"。

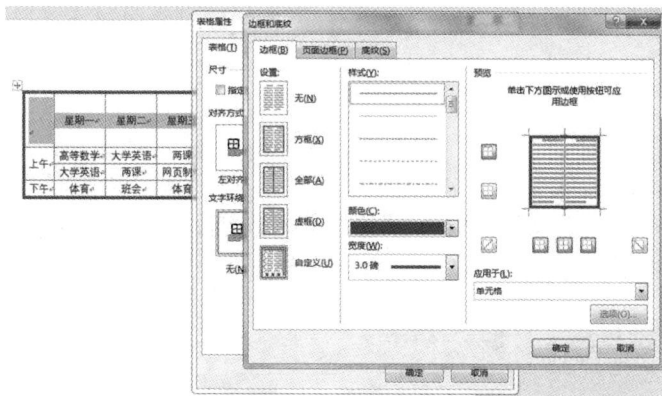

图2-88　设置第一行下框线

（2）表格自动套用格式。

　　Word 2016提供了多种预置的表格样式，可以快速地对表格样式进行设置，具体操作步骤如下：选中表格后，在"表格工具设计"选项卡"表格样式"功能区中选择一种样式，例如"网格表4-着色1"，如图2-89所示。

图 2-89　表格自动套用格式

## 2.3.3　数据操作

### 1. 数据计算

表格可以对数据进行计算，例如对成绩表中的"总分"列及"平均分"列进行计算的具体操作步骤如下：

打开文档"成绩表.docx"，将光标定位到"总分"列的单元格内，在"表格工具布局"选项卡"数据"功能区中单击"公式"按钮 $f_x$，弹出"公式"对话框，默认的函数为"＝SUM(LEFT)"，表示该单元格的值等于左边单元格内数值的总和，如图 2-90 所示。

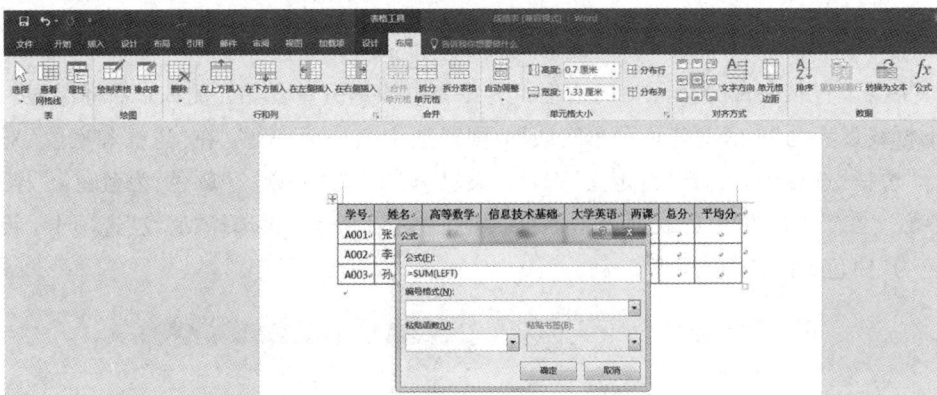

图 2-90　求和公式

将光标定位到"平均分"列的单元格内，在"表格工具布局"选项卡"数据"功能区中单击"公式"按钮 $f_x$，弹出的"公式"对话框，将原有的函数删除后，在"粘贴函数"下拉列表中选择"AVERAGE"函数，如图 2-91 所示。并在函数参数中输入"left"，如图 2-92 所示。

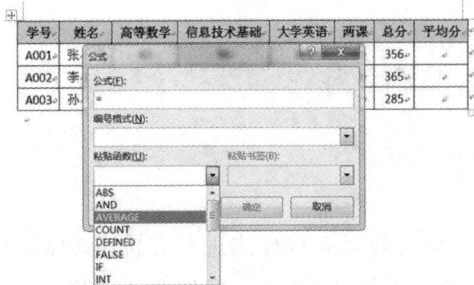

图 2-91　粘贴函数

图 2-92　数据计算

**2. 数据排序**

表格中的数据排序是根据单元格中的数据进行的，例如对成绩表中的"平均分"列进行降序排序的具体操作步骤如下：

选中标题行以外的数据行，在"表格工具布局"选项卡"数据"功能区中单击"排序"按钮，在弹出的"排序"对话框中，选择"主要关键字"下拉列表中的"列 4"，选择排序方式为"降序"，如图 2-93 所示。

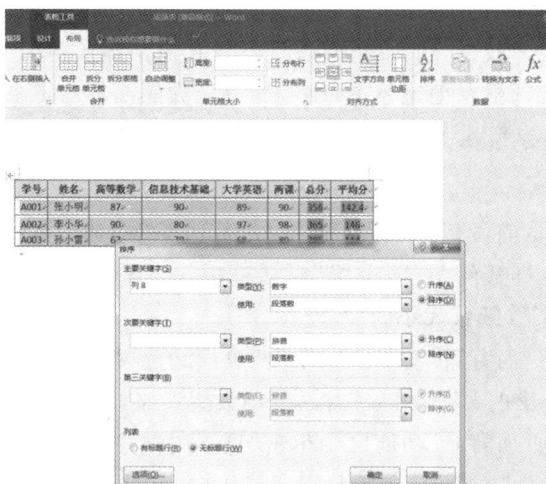

图 2-93　数据排序

## 2.3.4　制作个人简历

个人简历是求职者给招聘单位发的一份简要介绍，对求职成功与否有极其重要的作用。应届毕业生的个人简历一般包括以下几个方面：个人基本信息、学业有关内容、个人经历、所获荣誉、个人特长等。利用 Word 可以方便地制作个人简历，读者可根据所学情况自己制作效果如图 2-94 所示的个人简历。

图 2-94　个人简历最终效果

# 任务 2.4　制作"计算机文化节宣传海报"

前面已经学习了 Word 的基本编辑与排版、图形与表格的制作等，下面通过制作"计算机文化节宣传海报"案例，进一步掌握文字、图形与表格混排制作技术。

方法与步骤如下：

**1. 添加字体**

系统自带的常见字体较少，下面介绍如何添加其他字体。复制提前准备好的"计算机文化节宣传海报"中的"叶根友毛笔行书.ttf"和"方正大黑简体.ttf"文件，将其粘贴到"控制面板\字体"中即可。这样新建 Word 文件即可看到新安装的字体。

**2. 设置背景**

在"布局"选项卡"页面设置"功能区中单击"页边距"按钮，在弹出的下拉列表中选择"自定义边距"命令，在打开的"页面设置"对话框中，设置上下左右的页边距均为"0.5 厘米"，纸张方向为"纵向"，纸张大小为"A4"。

在"设计"选项卡"页面背景"功能区中单击"页面颜色"按钮，在弹出的下拉列表中选择"填充效果"命令，在弹出的"填充效果"对话框中设置背景纹理为"蓝色面巾纸"。

在"设计"选项卡"页面背景"功能区中单击"页面边框"按钮，在弹出的"边框和底纹"对话框中，选择边框类型为"方框"，样式选择三线边框，边框颜色为"蓝色，个性色 1，深色 25％"。宽度为"4.5 磅"。边框设置参数及效果如图 2-95 所示。

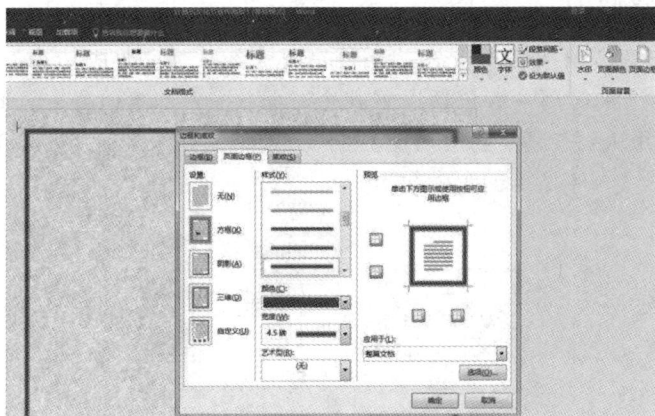

图 2-95　边框设置参数及效果

**3. 设置图片**

插入图片：在"插入"选项卡"插图"功能区中单击"图片"按钮，选择提前准备好的"电脑.jpg"图片。

设置图片环绕方式：在"图片工具格式"选项卡"排列"功能区中单击"环绕文字"按钮，在弹出的下拉列表中选择"浮于文字上方"命令。

裁切图片：在"图片工具格式"选项卡"大小"功能区中单击"裁切"按钮，将图片上方的文字裁切掉。

去除背景白色：在"图片工具格式"选项卡"调整"功能区中单击"颜色"按钮，在弹出的下拉列表中选择"设置透明色"命令，此时鼠标形状将发生改变，在图片的白色区域单击，即可去除图片背景中的白色。

以上设置完成后，适当调整图片的大小及位置，即可得到如图2-96所示的效果。

图2-96　图片效果

### 4. 设计文字

（1）创建"计算机文化节"文字。

在"插入"选项卡"文本"功能区中单击"文本框"按钮，在弹出的下拉列表中选择"简单文本框"命令，然后在文本框中输入"计算机文化节"。选中文本框或选中文本框中的文字，设置字体为"叶根友毛笔行书"，字号为"60"（直接输入），加粗。在"图片工具格式"选项卡"艺术字样式"功能区中设置文本填充颜色为"红色"，文本轮廓为"白色"，粗细为"2.25磅"，并设置文本效果为"映像/紧密映像：接触"，文本效果如图2-97所示。

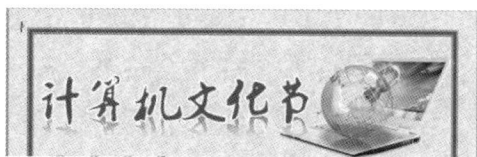

图2-97　"计算机文化节"文本效果

（2）创建"活动安排"文字。

在"插入"选项卡"文本"功能区中单击"文本框"按钮，在弹出的下拉列表中选择"简单文本框"命令。在"图片工具格式"选项卡"形状样式"功能区中单击"形状填充"按钮，在弹出的下拉列表中选择"无颜色填充"命令，单击"形状轮廓"按钮，在弹出的下拉列表中选择"无轮廓"命令，这样即可使文本框的填充和轮廓颜色均为无。

在"开始"选项卡"字体"功能区中设置字体为"华文行楷"，字号为"28"（直接输入），颜色为自定义颜色，RGB值分别为"228""108""10"。然后单击带圈字符图按钮，在弹出的"带圈文字"对话框中选择样式为"增大圈号"，圈号选择圆形，文本框中输入"活"字，如图2-98所示。将该文本框复制三个副本，分别修改文字内容为"动""安""排"。

随后对四个文本框进行对齐和分布设置。利用鼠标大致调整文本框的位置，按<Shift>键选择四个文本框后，在"图片工具格式"选项卡"排列"功能区中单击"对齐"按钮，在弹出的下拉列表中分别单击"顶端对齐"和"横向分布"命令，带圈文字最终效果如图 2-99 所示。

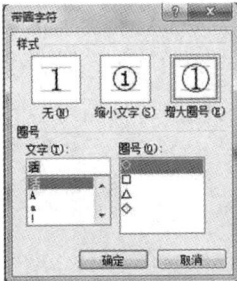

图 2-98　创建带圈文字

图 2-99　带圈文字最终效果

（3）创建页面底端文字。

利用文本框完成页面底端文字的创建，"还在等什么？赶快报名吧！"文字的"三角：正"弯曲效果设置方法如图 2-100 所示。并为"报名"文字添加"发光，11 磅；红色，主题色2"的发光效果。

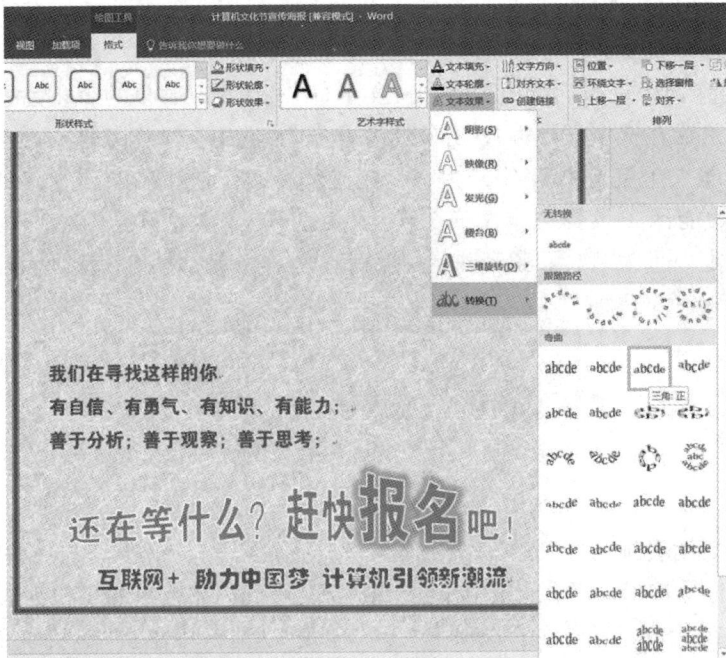

图 2-100　文字弯曲效果设置

## 5. 设计表格

在文档中间的空白处插入一个文本框，调整文本框的大小。在"插入"选项卡"表格"功能区中单击"表格"按钮，在文本框中插入一个 5 行 1 列的表格，如图 2-101 所示。设置文本框的填充和轮廓颜色均为无，调整表格的下边框使表格与文本框的高度一致。选中整个表格，单击鼠标右键，在弹出的快捷菜单中选择"平均分布各行"命令。在"表格工具设计"选项卡"表格样式"功能区中设置表格样式为"中等深浅1-着色6"。

将光标定位在表格第一行，输入文字素材文件中的文字素材，设置字体为"黑体"，字号为"三号"，再选中"活动目的"文字，添加"加粗"和"倾斜"效果，用同样的方法输入表格中其他各行的文字，并根据文字的多少调整表格各行的行高。海报最终效果如图2-102所示。

图 2-101 添加表格

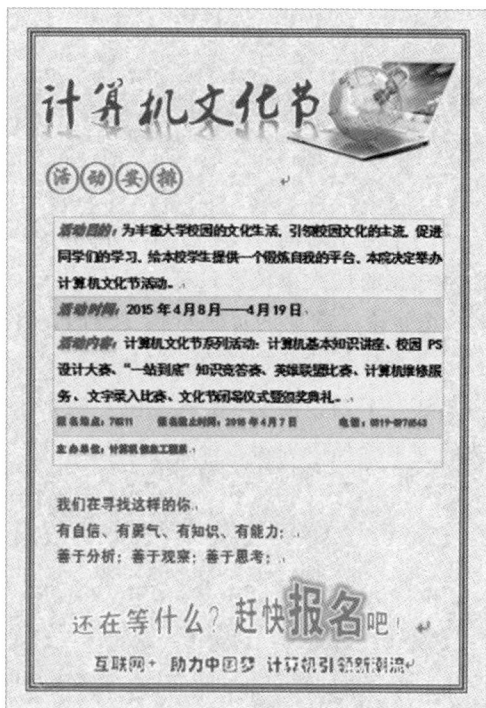

图 2-102 "海报"最终效果

# 任务 2.5 设计毕业论文

毕业论文主要由封面、摘要、目录及论文内容组成。封面是论文的首页，通常包含毕业论文的题目、院校及专业信息、毕业生个人信息、指导教师和论文完成时间等内容，封面不设置页码。摘要是对论文的简短陈述，页码格式为罗马字符。目录是根据论文各级标题内容自动生成的。

在对毕业论文排版时，封面、目录及摘要部分的页码与正文部分不能连接，需要将封面、目录、摘要作为单独的节。论文内容中所有的标题要设置大纲级别。

## 1. 设置论文封面

打开文档"毕业论文.docx"，将光标定位到"摘要"文本前，在"布局"选项卡"页面设置"功能区中单击"分隔符"按钮，在弹出的下拉列表的"分节符"选项组中选择"下一页"，即可插入一张空白页，如图2-103所示。

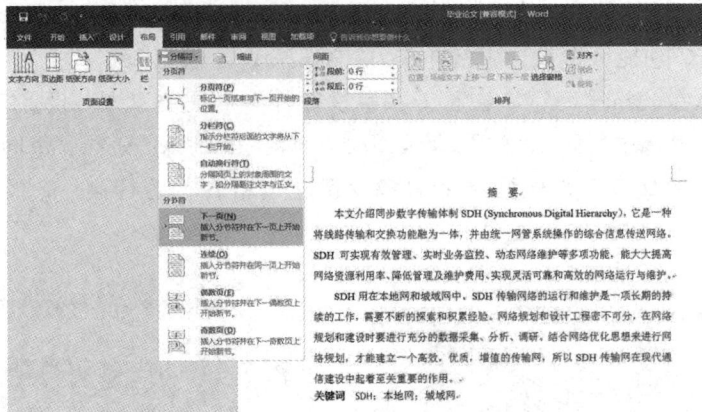

图 2-103　插入空白页

为了便于对同一文档的不同部分进行格式化的操作，可以将文档分为多个节，节是文档格式化的最大单位。只有在不同的节中才可以设置与前面文本不同的页面、页脚等格式。由于论文封面的页码与后文不同，因此在此处使用分节符。

选择新创建的空白页，在其中输入论文封面的文字信息，并分别设置字体及字号。选择需要加下划线的文字，在"开始"选项卡"字体"功能区中单击下划线按钮 <u>U</u> ，即可为所选的文本添加下划线，封面效果如图 2-104 所示。

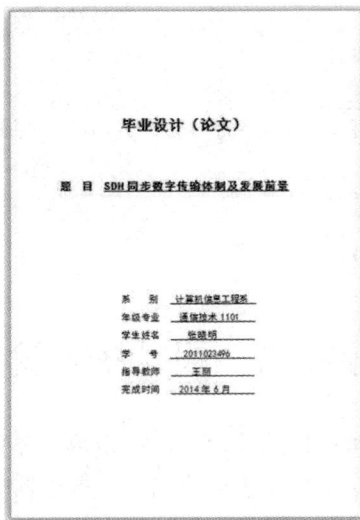

图 2-104　封面效果

**2．对毕业论文进行排版**

（1）设置字体、段落格式。

根据论文字体及段落格式要求，按照前面所学知识对论文正文部分的字体和段落格式进行统一设置。

（2）插入分页符与分节符。

对论文正文部分的不同章、节根据需要插入分页符与分节符。

### 3．插入页码

插入页码可以在毕业论文中快速定位到需要查看的页面，同时也是生成目录的必要条件。操作步骤如下：在"插入"选项卡"页面和页脚"功能区中单击"页码"按钮，在弹出的下拉列表中选择"普通数字2"选项，即可在页面底端的居中位置插入页码，如图2－105所示。

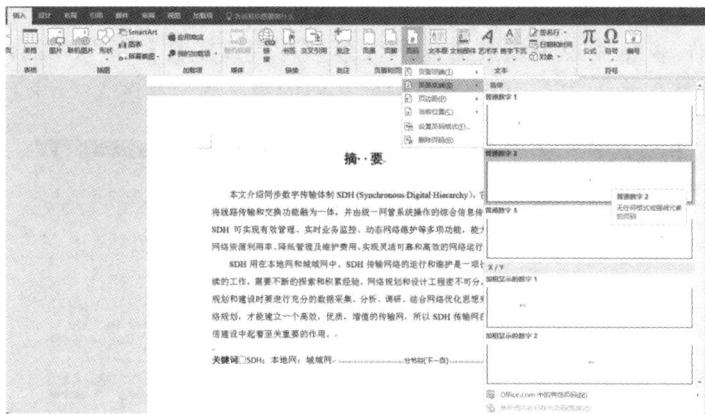

图2－105　插入页码

### 4．自动生成目录

（1）自动生成毕业论文目录。

插入目录前要先确定插入目录的位置，论文目录在"摘要"前插入。由于目录部分的页码与正文不同，因此要先插入分节符。将光标定位到"摘要"前插入"分节符"，并将"摘要"页码的"链接到前一条页眉"选项取消。

插入目录的操作步骤如下：在"引用"选项卡"目录"功能区中单击"目录"按钮，在弹出的下拉列表中选择"自动目录1"选项，可以直接使用预定义的格式自动生成目录，如图2－106所示。

（2）设置目录字体格式。

选中目录中的所有文字，在"字体"对话框中设置文本的字体和字号。设置好的目录效果如图2－107所示。

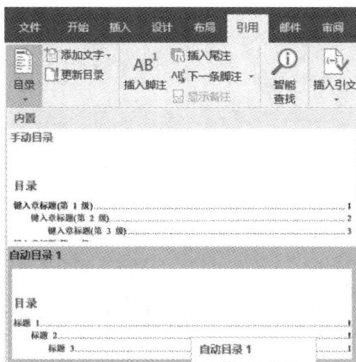

图2－106　插入目录

图2－107　目录最终效果

### 5. 定位文档位置

对于较长的文档，要查看某一级标题下的文本，如果用鼠标滚轮来定位文档的位置比较麻烦，可以使用导航窗格对文档位置进行快速定位。

定位文档的操作步骤如下：在"视图"选项卡"显示"功能区中勾选"导航窗格"复选框 □ 导航窗格 ，即可打开"导航"窗格，单击"标题"选项，可以显示文档中所有设置为大纲级别的标题。在"导航"窗格中单击需要查看的段落即可快速定位到该标题的位置，例如单击"第3章 SDH 网络保护方式"，可快速定位到文档的第3章，如图 2-108 所示。

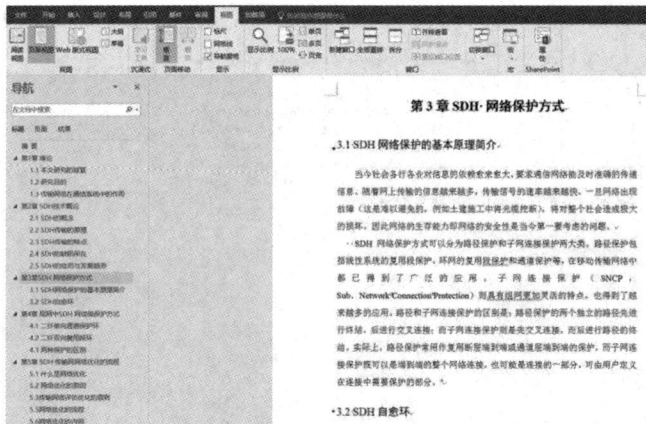

图 2-108　导航窗格

### 6. 字数统计

Word 2016 提供了对文档中的字数进行统计的方法，可以使用户方便地查看文档中文字的数量。

字数统计的操作步骤如下：如果要统计整篇文档的字数，首先要取消任何文本的选择，然后在"审阅"选项卡"校对"功能区中单击"字数统计"按钮，在打开的"字数统计"对话框中会显示整篇文档的字数，如图 2-109 所示。如果要统计部分文本的字数，将文本选中即可。

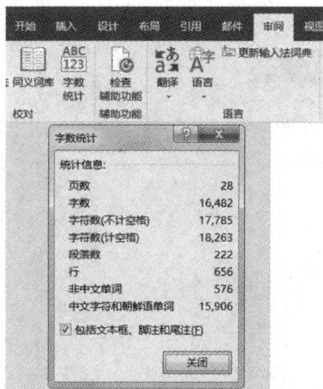

图 2-109"字数统计"对话框

# 模块 3

# 电子表格处理软件 Excel

Microsoft Excel 是微软公司的办公软件 Microsoft Office 的组件之一，是由 Microsoft 为安装 Windows 和 Apple Macintosh 操作系统的计算机而编写和运行的一款计算表软件。Excel 可以进行各种数据的处理、统计分析和辅助决策操作，是微软办公套装软件的一个重要组成部分，被广泛地应用于管理、统计、财经、金融等众多领域。本模块主要介绍 Excel 2016 的基本操作技巧。

## 任务 3.1 Excel 2016 的概述

### 1. Excel 2016 的启动与退出

在"开始"菜单中按照"所有程序→Microsoft Office→Microsoft Excel"顺序即可打开 Excel 软件，软件启动后会自动打开一个空白的 Excel 文档。软件启动后，单击界面右上角的 × 按钮即可退出软件。退出软件时，如果有未保存的文件，软件会提示是否保存。

### 2. Excel 2016 的工作界面

要学习 Excel 2016，首先要了解它的工作界面。Excel 2016 整体的界面布局和 Excel 2010 很相似。主要变化是将原菜单栏和工具栏用功能区取代。

Excel 2016 工作界面包括快速访问工具栏、选项卡、标题栏、功能区、窗口操作按钮、名称框、编辑框、状态栏、行标、列标、滚动条、工作表标签、新建工作表按钮、视图栏、缩放比例等部分组成，如图 3-1 所示。

工作界面主要部分的功能如下：

（1）快速访问工具栏：常用功能一般为保存或者撤销。

（2）选项卡：通过选项卡可切换到不同的操作选项，使用相应的工具对文档进行编辑，选项卡包括文件、开始、插入、页面布局、公式、数据、审阅、视图等选项。

（3）功能区：功能区包括各类文档编辑工具，可对文档进行编辑、修饰。每项菜单栏下包含不同的工具，可通过菜单栏进行切换。

（4）窗口操作按钮：最小化、切换窗口大小或者关闭文档。

（5）编辑框：编辑电子表格内容，可输入文字、数据、公式等内容。

（6）滚动条：移动表格。

（7）状态栏：显示电子表格相关单元格的统计信息。

快速访问工具栏　　　选项卡　　　　标题栏　　　功能区　　　　窗口操作按钮

名称框

列表　　　　编辑框

行标

滚动条

工作表标签　新建工作表按钮　　　视图栏　　缩放比例

状态栏

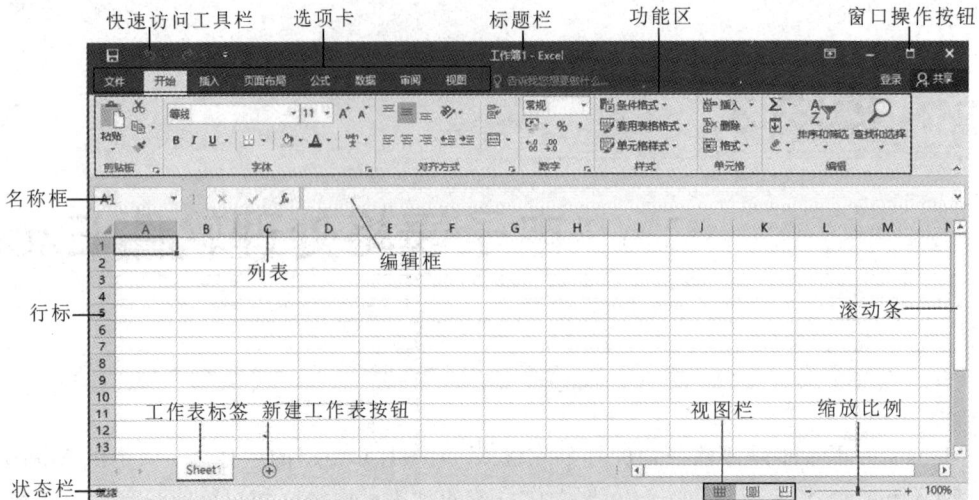

图 3-1　Excel 2016 界面窗口

（8）新建工作表按钮：可增加新的工作表。

（9）视图栏：切换 Excel 界面的显示形式。

（10）缩放比例：控制 Excel 内容的显示比例。

## 任务 3.2　基 本 操 作

### 3.2.1　工作簿操作

工作簿是 Excel 2016 用来处理和存储数据的文件，扩展名为.xlsx。

**1. 新建工作簿**

在启动 Excel 时系统会自动创建一个名为"工作簿 1"的空白工作簿，用户也可以手动创建工作簿，操作步骤为：启动 Excel 2016 后打开"文件"选项卡"新建"命令，将会出现模板，选"空白工作簿"，单击"创建"，如图 3-2 所示。系统自动为新建工作簿命名为"工作簿 2"，用

图 3-2　新建空白工作簿

户可以在保存工作簿时为其重命名。同时，系统为了满足不同群体的需要，还提供了一些可以直接使用的模板，类型有会议议程、预算、日历、图表、费用报表、发票、备忘录、信件和信函、日常安排等，为日常办公提供了便利。

**2. 保存工作簿**

对于工作簿和工作表，用户对表中的数据进行操作后，需要进行保存。Excel 2016 提供了"保存"和"另存为"两种保存方法。

方法一，单击快速访问工具栏中的"保存"命令；或者使用"文件"选项卡中的"保存"命令；或者使用快捷键<Ctrl＋S>。这种方法常用于保存新建的工作簿。

方法二，使用"文件"选项卡中的"另存为"命令，这种方法常用于创建工作簿的副本。

**3. 打开工作簿**

方法一，在操作系统中找到 Excel 2016 存在的路径，双击要打开的 Excel 2016 文件即可打开工作簿。

方法二，选中文档，单击鼠标右键，在弹出的菜单栏中选择"打开"命令，即可打开该工作簿。

## 3.2.2　工作表操作

工作表又称为电子表格，是 Excel 窗口的主体部分，Excel 2016 是以工作表为单位进行存储和管理数据的，每个工作表中包含多个单元格。下面来介绍工作表的相关操作。

**1. 新建工作表**

创建工作簿时系统默认创建一个工作表，工作表标签为 Sheet1，用户可以使用默认工作表，也可以根据自己的需要创建更多的工作表，Excel 提供了三种创建工作表的方法。

方法一，打开"开始"选项卡，在"单元格"功能区中单击"插入"按钮下拉列表中的"插入工作表"命令，即可插入一张新工作表，如图 3-3 所示。

方法二，单击工作表标签位置的"新建工作表"按钮，即可插入一张新工作表。

方法三，右击任意工作表标签，在弹出快捷菜单中选择"插入"命令也可插入一张新工作表，如图 3-4 所示。

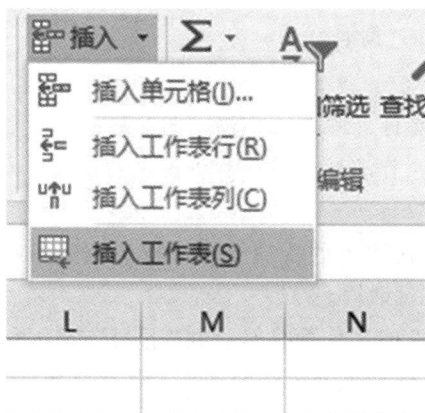

图 3-3　功能区"插入工作表"命令　　　　图 3-4　快捷菜单"插入"命令

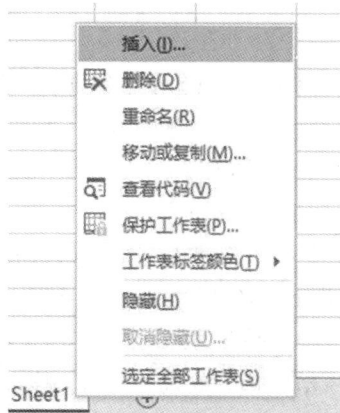

**2. 重命名工作表**

为了便于区分和管理每张工作表，可以根据工作表中的内容为其重新命名，让使用者根据工作表名称能够快速地了解工作表的内容。Excel 2016 提供两种重命名的方法：

方法一，右键单击需要修改的工作表标签，在弹出的快捷菜单中选择"重命名"命令，此时工作表标签进入编辑模式，直接输入新名称，然后按<Enter>键即可。

方法二，双击需要修改的工作表标签，此时进入编辑模式，输入新名称后按<Enter>键即可。

**3. 移动、复制工作表**

在工作中需要创建工作表的副本，或者将当前工作簿中的工作表移动到另一个工作簿中时，可以通过移动或复制操作实现。

(1) 同一工作表内的移动和复制操作。

① 移动操作：移动光标到要移动的工作表标签，长按鼠标左键，当被选中的工作表左上角出现▼时拖动工作表到指定位置，然后释放鼠标即可。操作结果如图 3-5 所示，将工作表标签 Sheet1 移动到 Sheet3 之后。

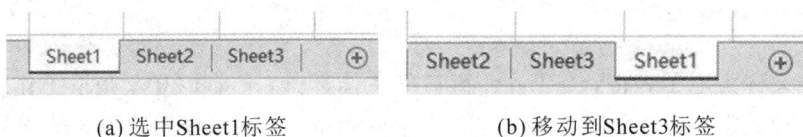

(a) 选中Sheet1标签　　　　　　　(b) 移动到Sheet3标签

图 3-5　Sheet1 标签

② 复制操作：创建方法同移动操作，只需要在移动工作表的同时按住<Ctrl>键，移动到指定位置后，先释放鼠标，再松开<Ctrl>键。如图 3-6 所示，创建 Sheet1 副本，置于 Sheet3 之后，系统自动为创建的副本命名为 Sheet1(2)，可以对其重命名。

图 3-6　创建 Sheet1 副本

(2) 不同工作簿间的移动和复制操作。

在不同工作簿之间移动或复制工作表，至少要打开两个工作簿，把要移动或复制的工作表所在工作簿称为原工作簿，把移动或复制后工作表所在的工作簿称为目标工作簿。操作过程如下：

① 在原工作簿中右键单击被移动的工作表，在弹出的快捷菜单中选择"移动或复制"命名，弹出如图 3-7 所示的"移动或复制工作表"对话框。

② 在对话框的"工作簿"下拉列表框中选择目标工作簿，然后在"下列选定工作表之前"列表框中选择放置的位置，移动或复制后的工作表被置于当前选择工作表之后。

③ 如果是移动操作，单击"确定"按钮即可完成操作。如果是复制操作，需要勾选对话框中的"建立副本"复选框，然后单击"确定"按钮即可。

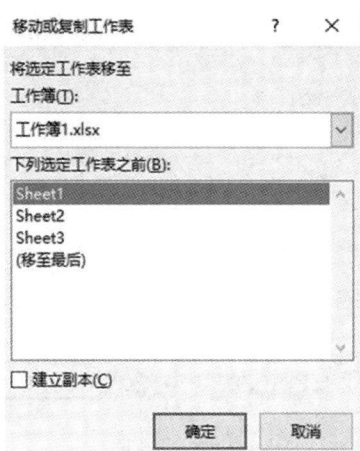

图 3-7 "移动或复制工作表"对话框

**4. 删除工作表**

Excel 2016 提供了两种删除工作表的方法,这两种方法都可以同时删除多张工作表。

方法一,选中要删除的工作表,打开"开始"选项卡,在"单元格"功能区中单击"删除"按钮下拉列表中的"删除工作表"命令即可。

方法二,右键单击要删除的工作表标签,在弹出的快捷菜单中选择"删除"命令也可删除选中的工作表。

## 3.2.3 输入数据

数据是工作表操作的基本对象,在工作表中可以输入数值、文本、时间和日期等多种数据,针对不同的数据要掌握其基本输入方法。

**1. 输入文本型数据**

Excel 2016 中的文本型数据包括英文字母、汉字、数值和其他特殊字符等,文本型数据在单元格中默认左对齐。输入文本型数据时注意,先输入一个单引号再输入数字,回车后单元格左上角出现绿色小三角,输入方法如图 3-8 所示。

(a)输入文本型数值图                    (b)输入后结果

图 3-8 输入文本型数值

**2. 输入数值型数据**

数值型数据是指参与数学运算的数据,例如"0.001""5.34""101"等数据,这类数据直接在单元格中输入即可。数值型数据在单元格中默认右对齐。如输入的数值型数据过长,超出单元格可以表示的范围时,Excel 自动使用科学记数法表示。输入数值型数据如图 3-9 所示。

| 0.001 | 5.34 | 101 | 100100100100100 | | 0.001 | 5.34 | 101 | 1E+14 |

(a)输入数值型数据图　　　　　　　　(b)科学记数法表示数值数据

图 3-9　输入数值型数值

**3. 输入日期、时间型数据**

输入日期型数据需要使用"－"或者"/"连字符将年月日连接起来；输入时间型数据需要使用"："分隔符将时分秒分隔开。输入方法如图 3-10 所示。

| 15:20:30 | 2020-4-20 | 2020/04/22 |

图 3-10　输入日期、时间型数据

## 3.2.4　单元格操作

在 Excel 2016 中，工作表是构成工作簿的基本单元，而单元格又是构成工作表的基本单元。单元格是表格中行与列的交叉部分，是组成表格的最小单位，对数据的所有操作都是在单元格中完成的，每个单元格由行号和列号来定位。下面介绍有关单元格的插入、删除、复制、粘贴、合并等操作。

**1. 插入、删除单元格**

在操作工作表时，常常需要插入或删除某个单元格，可按如下方法完成相关操作。

（1）插入单元格。

方法一，使用快捷菜单实现。选中要插入的单元格位置，单击鼠标右键，选中的单元格弹出快捷菜单，选择"插入"命令，弹出如图 3-11 所示对话框，可以选择单元格插入的位置。"活动单元格右移"指在选中单元格的左边插入新单元格，"活动单元格下移"指在选中单元格的上边插入新单元格，在核对对话框中还可以插入整行或整列。

方法二，使用"插入"命令。在"开始"选项卡的"单元格"功能区中单击"插入"按钮下拉列表中的"插入单元格"命令，打开如图 3-11 所示"插入"对话框，设置方法同上。

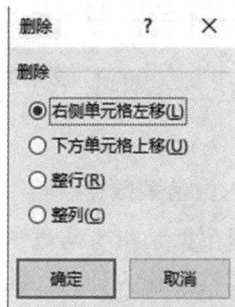

（2）删除单元格。

方法一，使用快捷菜单。选中要删除的单元格，单击鼠标右键，在弹出的快捷菜单中选择"删除"命令，弹出如图 3-12 所示"删除"对话框。"右侧单元格左移"指选中单元格被

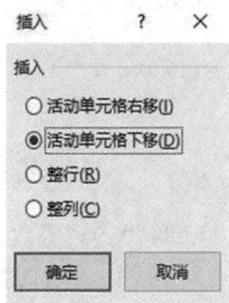

图 3-11　"插入"对话框　　　　　　　　图 3-12　"删除"对话框

删除后其右侧单元格移动到当前位置，"下方单元格上移"指选中单元格被删除后其下方单元格移动到当前位置。在该对话框中还可以选择删除整行或整列。

方法二，使用"删除"命令。在"开始"选项卡的"单元格"功能区中单击"删除"按钮下拉列表中的"删除单元格"命令，打开如图3-12所示"删除"对话框，设置方法同上。

**2. 复制、粘贴单元格**

在操作工作表时，对于工作表中出现的重复性内容可以通过复制、粘贴简化输入操作。

（1）使用剪贴板实现复制、粘贴。

① 选中需要复制的单元格，如选中连续的多个单元格可以使用鼠标拖动选中，或者使用<Shift>键选中某个区域，选中不连续的多个单元格使用<Ctrl>键选中。

② 选中单元格单击右键，在弹出的快捷菜单中选择"复制"命令，或者使用快捷键<Ctrl+C>，将复制内容放到剪切板。

③ 将光标定位在要粘贴位置的第一个单元格中，单击右键，在弹出的快捷菜单中选择"粘贴"命令，或者使用快捷键<Ctrl+V>实现粘贴操作。

（2）使用鼠标拖动实现复制、粘贴。

选中要复制的单元格，按住<Ctrl>键，同时在单元格的黑色边框位置单击鼠标左键，当鼠标指针上出现加号"＋"时，拖动鼠标到目标位置，松开鼠标左键，再松开<Ctrl>键即可。

**3. 合并单元格**

Excel 2016 提供了多种合并单元格的操作方法，现介绍常用的两种方法。

方法一，使用"合并单元格"命令。选中要合并的多个单元格，在"开始"选项卡的"对齐方式"功能区中单击"合并后居中"按钮下拉列表中的"合并单元格"命令，操作方法如图3-13所示。

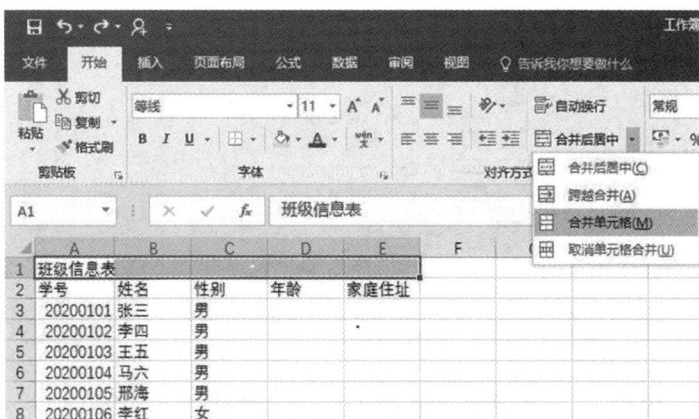

图3-13 "合并单元格"命令

方法二，使用"设置单元格格式"命令。选中要合并的多个单元格，单击鼠标右键，在弹出的快捷菜单中选择"设置单元格格式"命令，弹出如图3-14所示对话框，选择"对齐"选项卡，勾选"合并单元格"复选框，单击"确定"即可。

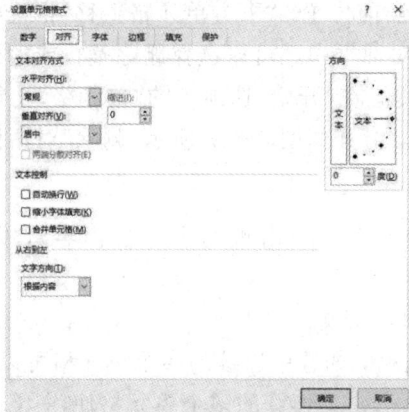

图 3 - 14  "设置单元格格式"对话框"对齐"选项卡

## 3.2.5  设置单元格格式

在工作表中单元格默认格式比较简单，常常需要美化单元格，可以通过单元格边框、单元格底纹或者应用样式来设置单元格格式。

**1. 设置单元格边框**

单元格边框用于设置单元格内、外边框线的样式和颜色。设置过程如下：

① 选中要设置边框的单元格区域。

② 单击鼠标右键，在弹出的快捷菜单中选择"设置单元格格式"命令；或者在"开始"选项卡的"单元格"功能区中单击"格式"按钮下拉列表中的"设置单元格格式"命令。

③ 在"设置单元格格式"对话框打开"边框"选项卡，如图 3 - 15 所示，在"样式"列表框中选择边框的内、外边框线条样式，在"颜色"下拉列表框中选择线条颜色，在"边框"中可以单独对边框的上下左右边框线进行格式设置。

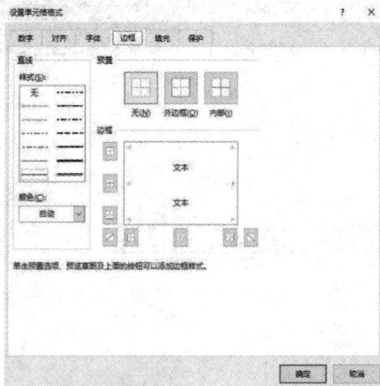

图 3 - 15  "设置单元格格式"对话框"边框"选项卡

**2. 设置单元格底纹**

单元格底纹用于设置单元格的背景颜色。Excel 2016 提供了多种方式设置底纹。

（1）使用"填充颜色"命令。

首先选中要设置背景的单元格，然后在"开始"选项卡的"字体"功能区中单击"填充颜色"命令，如图 3-16 所示，在弹出的窗口中选择需要的颜色即可。

（2）使用"设置单元格格式"命令的"填充"选项卡

选中要设置背景的单元格，打开"设置单元格格式"对话框，打开"填充"选项卡，选择需要的颜色即可。

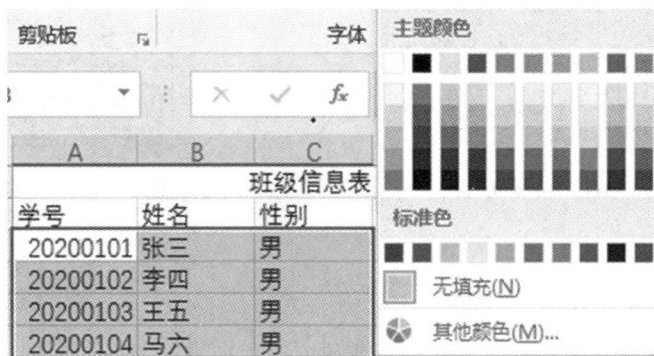

图 3-16 "填充颜色"命令

**3. 应用样式**

Excel 2016 内嵌很多样式供用户使用，只需要简单套用即可，操作方法如下：

① 选择要设置样式的单元格区域。

② 在"开始"选项卡的"样式"功能区中单击"单元格样式"按钮的下拉箭头，弹出如图 3-17 所示窗口，单击需要的样式即可套用，设置结果如图 3-18 所示。

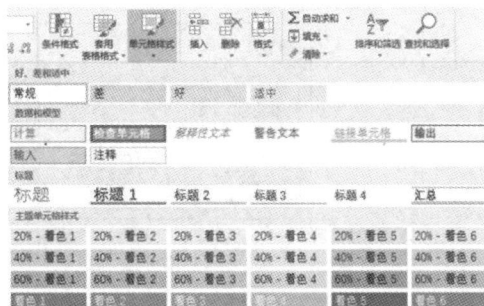

图 3-17 "单元格样式"下拉列表

图 3-18 单元格样式设置结果

## 3.2.6 调整行高和列宽

单元格中的数据过长或者需要显示多行数据时，单元格默认的宽度和高度不能满足需要，这时需要修改单元格的宽度和高度。

**1. 调整行高**

（1）鼠标左键拖动设置。

将鼠标指针移动到两行行号的上下边界处，当鼠标指针变成"↕"形状时，向下拖动鼠标，这时在右边小窗口中会显示高度信息，如图 3-19 所示。

（2）使用"行高"对话框设置。

选中单元格，在"开始"选项卡的"单元格"功能区中单击"格式"按钮下拉列表中的"行高"命令，弹出如图3-20所示"行高"对话框，在"行高"输入框中输入数值即可。

图3-19　鼠标拖动设置行高

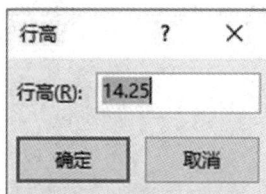

图3-20　"行高"对话框

**2. 调整列宽**

（1）鼠标左键拖动设置。

将鼠标指针移动到两列列号的左右边界处，当鼠标指针变成"✛"形状时，向右拖动鼠标，这时在右边小窗口中会显示调整高度，如图3-21所示。

（2）使用"列宽"对话框设置。

选中单元格，在"开始"选项卡的"单元格"功能区中单击"格式"按钮下拉列表中的"列宽"命令，弹出如图3-22所示"列宽"对话框，在"列宽"输入框中输入数值即可。

图3-21　鼠标拖动设置列宽

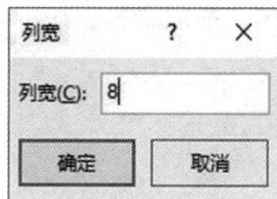

图3-22　"列宽"窗口

## 3.2.7　查看工作表

**1. 拆分窗口**

当用户在工作表中输入的数据量较大致使工作表的标题行消失时，可通过拆分窗口的方式，将标题部分保留在屏幕上，只滚动数据部分。拆分窗口还可以在不隐藏行或列的情况下将相隔较远的行或列移动到相近的地方，以便更准确地输入数据，同时可以方便查看数据或进行数据比较。操作过程如下：

（1）光标定位在需要拆分的位置，在"视图"选项卡的"窗口"功能区中单击"拆分"按钮。此时工作表被拆分成4个小窗口，在光标所在位置的上边和左边出现两条分割线，同时水平和垂直滚动条也都被分成两个，如图3-23所示。

图3-23　拆分窗口

（2）拖动水平或垂直分割线可以改变小窗口的大小。将鼠标指针放到水平分割线上，当鼠标指针变成"⇕"时拖动分割线修改上下窗口的大小；将鼠标指针放到垂直分割线上，当鼠标指针变成"⇔"时拖动分割线修改左右窗口的大小。

（3）查看完成后可以取消拆分窗口，方法同拆分窗口。

**2.隐藏和显示窗口**

Excel 2016中不仅可以隐藏和显示工作表，还可以隐藏和显示窗口。

（1）隐藏窗口。

在"视图"选项卡的"窗口"功能区中单击"隐藏"按钮，即可隐藏窗口，隐藏后的窗口界面如图3-24所示。

（2）显示窗口。

在"视图"选项卡的"窗口"功能区中单击"取消隐藏"按钮，弹出如图3-25所示"取消隐藏"对话框，选择需要显示的工作簿，单击"确定"按钮即可。

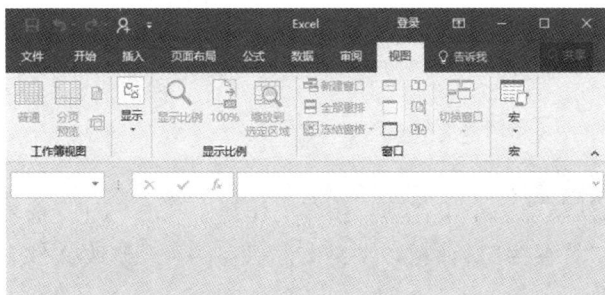

图3-24　隐藏窗口结果

图3-25　"取消隐藏"对话框

### 3.2.8 制作"班级通讯录"

通过制作班级通讯录，巩固前面所学的在 Excel 2016 中新建工作簿、在单元格中进行数据的输入、设置单元格格式及数据格式等相关操作。具体要求包括：

（1）新建一个工作簿并按照图 3-26 所示输入标题、各字段。字段包括学生的学号、姓名、性别、联系电话、E-mail、QQ 号和家庭住址等。

（2）按照前面所学的方法进行学号的填充、输入图 3-26 所示的文字内容、将 D、E、F、G 列的列宽分别设置为 12、20、10 和 15，C 列的列宽设置为 5。通讯录标题行高设置为25，内容的行高设置为 18。文字居中对齐。

（3）将标题文字进行合并单元格处理。设置标题文字字体为"楷体"，字体大小为"18磅"，文字颜色为"蓝色，个性化 5，深色 25％"，表格中各字段文字加粗。

（4）设置表格标题行所在的单元格背景色为"水绿色，个性化 5，淡色 60％"，A2～G2单元格的边框颜色设置为"深红色"，边框线条为"第一列第一行的虚线"，单元格背景颜色为"橙色，个性化 6，淡色 60％"。

（5）将数据区域 A3:G20 单元格样式设置为"注释"，将工作表保存为"班级通讯录"。

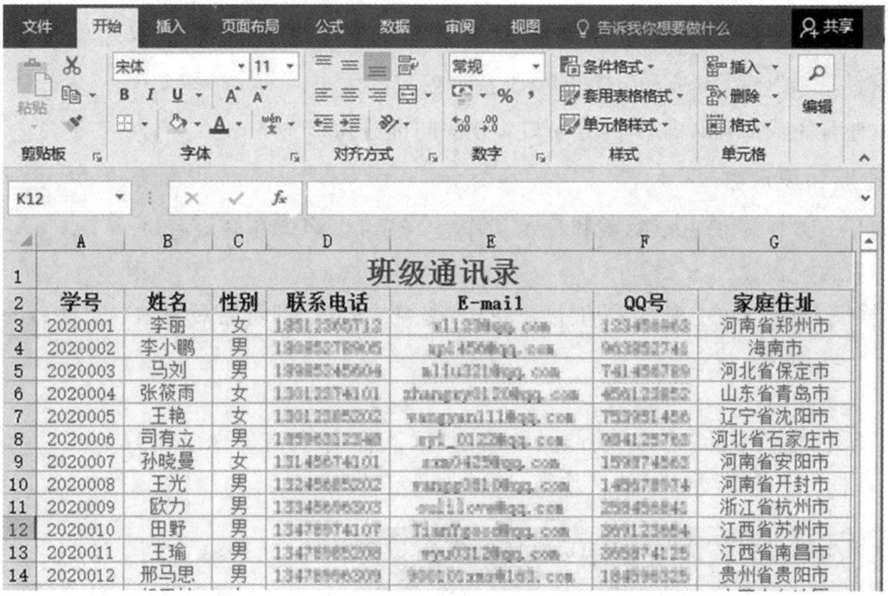

图 3-26 案例效果图

具体操作步骤如下所示：

（1）打开 Excel 2016 应用程序，默认新建一个工作簿，保存工作簿。单击"文件"选项卡中"保存"命令，弹出如图 3-27 所示"另存为"对话框，改变文件保存路径，修改文件名为"班级通讯录"，单击"保存"按钮即可。

（2）在 Sheet1 工作表的 A1 单元格中输入工作表标题"班级通讯录"。在数据区域 A2:G2单元格分别输入分类小标题"学号""姓名""性别""联系电话""E-mail""QQ 号""家庭住址"等文本型数据，输入结果如图 3-28 所示。

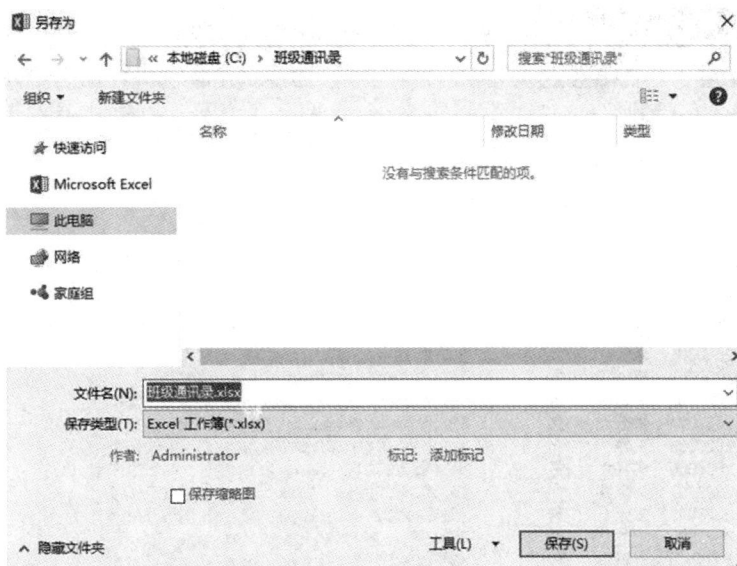

图 3-27  "另存为"对话框

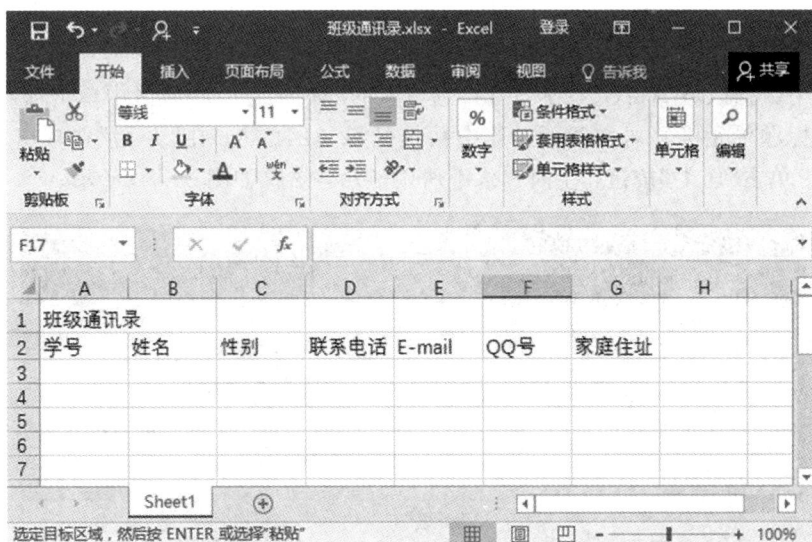

图 3-28  班级通讯录标题输入

（3）在 A3 单元格中输入第一位学生学号"2020001"，选中 A3 单元格向下拖动至 A20 单元格，填充所有数据。选中数据区域 A3：A20，单击右键选中单元格，在弹出的快捷菜单中选择"设置单元格格式"命令，在打开的窗口中切换到"数字"选项卡，在"分类"列表框中选择"文本"，单击"确定"按钮，将学号设置成文本型数字。填充结果如图 3-29 所示。

（4）参照图 3-26 在"姓名""性别""联系电话""E-mail""QQ 号""家庭住址"列中分别输入数据。由于单元格宽度有限，"联系电话""E-mail""QQ 号""家庭住址"项内容不能完全显示，需要将 D、E、F、G 列的列宽分别调整为 12、20、10 和 15，将 C 列的列宽调整为 5。

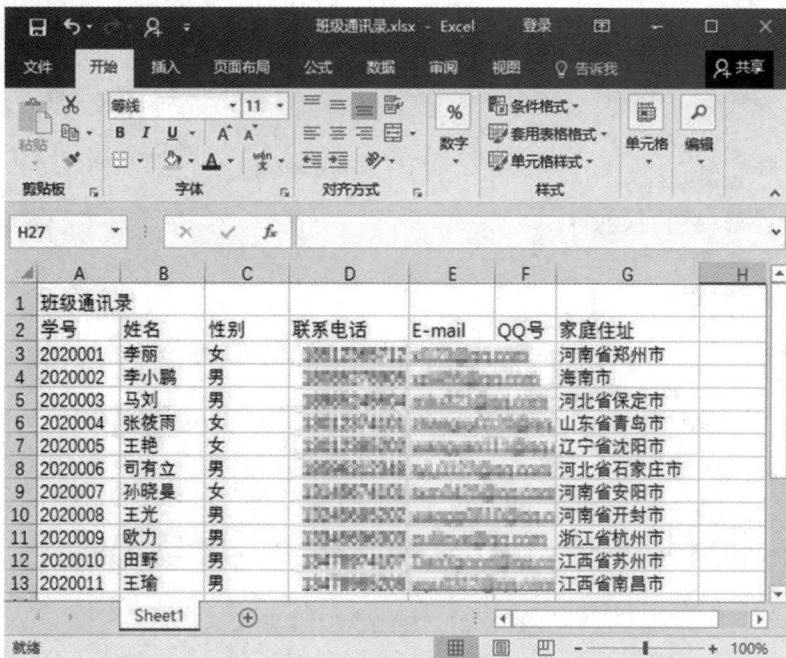

图 3-29　输入班级通讯录内容

（5）选中数据区域 A1:G1，在"开始"选项卡的"对齐方式"功能区中单击"合并后居中"按钮，合并标题单元格并居中显示。选中数据区域 A2:G20，在"开始"选项卡的"对齐方式"功能区中单击"居中"按钮，使内容水平居中显示，结果如图 3-30 所示。

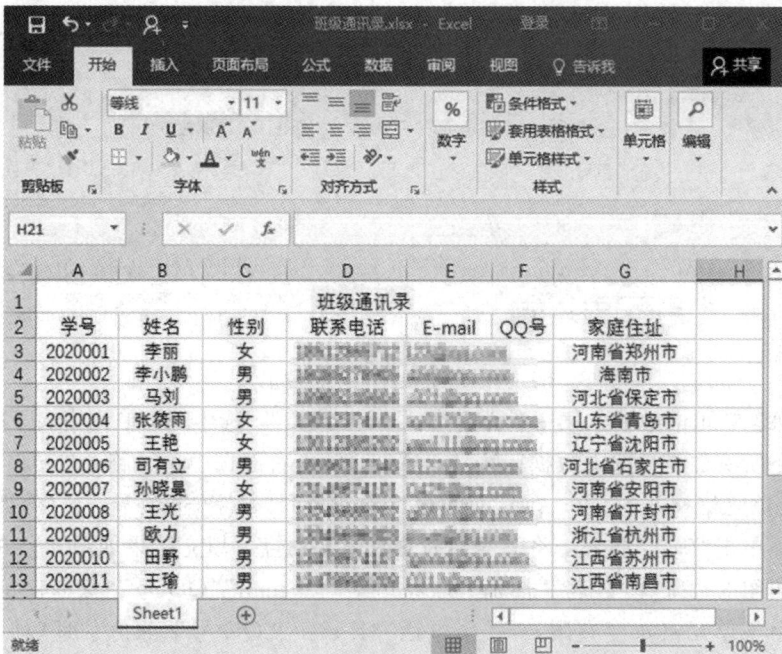

图 3-30　居中对齐后的效果图

（6）选中标题行，将行高调整为 25，选中数据区域 A2:G20，将行高调整为 18。

（7）设置文字格式。选中标题文字，在"开始"选项卡的"字体"功能区中单击"字体"的下拉箭头，选择"楷体"字体，在"字号"下拉列表框中选择"18"磅，单击"加粗"按钮对文字加粗，单击"文字颜色"按钮将文字颜色设置为"蓝色，个性化 5，深色 25％"。选中数据区域 A2:G2，将分类小标题加粗显示，设置结果如图 3-31 所示。

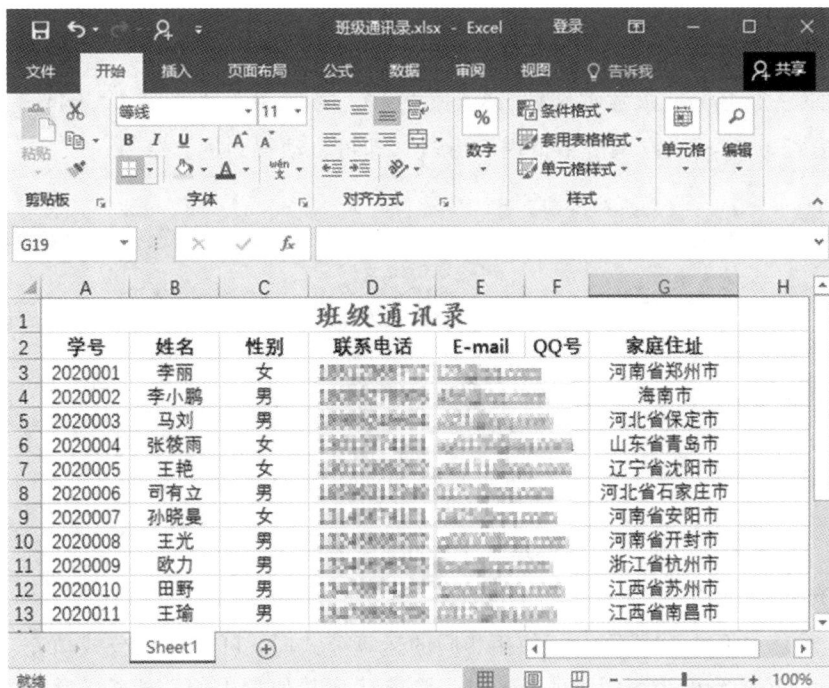

图 3-31 设置文字字体格式

（8）选中标题单元格，单击鼠标右键，在弹出的列表中选择"设置单元格格式"，选择"填充"选项卡，设置标题单元格的背景色为"水绿色，个性化 5，淡色 60％"。选中数据区域 A2:G2，在上述"设置单元格格式"中选择"边框"选项卡，将单元格的边框颜色设置为"深红色"，边框线条为"第一列第一行的虚线"；运用上述设置单元格背景颜色的方法将单元格的背景颜色设置为"橙色，个性化 6，淡色 60％"。

（9）选中数据区域 A3:G20，在"开始"选项卡的"样式"功能区中单击"单元格样式"，在弹出的下拉列表的"数据和模型"样式选择"注释"。

（10）右键单击 Sheet1 标签，在弹出的快捷菜单中选择"重命名"命令，重命名工作表为"班级通讯录"，再次保存工作簿。最终效果图如图 3-26 所示。

# 任务3.3 公式和函数的运用

Excel 2016 软件强大的功能之一就是可以对工作表中的数据进行各种复杂的运算，而复杂运算的实现就要借助于公式和函数。Excel 2016 软件内部集成了多种不同类型的函数，能够正确地使用公式和函数对用户操作数据尤为重要。

## 3.3.1 公式运用

Excel 2016 中提供了数学运算、关系运算和逻辑运算等操作的相关运算符，将运算符与数据进行正确组合就可以求得所需要的结果。一个公式由“＝”、单元格引用、运算符和常量等元素组成。

**1. 输入公式**

输入方法：首先将光标定位在相应单元格，然后输入“＝”，在“＝”后面输入运算公式即可。如图 3－32 所示，求数据区域 D3：H3 的和，在 I3 单元格中输入“＝D3＋E3＋F3＋G3＋H3”按<Enter>键(或单击编辑栏 ✓ 按钮)即可自动得到运算结果。

SUM　=D3+E3+F3+G3+H3

| | A | B | C | D | E | F | G | H | I | J |
|---|---|---|---|---|---|---|---|---|---|---|
| 1 | | | | | | 学生期末考试成绩表 | | | | |
| 2 | 学号 | 姓名 | 性别 | 高等数学 | 大学英语 | 计算机基础 | 体育 | 程序设计基础 | 总分 | 平均分 |
| 3 | 2020001 | 张海 | 男 | 80 | 78 | 85 | 70 | 75 | =D3+E3+F3+G3+H3 | |
| 4 | 2020002 | 李丽 | 女 | 82 | 76 | 79 | 72 | 76 | | |
| 5 | 2020003 | 刘思源 | 男 | 75 | 68 | 78 | 80 | 65 | | |
| 6 | 2020004 | 李嘉诚 | 男 | 64 | 60 | 70 | 75 | 70 | | |
| 7 | 2020005 | 张安 | 男 | 70 | 75 | 79 | 80 | 71 | | |
| 8 | 2020006 | 刘晓庆 | 女 | 78 | 80 | 82 | 83 | 78 | | |
| 9 | 2020007 | 马斯 | 男 | 60 | 50 | 70 | 80 | 64 | | |
| 10 | 2020008 | 赵宇 | 男 | 90 | 85 | 93 | 81 | 82 | | |
| 11 | 2020009 | 李煜 | 女 | 93 | 90 | 91 | 76 | 80 | | |

图 3－32　用公式求和

**2. 填充公式**

Excel 2016 中同一列或同一行使用相同的运算公式时，可以使用公式填充功能，上例中图 3－32 已经计算出张海同学的总成绩，要求计算其他学生的总成绩。操作方法：选中 I3 单元格，将鼠标移动到单元格右下角的小方格上，按住鼠标左键不放，向下拖动到指定单元格，松开鼠标可自动填充其他同学的总成绩。计算结果如图 3－33 所示。

| | A | B | C | D | E | F | G | H | I |
|---|---|---|---|---|---|---|---|---|---|
| 1 | | | | | | 学生期末考试成绩表 | | | |
| 2 | 学号 | 姓名 | 性别 | 高等数学 | 大学英语 | 计算机基础 | 体育 | 程序设计基础 | 总分 |
| 3 | 2020001 | 张海 | 男 | 80 | 78 | 85 | 70 | 75 | 388 |
| 4 | 2020002 | 李丽 | 女 | 82 | 76 | 79 | 72 | 76 | 385 |
| 5 | 2020003 | 刘思源 | 男 | 75 | 68 | 78 | 80 | 65 | 366 |
| 6 | 2020004 | 李嘉诚 | 男 | 64 | 60 | 70 | 75 | 70 | 339 |
| 7 | 2020005 | 张安 | 男 | 70 | 75 | 79 | 80 | 71 | 375 |
| 8 | 2020006 | 刘晓庆 | 女 | 78 | 80 | 82 | 83 | 78 | 401 |
| 9 | 2020007 | 马斯 | 男 | 60 | 50 | 70 | 80 | 64 | 324 |
| 10 | 2020008 | 赵宇 | 男 | 90 | 85 | 93 | 81 | 82 | 431 |
| 11 | 2020009 | 李煜 | 女 | 93 | 90 | 91 | 76 | 80 | 430 |

图 3－33　用填充公式求和

## 3.3.2 函数运用

函数是 Excel 2016 预先定义好具有特定功能的公式组合。Excel 2016 提供了 200 多个内部函数，包括三角函数、统计函数、逻辑函数、查询和引用函数、工程函数、日期和时间函数及用户自定义函数等。函数作为 Excel 处理数据的一个重要手段，功能是十分强大的，在生活和工作实践中可以有多种应用。一个函数由函数名和参数组成。引用函数时需在函数前加“＝”。下面介绍 Excel 2016 提供的几个常用函数。

**1. 求和函数 SUM( )**

SUM( )是 Excel 中常用的函数之一，用于求一组数值的和。例如，在“学生期末考试成绩表”中的数据区域 I3:I11 中计算学生的总分。首先选中 I3 单元格，然后单击“公式”选项卡的“函数库”功能区中的“自动求和”按钮下拉箭头，在弹出的子菜单中选择“求和”命令，再选择 D3:H3 区域，按<Enter>键即可求出总和。再将其他学生的总分依次填充，计算结果如图 3－34 所示。

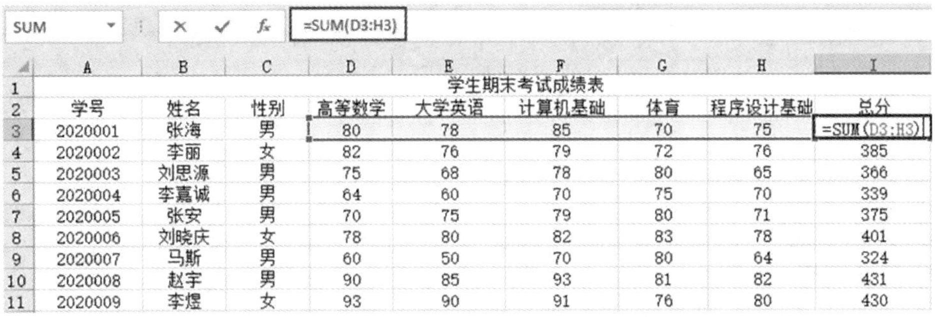


| | A | B | C | D | E | F | G | H | I |
|---|---|---|---|---|---|---|---|---|---|
| 1 | | | | | | 学生期末考试成绩表 | | | |
| 2 | 学号 | 姓名 | 性别 | 高等数学 | 大学英语 | 计算机基础 | 体育 | 程序设计基础 | 总分 |
| 3 | 2020001 | 张海 | 男 | 80 | 78 | 85 | 70 | 75 | =SUM(D3:H3) |
| 4 | 2020002 | 李丽 | 女 | 82 | 76 | 79 | 72 | 76 | 385 |
| 5 | 2020003 | 刘思源 | 男 | 75 | 68 | 78 | 80 | 65 | 366 |
| 6 | 2020004 | 李嘉诚 | 男 | 64 | 60 | 70 | 75 | 70 | 339 |
| 7 | 2020005 | 张安 | 男 | 70 | 75 | 79 | 80 | 71 | 375 |
| 8 | 2020006 | 刘晓庆 | 女 | 78 | 80 | 82 | 83 | 78 | 401 |
| 9 | 2020007 | 马斯 | 男 | 60 | 50 | 70 | 80 | 64 | 324 |
| 10 | 2020008 | 赵宇 | 男 | 90 | 85 | 93 | 81 | 82 | 431 |
| 11 | 2020009 | 李煜 | 女 | 93 | 90 | 91 | 76 | 80 | 430 |

图 3－34　利用求和公式计算学生总分

**2. 求平均值函数 AVERAGE( )**

AVERAGE( )函数用于求一组数值的算术平均值。例如，在“学生期末考试成绩表”中数据区域 J3:J11 中计算每位学生的平均分。首先选中 J3 单元格，然后单击“公式”选项卡的“函数库”功能区中的“自动求和”按钮下拉箭头，在弹出的子菜单中选择“平均值”命令，再选择 D3:H3 区域，按<Enter>键即可求出平均值。再将其他学生的平均分依次填充，计算结果如 3－35 图所示。

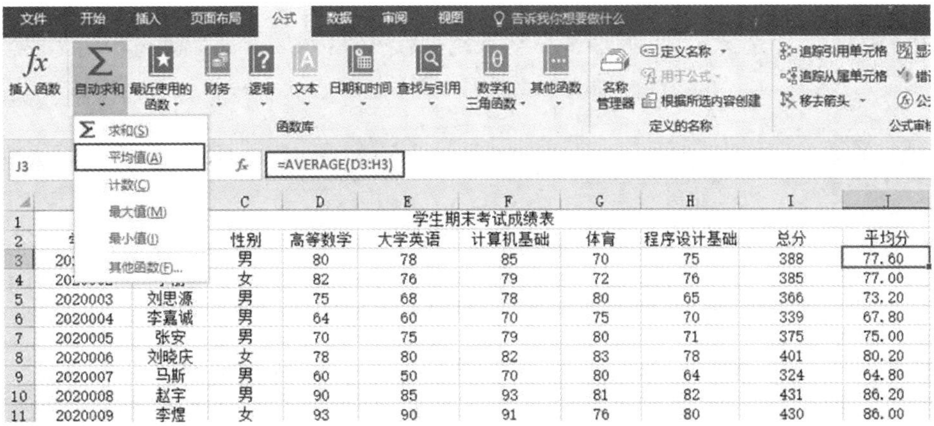


| | A | B | C | D | E | F | G | H | I | J |
|---|---|---|---|---|---|---|---|---|---|---|
| 1 | | | | | | 学生期末考试成绩表 | | | | |
| 2 | | | 性别 | 高等数学 | 大学英语 | 计算机基础 | 体育 | 程序设计基础 | 总分 | 平均分 |
| 3 | 202 | | 男 | 80 | 78 | 85 | 70 | 75 | 388 | 77.60 |
| 4 | 202 | | 女 | 82 | 76 | 79 | 72 | 76 | 385 | 77.00 |
| 5 | 2020003 | 刘思源 | 男 | 75 | 68 | 78 | 80 | 65 | 366 | 73.20 |
| 6 | 2020004 | 李嘉诚 | 男 | 64 | 60 | 70 | 75 | 70 | 339 | 67.80 |
| 7 | 2020005 | 张安 | 男 | 70 | 75 | 79 | 80 | 71 | 375 | 75.00 |
| 8 | 2020006 | 刘晓庆 | 女 | 78 | 80 | 82 | 83 | 78 | 401 | 80.20 |
| 9 | 2020007 | 马斯 | 男 | 60 | 50 | 70 | 80 | 64 | 324 | 64.80 |
| 10 | 2020008 | 赵宇 | 男 | 90 | 85 | 93 | 81 | 82 | 431 | 86.20 |
| 11 | 2020009 | 李煜 | 女 | 93 | 90 | 91 | 76 | 80 | 430 | 86.00 |

图 3－35　学生的平均分计算结果

**3. 计数函数 COUNT( )**

COUNT( )函数用于计算区域中包含数字的单元格的个数，文本型数据和字符型数据均不能参与公式的计算。例如，在"学生期末考试成绩表"的 F12 单元格中计算学生的总人数。首先选中 F12 单元格，然后单击"公式"选项卡的"函数库"功能区中的"自动求和"按钮下拉箭头，在弹出的子菜单中选择"计数"命令，再选择 I3:I11 区域，按<Enter>键即可求出学生人数，计算结果如图 3-36 所示。

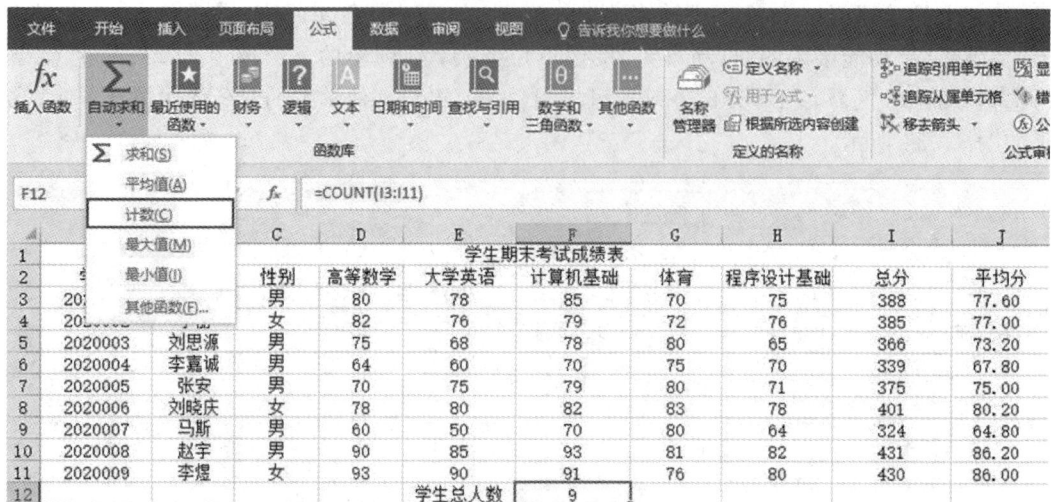

图 3-36　学生总人数计算结果

### 4. 求最大值 MAX( )和最小值 MIN( )函数

MAX( )函数和 MIN( )函数分别用于求一组数值中的最大值和最小值。例如，在"学生期末考试成绩表"的 H12 和 J12 单元格中分别计算出总分最高的学生和总分最低的学生。首先选中 H12 单元格，然后单击"公式"选项卡的"函数库"功能区中的"自动求和"按钮下拉箭头，在弹出的子菜单中选择"最大值"命令，再选择数据区域 I3:I11，按<Enter>键即可求出最大值。同样的方法求出最小值，结果如图 3-37、图 3-38 所示。

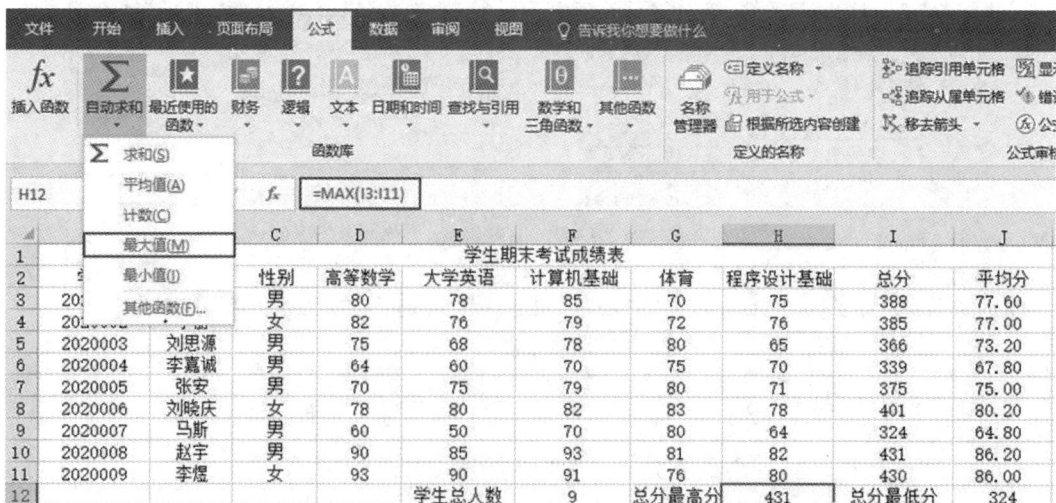

图 3-37　计算总分最高分结果

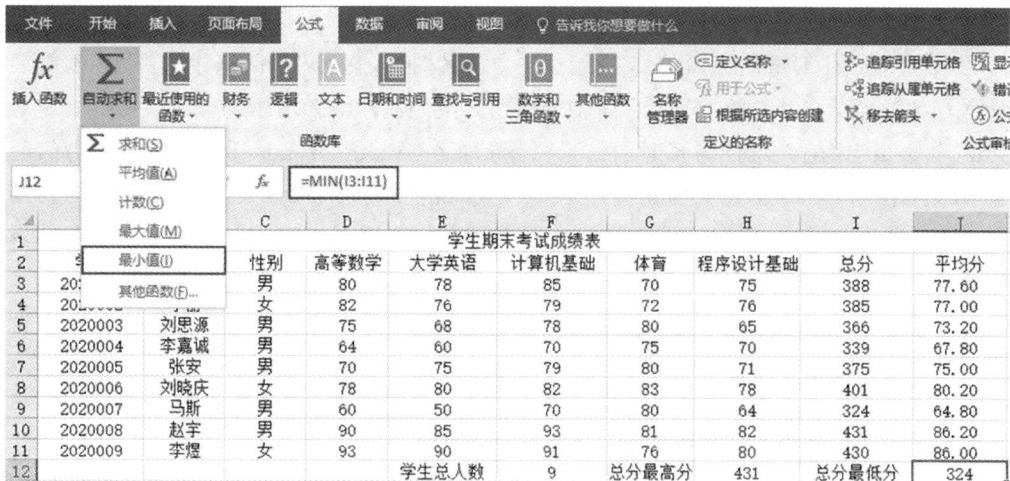

图 3-38　计算总分最低分结果

**5. 条件函数 IF( )**

IF( )函数用于条件判断,如果指定条件的计算结果为 TRUE(即为真值),将返回某个值;如果该条件的计算结果为 FALSE(即为假值),则返回另一个值。例如,在数据区域 K3:K11 这一列单元格中将"学生期末考试成绩表"中学生总成绩进行等级划分。如果学生总成绩大于 400 分,等级为"优秀";否则学生总成绩等级为"及格",实现过程如下:

① 打开"学生期末考试成绩表",单击 K3 单元格;

② 单击 Excel 编辑框旁边的 *fx* 图标,在弹出的"插入函数"对话框中选择 IF 函数后单击"确定"按钮进入到"函数参数"对话框,在"Logic_test"中输入判断条件"I3>400",在"Value_if_true"中输入条件为真时的结果"优秀",在"Value_if_false"中输入条件为假时的结果"及格"。单击"确定"按钮即可。再将其他学生的成绩等级依次填充,函数运行结果如图 3-39 所示。

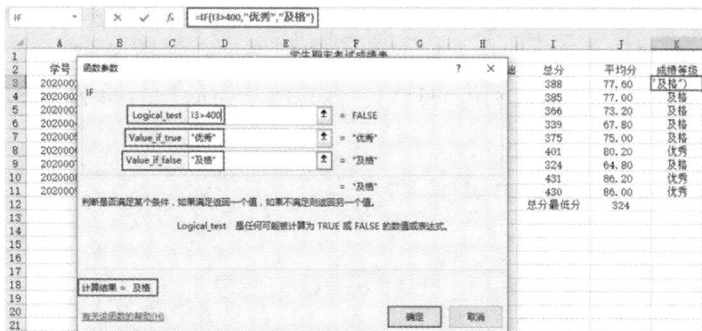

图 3-39　IF 函数计算成绩等级结果

在实际应用当中,当遇到问题的条件不止一个的时候,就需要使用多层 IF 嵌套语句。例如,在数据区域 K3:K11 这一列单元格中将"学生期末考试成绩表"中学生总成绩进行等级划分。如果学生总成绩大于 400 分,等级为"优秀";总成绩在 380~400 分,等级为"良好";总成绩小于 380 分,等级为"及格",实现过程如下:

① 打开"学生期末考试成绩表"，单击 K3 单元格；

② 单击 Excel 编辑框旁边的 $f_x$ 图标，在弹出的"插入函数"对话框中选择 IF 函数后单击"确定"按钮进入到"函数参数"对话框，在"Logic_test"中输入判断条件"I3＞400"，在"Value_if_true"中输入条件为真时的结果"优秀"，在"Value_if_false"中输入条件为假时的结果"IF（AND（I3＞380，I3＜＝400），'良好'，'及格'）"。单击"确定"按钮即可，运行结果如图 3 - 40 所示。其中 AND（）函数是一个逻辑函数，它返回的是 TRUE 或者是 FALSE。将其他学生的成绩等级依次向下进行填充。

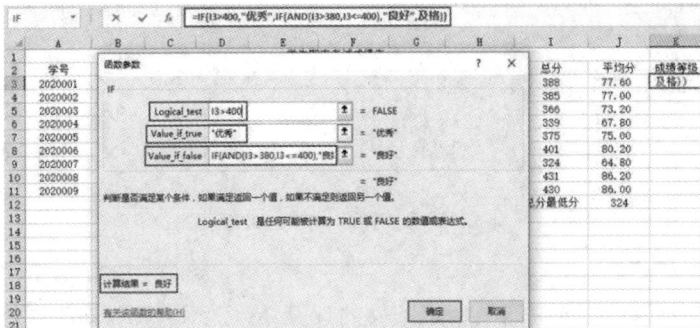

图 3 - 40　多层 IF 嵌套计算成绩等级结果

### 6. 排名函数 RANK（）

RANK（）函数是求某一个数值在某一区域内一组数值中的排名。例如，在 L3 单元格中计算"学生期末考试成绩表"中每位学生的排名。实现过程如下：

① 选中 L3 单元格；

② 单击 Excel 编辑框旁边的 $f_x$ 图标，在弹出的"插入函数"对话框中使用"转到"功能找到 RANK 函数后单击"确定"按钮进入到"函数参数"对话框，在"Number"中输入统计范围"I3"，即要查找排名数字所在的单元格。在"Ref"中输入"I＄3：I＄11"，表示引用的数据列。在"Order"中输入"0"或者不输入数据。单击"确定"按钮。其中"Order"有"1"和"0"两种输入方式。"0"表示降序排列，即从大到小排名，"1"表示升序排列，即从小到大排名。"0"默认不用输入，得到的就是从大到小的排名。将其他学生的排名向下进行填充，计算结果如图 3 - 41 所示。

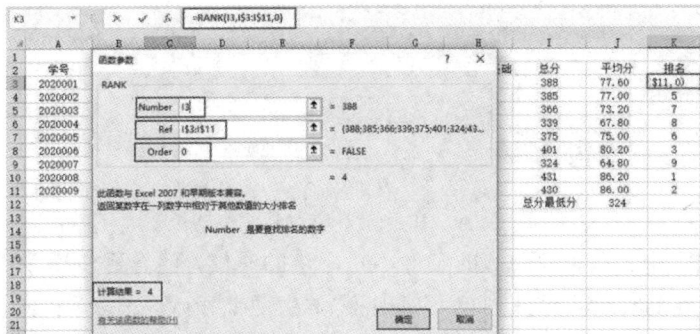

图 3 - 41　RANK 函数计算学生排名结果

### 3.3.3　制作“学生期末考试成绩表”

通过制作“学生期末考试成绩表”，巩固前面所学的新建工作簿、输入数据、计算数据的总分和平均分，统计人数、计算排名等操作。具体要求包括：

(1) 按照图 3 - 42 的文字内容输入“学生期末考试成绩表”的基本信息，包括字段有学生姓名、性别、各科成绩、总分、平均分、排名等。其中缺考的成绩用“－”代替。文件以“学生期末考试成绩表”命名保存。

| | A | B | C | D | E | F | G | H | I | J | K | L |
|---|---|---|---|---|---|---|---|---|---|---|---|---|
| 1 | 学生期末考试成绩表 | | | | | | | | | | | |
| 2 | 姓名 | 性别 | 基础会计 | 审计 | 财务 | 经济法 | 计算机 | 税法 | 职业道德 | 总分 | 平均分 | 排名 |
| 3 | 陈之和 | 男 | 92 | 100 | 89 | 92 | 100 | 96 | 88 | | | |
| 4 | 董利乘 | 男 | 92 | 86 | 85 | 90 | 88 | 93 | 59 | | | |
| 5 | 江侬鲁 | 女 | 87 | 78 | 90 | 55 | 84 | 98 | 84 | | | |
| 6 | 姜利黎 | 男 | 87 | 81 | 77 | 86 | 80 | 95 | 77 | | | |
| 7 | 李朝霞 | 女 | 86 | 56 | 79 | - | 76 | - | 87 | | | |
| 8 | 李书易 | 女 | 81 | 72 | 91 | 79 | 81 | 55 | 80 | | | |
| 9 | 齐一贺 | 女 | - | 80 | 82 | 65 | 79 | 88 | 75 | | | |
| 10 | 隋洋州 | 男 | 73 | 70 | 83 | 81 | 70 | 87 | 79 | | | |
| 11 | 孙见品 | 男 | 74 | 76 | 59 | 78 | 81 | 86 | 65 | | | |
| 12 | 王鸣嗣 | 男 | 61 | - | 68 | 72 | 71 | 80 | 47 | | | |
| 13 | 信席樊 | 女 | 65 | 60 | 65 | 65 | 73 | 80 | 36 | | | |
| 14 | 张嘉庆 | 女 | 65 | 51 | 70 | 78 | 70 | 58 | 73 | | | |
| 15 | 赵伐 | 男 | 74 | 59 | 72 | - | - | - | 61 | | | |
| 16 | 赵叔迪 | 男 | 40 | 40 | 62 | 65 | 70 | 76 | 40 | | | |
| 17 | 各科最高成绩 | | | | | | | | | | | |
| 18 | 各科最低成绩 | | | | | | | | | | | |
| 19 | 各科参考人数 | | | | | | | | | | | |
| 20 | 各科平均成绩 | | | | | | | | | | | |
| 21 | 各科不及格人数 | | | | | | | | | | | |
| 22 | 未参加考试人数 | | | | | | | | | | | |
| 23 | | 男生总人数 | | 女生总人数 | | 男生平均成绩 | | 女生平均成绩 | | | | |

图 3 - 42　学生期末考试成绩表

(2) 使用所学的公式计算每位学生的总分、平均分(数值型、保留小数点后 1 位有效数字)、计算每科成绩中的最高成绩和最低成绩。

(3) 计算各科目的平均分(数值型、保留小数点后 1 位有效数字)、各科不及格的人数、参加考试的人数和缺考的人数。

(4) 使用函数计算每位学生的名次、统计表格中男生和女生的人数、计算男生总分的平均成绩(数值型、保留小数点后 1 位有效数字)和女生总分的平均成绩(数值型、保留小数点后 1 位有效数字)。

(5) 利用条件格式将排名前 5 名的学生设置成“绿填充色深绿色文本”。

具体操作步骤如下：

(1) 打开 Excel 2016 应用程序，默认新建一个工作簿，保存工作簿。单击“文件”选项卡中“保存”命令，改变文件保存路径，修改文件名为“学生期末考试成绩表”，单击“保存”按钮即可。

(2) 参照如图 3 - 42 所示输入数据，选中数据后，单击“开始”选项卡中“对齐方式”功能区中的“居中”按钮将文本进行居中对齐设置。

(3) 求每位学生的总分。选中 J3 单元格，输入“＝SUM(C3：I3)”按<Enter>键即可求出 J3 单元格的值，将鼠标移动到 J3 单元格的右下角小方块上，按住鼠标左键不放向下拖动到 J16 单元格求出每位同学的总分。

(4) 求每位学生的平均分。选中 K3 单元格，单击 Excel 编辑框旁边的 fx 图标，在弹出的“插入函数”对话框中找到 AVERAGE 函数后单击“确定”按钮进入“函数参数”对话框，在“Number1”中输入计算的范围“C3：I3”，单击“确定”按钮，即可求出第一位学生的平均分，参照上一步求出其他学生的平均分。

（5）求各科目的平均分。选中 C20 单元格，参照第 4 步求出各科成绩的平均分。

（6）求各科成绩的最高分。选中 C17 单元格，单击 Excel 编辑框旁边的 $f_x$ 图标在弹出的"插入函数"对话框中找到 MAX 函数后单击"确定"按钮进入"函数参数"对话框，在"Number1"中输入计算的范围"C3：C16"，单击"确定"按钮，即可求出"基础会计"的最高分，将鼠标移动到 C17 单元格的右下角小方块上，按住鼠标左键不放向右拖动到 I17 单元格求出每位学生的总分。

（7）选中 C18 单元格，参照第 6 步求出各科目的最低分。

（8）统计各科不及格人数。选中 C21 单元格，单击 Excel 编辑框旁边的 $f_x$ 图标，在弹出的"插入函数"对话框中使用"转到"功能找到 COUNTIF 函数后单击"确定"按钮进入"函数参数"对话框，函数参数设置如图 3-43 所示，然后单击"确定"按钮即可求出"基础会计"科目成绩不及格人数，同上求出其他科目成绩不及格人数。用类似的方法在单元格 C23 和单元格 E23 中计算出男生的总人数和女生的总人数。

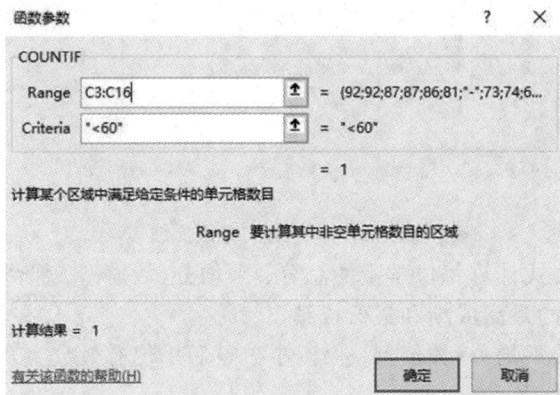

图 3-43　求"不及格人数"的函数参数设置

（9）求出各科参加考试的人数，"一"表示缺考。选中 C19 单元格，单击 Excel 编辑框旁边的 $f_x$ 图标，在弹出的"插入函数"对话框中找到 COUNT 函数后单击"确定"按钮进入"函数参数"对话框，在"Value1"中输入统计范围"C3：C16"，单击"确定"按钮，如图 3-44 所

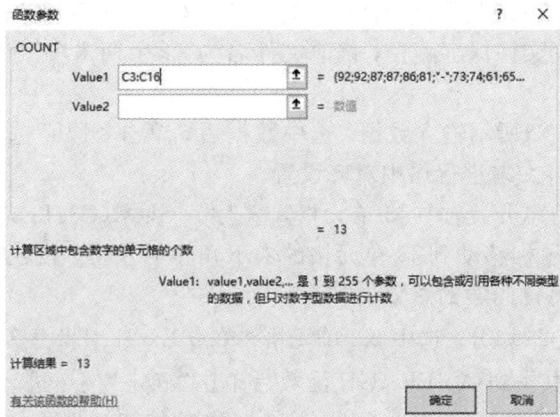

图 3-44　计算各科参加考试人数函数参数设置

示,即可求出"基础会计"科目参加考试人数。将鼠标移动到 C19 单元格的右下角小方块上,按住鼠标左键不放向右拖动到 I19 单元格即可求出其他科目参加考试人数。

(10) 计算未参加考试人数。选中 C22 单元格,单击 Eecel 编辑框旁边的 𝑓ₓ 图标,在弹出的"插入函数"对话框中使用"转到"功能找到 COUNTIF 函数后单击"确定"按钮进入"函数参数"对话框,函数参数设置如图 3-45 所示。单击"确定"按钮即可求出"基础会计"科目未参加考试人数。将鼠标移动到 C22 单元格的右下角小方块上,按住鼠标左键不放向右拖动到 I22 单元格,即可求出其他科目未参加考试人数。

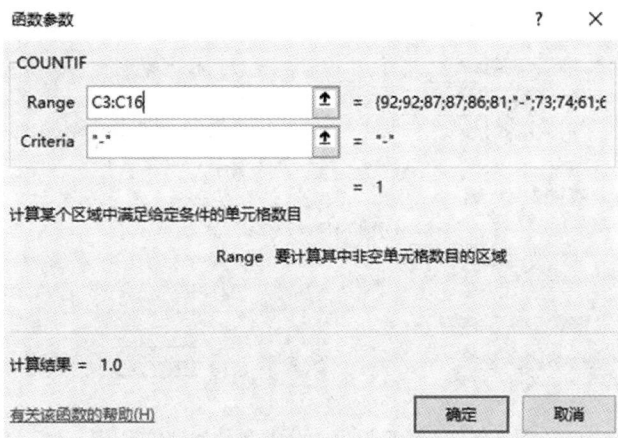

图 3-45 求"未参加考试人数"的函数参数设置

(11) 计算每位学生的排名。选中 L3 单元格,单击 Excel 编辑框旁边的 𝑓ₓ 图标,在弹出的"插入函数"对话框中使用"转到"功能找到 RANK 函数后单击"确定"按钮进入"函数参数"对话框。在"Number"中输入统计范围"J3",即要查找排名数字所在的单元格;在"Ref"中输入"J$3:J$16";在"Order"中输入"0"。函数参数设置如图 3-46 所示。单击"确定"按钮即可求出第一位学生的排名,将鼠标移动到 L3 单元格的右下角小方块上,按住鼠标左键不放向下拖动到 L16 单元格即可求出其他学生的排名。

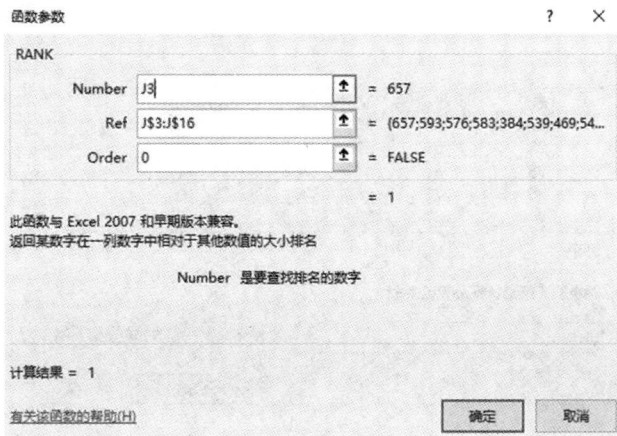

图 3-46 计算学生排名函数参数设置

（12）计算男生的总分平均成绩和女生的总分平均成绩。选中 G23 单元格，单击 Excel 编辑框旁边的 $f_x$ 图标，在弹出的"插入函数"对话框中使用"转到"功能找到 SUMIF 函数后单击"确定"按钮进入"函数参数"对话框，在"Range"中输入统计范围"B3:B16"，在"Criteria"中输入"男"，在"Sum_Range"中输入"J3:J16"。函数参数设置如图 3-47 所示。此时，计算出来的是所有男生的总成绩，要计算平均成绩，要在 Excel 的编辑框中输入"/C23"，如图 3-48 所示，即可求出男生总成绩的平均成绩。女生总成绩的平均成绩可按相同的方法计算出来。

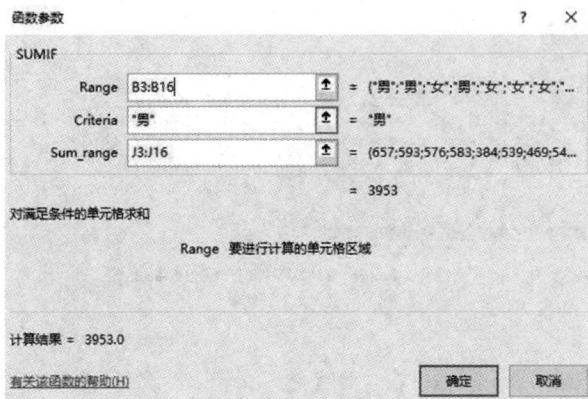

图 3-47　计算男生总分求和函数参数设置

图 3-48　编辑框计算男生的总分平均成绩

（13）设置文本的条件格式。选中数据区域 L3:L16，在"开始"选项卡中的"样式"功能区中单击"条件格式"按钮，在弹出的下拉列表中选择"突出显示单元格规则"命令，在弹出的级联列表中选择"小于"选项，在弹出的"小于"对话框中设置数据具体的范围为"5"，设置为"绿填充色深绿色文本"，如图 3-49 所示，单击"确定"按钮即可完成效果的设置。

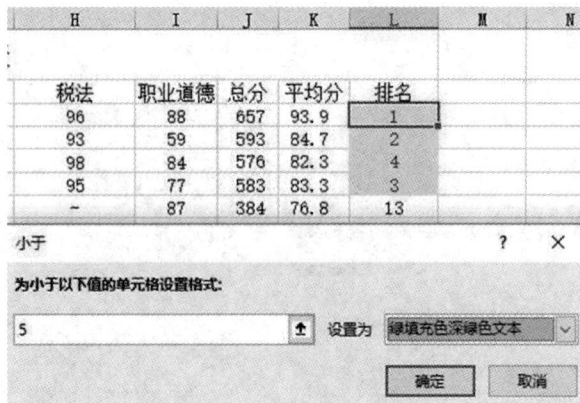

图 3-49　设置"条件格式"

（14）"学生期末考试成绩表"制作完成，结果如图 3-50 所示。

图 3-50　"学生期末考试成绩表"最终结果

# 任务3.4　数据分析处理

Excel 2016 具有强大的数据分析处理功能，数据分析处理包括对工作表的数据进行排序、筛选和分类汇总等。Excel 2016 还可以根据用户提供的数据建立图表、数据透视表，使数据分类一目了然，具有实用性强、方便灵活等特点。

## 3.4.1　数据排序

将一组数据按照一定规律进行排列称为数据排序，数据排序有助于阅读者快速地查看和理解数据信息，它的作用是根据用户的需要使用户更加清晰地看到数据。数据排序也是数据分析处理的基础，分类汇总前必须对数据进行数据排序处理。Excel 2016 中提供了单条件排序和多条件排序两种方法。

### 1. 单条件排序

只按照一个关键字词进行排序称为单条件排序，排序的方式可以是升序（从小到大），也可以是降序（从大到小）。具体实现方法有如下两种：

① 单击数据区域中任意单元格，在"开始"选项卡的"编辑"功能区中单击"排序和筛选"按钮，如图 3-51 所示，如果想要进行升序排序可选择"升序"选项，想要进行降序排序可选择"降序"选项，即可完成单条件排序。

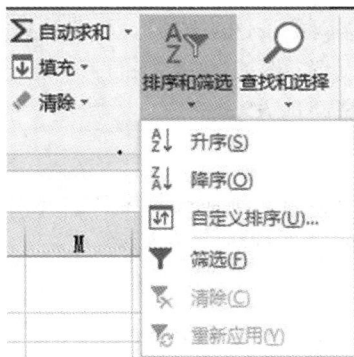

图 3-51　"编辑"功能区的"排序和筛选"按钮

② 选中数据区域中任意单元格，单击"数据"选项卡"排序和筛选"功能区中的"排序"按钮，选择"主要关键字"和"升序"/"降序"次序即可完成排序，如图 3-52 所示。

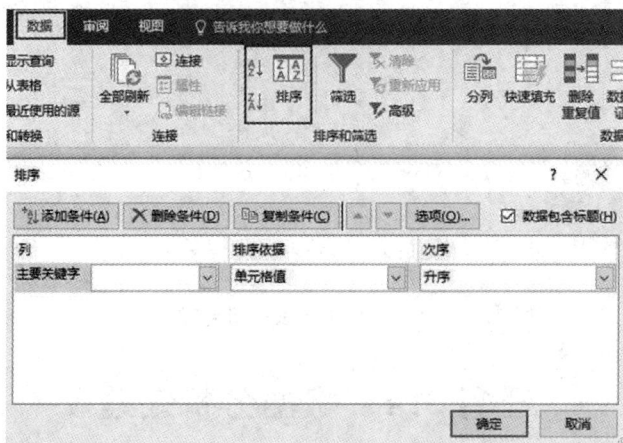

图 3-52　"数据"选项卡中的"排序"按钮

**2. 多条件排序**

多条件排序也称复杂排序，是指若按某一字段排序时有相同的记录值，则应当依据其他字段进行排序。具体实现方法如下：

单击"数据"选项卡"排序和筛选"功能区中的"排序"按钮，在弹出的"排序"对话框中设置关键字及排序方式，即可实现多条件排序。

（1）关键字。关键字是指数据排序所依据的字段，包括一个主要关键字和多个次要关键字。

（2）设置方法。在"排序"对话框中设置"主要关键字"字段（在下拉列表中选取）、排序依据和次序（升序或降序），再单击"添加条件"按钮，可根据需要增加一个或多个次要关键字条件，并设置其"次要关键字"字段（在下拉列表中选取）、排序依据和次序（升序或降序），最后单击"确定"按钮完成。

## 3.4.2　数据筛选

用户可以使用 Excel 2016 提供的数据筛选功能在大量的数据中根据条件查找所需要的数据。工作表中显示经过筛选满足条件的数据，不满足条件的数据会自动隐藏，用户可以对这些数据进行格式的重新设置、图表的建立和打印筛选结果等操作。Excel 2016 提供了自动筛选和高级筛选两种数据筛选方法。

**1. 自动筛选**

自动筛选是指在数据清单中按照一个或多个条件筛选出满足条件的某数据列的值。自动筛选分为单条件筛选和多条件筛选两种。

（1）单条件筛选。

单条件筛选是指将符合单一条件的数据筛选出来，此功能允许在筛选条件中出现不等值的情况。例如，对工作表"选修课成绩单"的数据内容进行单条件筛选，筛选条件：系别选择"计算机"。原表如 3-53 所示。

| | A | B | C | D | E |
|---|---|---|---|---|---|
| 1 | 选修课成绩单 | | | | |
| 2 | 系别 | 学号 | 姓名 | 课程名称 | 成绩 |
| 3 | 信息 | 991021 | 李新 | 多媒体技术 | 74 |
| 4 | 计算机 | 992032 | 王文辉 | 人工智能 | 87 |
| 5 | 自动控制 | 993023 | 张磊 | 计算机图形学 | 65 |
| 6 | 经济 | 995034 | 郝心怡 | 多媒体技术 | 86 |
| 7 | 信息 | 991076 | 王力 | 计算机图形学 | 91 |
| 8 | 数学 | 994056 | 孙英 | 多媒体技术 | 77 |
| 9 | 自动控制 | 993021 | 张在旭 | 计算机图形学 | 60 |
| 10 | 计算机 | 992089 | 金翔 | 多媒体技术 | 73 |
| 11 | 计算机 | 992005 | 扬海东 | 人工智能 | 90 |
| 12 | 自动控制 | 993082 | 黄立 | 计算机图形学 | 85 |
| 13 | 信息 | 991062 | 王春晓 | 多媒体技术 | 78 |
| 14 | 经济 | 995022 | 陈松 | 人工智能 | 69 |
| 15 | 数学 | 994034 | 姚林 | 多媒体技术 | 89 |
| 16 | 信息 | 991025 | 张雨涵 | 计算机图形学 | 62 |
| 17 | 自动控制 | 993026 | 钱民 | 多媒体技术 | 66 |
| 18 | 数学 | 994086 | 高晓东 | 人工智能 | 78 |
| 19 | 经济 | 995014 | 张平 | 多媒体技术 | 80 |
| 20 | 自动控制 | 993053 | 李英 | 计算机图形学 | 93 |
| 21 | 数学 | 994027 | 黄红 | 人工智能 | 68 |

图 3－53 “选修课成绩单”原表

具体实现过程如下：

① 打开“选修课成绩单”工作表。

② 选中数据区域中任意单元格，在“数据”选项卡的“排序和筛选”功能区中单击“筛选”按钮，每个字段名后会出现一个下拉箭头，如图 3－54 所示。

| | A | B | C | D | E |
|---|---|---|---|---|---|
| 1 | 选修课成绩单 | | | | |
| 2 | 系别 ▾ | 学号 ▾ | 姓名 ▾ | 课程名称 ▾ | 成绩 ▾ |
| 3 | 信息 | 991021 | 李新 | 多媒体技术 | 74 |
| 4 | 计算机 | 992032 | 王文辉 | 人工智能 | 87 |
| 5 | 自动控制 | 993023 | 张磊 | 计算机图形学 | 65 |
| 6 | 经济 | 995034 | 郝心怡 | 多媒体技术 | 86 |
| 7 | 信息 | 991076 | 王力 | 计算机图形学 | 91 |
| 8 | 数学 | 994056 | 孙英 | 多媒体技术 | 77 |
| 9 | 自动控制 | 993021 | 张在旭 | 计算机图形学 | 60 |
| 10 | 计算机 | 992089 | 金翔 | 多媒体技术 | 73 |
| 11 | 计算机 | 992005 | 扬海东 | 人工智能 | 90 |
| 12 | 自动控制 | 993082 | 黄立 | 计算机图形学 | 85 |
| 13 | 信息 | 991062 | 王春晓 | 多媒体技术 | 78 |
| 14 | 经济 | 995022 | 陈松 | 人工智能 | 69 |
| 15 | 数学 | 994034 | 姚林 | 多媒体技术 | 89 |
| 16 | 信息 | 991025 | 张雨涵 | 计算机图形学 | 62 |
| 17 | 自动控制 | 993026 | 钱民 | 多媒体技术 | 66 |
| 18 | 数学 | 994086 | 高晓东 | 人工智能 | 78 |
| 19 | 经济 | 995014 | 张平 | 多媒体技术 | 80 |
| 20 | 自动控制 | 993053 | 李英 | 计算机图形学 | 93 |

图 3－54 选择自动筛选后的选修课成绩单

③ 单击“系列”选项下拉箭头▾，在弹出的子菜单中选择“计算机”，如图 3－55 所示。单击“确定”按钮即可。筛选结果如图 3－56 所示。

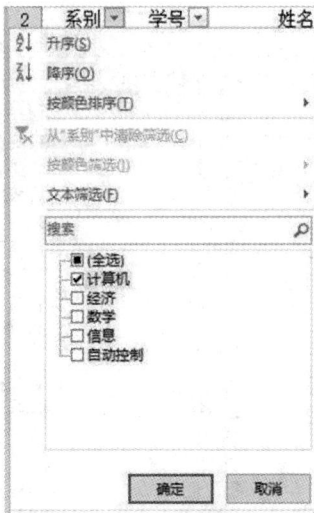

图 3-55　选择"计算机"

图 3-56　单条件筛选结果

（2）多条件筛选。

多条件筛选是指将符合多个特定条件的数据筛选出来，其方法是先进行单条件筛选，再在筛选结果的基础上进行其他条件的筛选。例如，对工作表"选修课成绩单"的数据内容进行多条件筛选，筛选条件：第一，课程名称"计算机图形学"；第二，"成绩大于或等于60并且小于或等于80"。原表如 3-57 所示。

图 3-57　"选修课成绩单"原表

具体实现过程如下：

① 打开“选修课成绩单”工作表。

② 选中数据区域中任意单元格，在“数据”选项卡的“排序和筛选”功能区中单击“筛选”按钮，每个字段名后会出现一个下拉箭头，如图 3－58 所示。

③ 单击“课程名称”选项下拉箭头，在弹出的子菜单中选择“计算机图形学”，如图 3－59所示。单击“确定”按钮即可。

| | A | B | C | D | E |
|---|---|---|---|---|---|
| 1 | 选修课成绩单 | | | | |
| 2 | 系别 | 学号 | 姓名 | 课程名称 | 成绩 |
| 3 | 信息 | 991021 | 李新 | 多媒体技术 | 74 |
| 4 | 计算机 | 992032 | 王文辉 | 人工智能 | 87 |
| 5 | 自动控制 | 993023 | 张磊 | 计算机图形学 | 65 |
| 6 | 经济 | 995034 | 郝心怡 | 多媒体技术 | 86 |
| 7 | 信息 | 991076 | 王力 | 计算机图形学 | 91 |
| 8 | 数学 | 994056 | 孙英 | 多媒体技术 | 77 |
| 9 | 自动控制 | 993021 | 张在旭 | 计算机图形学 | 60 |
| 10 | 计算机 | 992089 | 金翔 | 多媒体技术 | 73 |
| 11 | 计算机 | 992005 | 扬海东 | 人工智能 | 90 |
| 12 | 自动控制 | 993082 | 黄立 | 计算机图形学 | 85 |
| 13 | 信息 | 991062 | 王春晓 | 多媒体技术 | 78 |
| 14 | 经济 | 995022 | 陈松 | 人工智能 | 69 |
| 15 | 数学 | 994034 | 姚林 | 多媒体技术 | 89 |
| 16 | 信息 | 991025 | 张雨涵 | 计算机图形学 | 62 |
| 17 | 自动控制 | 993026 | 钱民 | 多媒体技术 | 66 |
| 18 | 数学 | 994086 | 高晓东 | 人工智能 | 78 |
| 19 | 经济 | 995014 | 张平 | 多媒体技术 | 80 |
| 20 | 自动控制 | 993053 | 李英 | 计算机图形学 | 93 |

图 3－58　选择自动筛选后的选修课成绩单

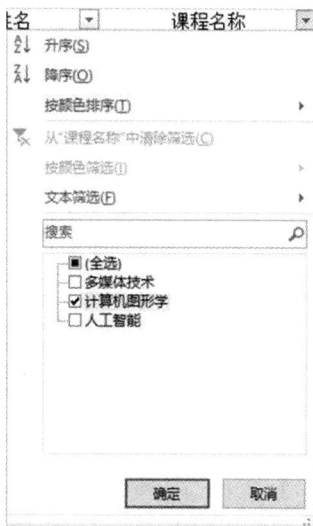

图 3－59　选择“计算机图形学”

④ 在筛选后的数据清单中，单击“成绩”选项的下拉箭头，在弹出的子菜单中选择“数字筛选”命令项，弹出如图 3－60 所示“自定义自动筛选方式”对话框。设置条件为“成绩大于或等于 60 并且小于或等于 80”，单击“确定”按钮即可完成筛选，筛选结果如图 3－61 所示。

图 3－60　“自定义筛选”对话框条件设置

| | A | B | C | D | E |
|---|---|---|---|---|---|
| 1 | 选修课成绩单 | | | | |
| 2 | 系别 | 学号 | 姓名 | 课程名称 | 成绩 |
| 3 | 信息 | 991021 | 李新 | 多媒体技术 | 74 |
| 5 | 自动控制 | 993023 | 张磊 | 计算机图形学 | 65 |
| 8 | 数学 | 994056 | 孙英 | 多媒体技术 | 77 |
| 9 | 自动控制 | 993021 | 张在旭 | 计算机图形学 | 60 |

图 3－61　多条件筛选结果

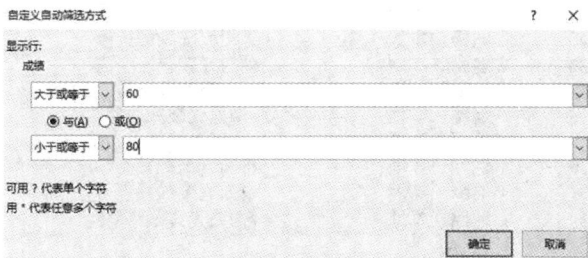

### 2. 高级筛选

Excel 2016 的高级筛选功能适用于条件较复杂的数据筛选，不符合条件的数据会被隐藏，筛选结果可以在原数据表格中显示，也可以在新的位置显示，便于数据对比分析。

具体操作步骤如下：

（1）打开 Excel 文件，切换到"数据"选项卡，单击"排序和筛选"功能区中的"筛选"按钮，然后在不包含数据的区域内输入一个筛选条件。例如，对某乡村基础建设费用表进行筛选。在单元格 C35 中输入"费用预算"，在单元格 C36 中输入">900"，如图 3-62 所示。

| | A | B | C | D | E |
|---|---|---|---|---|---|
| 1 | 序号 | 网络类型 | 区域 | 基础建设项目 | 费用预算 |
| 2 | 1 | 本地网 | 本地 | **小学水塔线路维修 | 1320 |
| 3 | 2 | 本地网 | 本地 | **道路灯线缆清理 | 913 |
| 4 | 3 | 本地网 | 周边 | **桥光缆线路整修 | 811 |
| 5 | 4 | 本地网 | 周边 | **道路光缆线路整接 | 274 |
| 6 | 5 | 本地网 | 本地 | 道路光缆维修 | 2123 |
| 7 | 6 | 本地网 | 本地 | **桥光缆线路整修 | 509 |
| 8 | 7 | 本地网 | 本地 | **寺河边光缆线路整治 | 1119.4 |
| 9 | 8 | 本地网 | 周边 | **村道路抢修 | 1584 |
| 10 | 9 | 本地网 | 本地 | 河堤路路口基站搬迁 | 1584 |
| 11 | 10 | 本地网 | 本地 | **桥光缆线路整修 | 821 |
| 12 | 11 | 本地网 | 本地 | **村光缆线路整治 | 1386 |
| 13 | 12 | 本地网 | 本地 | **桥光缆线路整修 | 744 |
| 14 | 13 | 本地网 | 周边 | **桥光缆线路整修 | 690 |
| 15 | 14 | 本地网 | 本地 | **镇光缆终端改接工程 | 2376 |
| 16 | 15 | 本地网 | 本地 | 联通大厦抽水 | 330 |
| 17 | 16 | 本地网 | 本地 | 双河至施桥光缆线路整治 | 904.2 |
| 18 | 17 | 本地网 | 本地 | **桥光缆线路整修 | 792 |
| 19 | 18 | 本地网 | 周边 | **桥光缆线路整修 | 911 |
| 20 | 19 | 本地网 | 本地 | 火车道光缆线路改造 | 694 |
| 21 | 20 | 本地网 | 周边 | **镇光缆线路整修 | 1391 |
| 22 | 21 | 本地网 | 本地 | **小学光缆线路抢修 | 3211 |
| 23 | 22 | 本地网 | 本地 | **桥光缆线路整修 | 960 |
| 24 | 23 | 本地网 | 本地 | **桥光缆线路整修 | 540 |
| 25 | 24 | 本地网 | 本地 | 甲乡村光缆线路整修工程 | 792 |
| 26 | 25 | 本地网 | 本地 | 乙镇光缆线路抢修 | 772.2 |
| 27 | 26 | 本地网 | 本地 | 丙村光缆线路整改 | 561 |
| 28 | 27 | 本地网 | 周边 | 光缆改接工程 | 330 |
| 29 | 28 | 本地网 | 本地 | **道路光缆线路整接 | 440 |
| 30 | 29 | 本地网 | 本地 | **道路光缆线路整接 | 274 |
| 31 | 30 | 本地网 | 本地 | **桥光缆线路整修 | 651 |
| 32 | 31 | 本地网 | 本地 | **桥光缆线路整修 | 380 |
| 33 | 32 | 本地网 | 本地 | 道路光缆线路整接 | 381 |
| 34 | | | | | |
| 35 | | | 费用预算 | | |
| 36 | | | >900 | | |

图 3-62　输入筛选条件

（2）将光标定位在数据区域的任意一个单元格中，单击"排序和筛选"功能区的"高级"按钮。

（3）弹出"高级筛选"对话框，选中"在原有区域显示筛选结果"选项，然后单击"条件区域"文本框右侧的"折叠"按钮，如图 3-63 所示。

（4）弹出"高级筛选-条件区域："对话框，在工作表中选择条件区域 C35:C36，如图 3-64 所示。

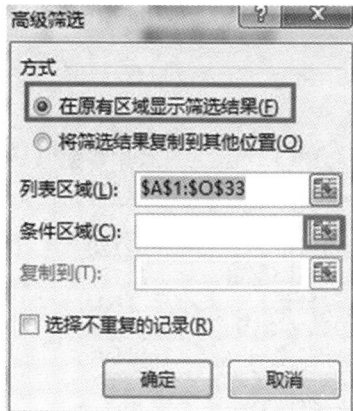

图3-63　"高级筛选"对话框

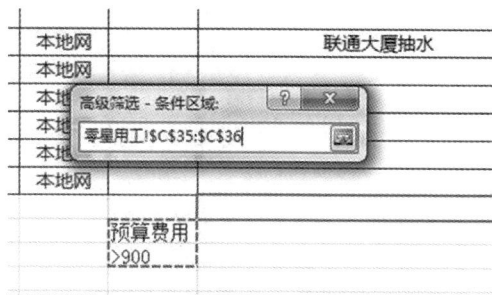

图3-64　"高级筛选-条件区域："对话框

（5）选择完毕，单击"展开"按钮，返回"高级筛选"对话框，此时即可在"条件区域"文本框中显示出条件区域的范围，如图3-65所示。

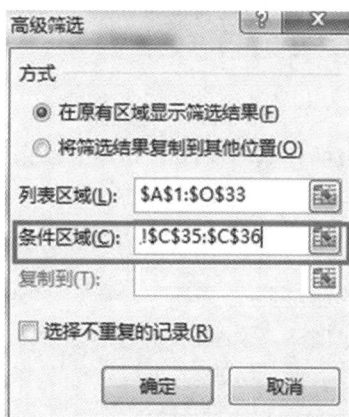

图3-65　显示出条件区域的范围

（6）单击"确定"按钮，返回Excel文档，设置效果如图3-66所示。

| | A | B | C | D | E |
|---|---|---|---|---|---|
| 1 | 序号 | 网络类型 | 区域 | 基础建设项目 | 费用预算 |
| 2 | 1 | 本地网 | 本地 | **小学水塔线路维修 | 1320 |
| 3 | 2 | 本地网 | 本地 | **道路路灯线缆清理 | 913 |
| 6 | 5 | 本地网 | 本地 | 道路光缆维修 | 2123 |
| 8 | 7 | 本地网 | 本地 | **寺河边光缆线路整治 | 1119.4 |
| 9 | 8 | 本地网 | 周边 | **村道路抢修 | 1584 |
| 10 | 9 | 本地网 | 本地 | 河堤路口基站搬迁 | 1584 |
| 12 | 11 | 本地网 | 本地 | **村光缆线路整治 | 1386 |
| 15 | 14 | 本地网 | 本地 | **镇光缆终端改接工程 | 2376 |
| 17 | 16 | 本地网 | 本地 | 双河至施桥光缆线路整治 | 904.2 |
| 19 | 18 | 本地网 | 周边 | **桥光缆线路整修 | 911 |
| 21 | 20 | 本地网 | 周边 | **镇光缆线路整修 | 1391 |
| 22 | 21 | 本地网 | 本地 | **小学光缆线路抢修 | 3211 |
| 23 | 22 | 本地网 | 本地 | **桥光缆线路整修 | 960 |

图3-66　设置效果

（7）在单元格 B35 输入"区域"，B36 输入"本地"，筛选条件变为"费用预算＞900 且区域为本地"，如图 3-67 所示。

| | A | B | C | D | E |
|---|---|---|---|---|---|
| 1 | 序号 | 网络类型 | 区域 | 基础建设项目 | 费用预算 |
| 2 | 1 | 本地网 | 本地 | **小学水塔线路维修 | 1320 |
| 3 | 2 | 本地网 | 本地 | **道路路灯线缆清理 | 913 |
| 6 | 5 | 本地网 | 本地 | 道路光缆维修 | 2123 |
| 8 | 7 | 本地网 | 本地 | **寺河边光缆线路整治 | 1119.4 |
| 9 | 8 | 本地网 | 周边 | **村道路抢修 | 1584 |
| 10 | 9 | 本地网 | 本地 | 河埠路路口基站搬迁 | 1584 |
| 12 | 11 | 本地网 | 本地 | **村光缆线路整治 | 1386 |
| 15 | 14 | 本地网 | 本地 | **镇光缆终端改接工程 | 2376 |
| 17 | 16 | 本地网 | 本地 | 双河至施桥光缆线路整治 | 904.2 |
| 19 | 18 | 本地网 | 周边 | **桥光缆线路整修 | 911 |
| 21 | 20 | 本地网 | 周边 | **镇光缆线路整修 | 1391 |
| 22 | 21 | 本地网 | 本地 | **小学光缆线路抢修 | 3211 |
| 23 | 22 | 本地网 | 本地 | **桥光缆线路整修 | 960 |
| 34 | | | | | |
| 35 | | 区域 | 费用预算 | | |
| 36 | | 本地 | >900 | | |

图 3-67　筛选条件

（8）将光标定位在数据区域的任意一个单元格中，单击"排序和筛选"功能区的"高级"按钮，如图 6-68 所示。

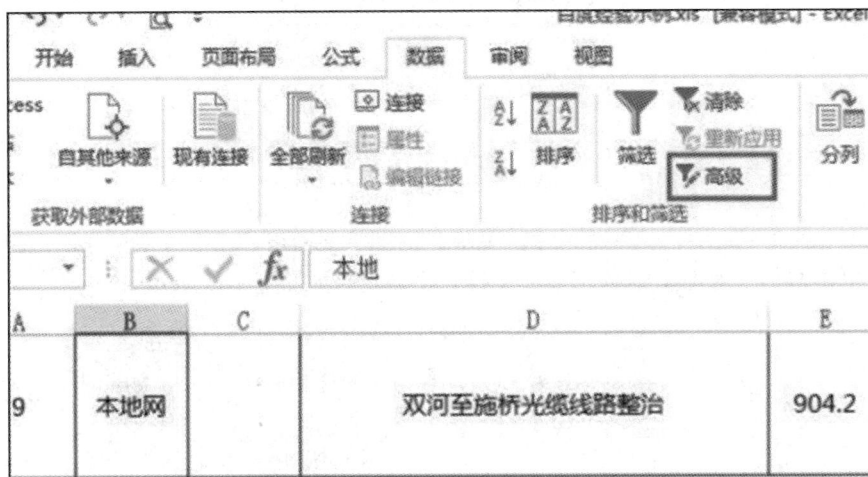

图 3-68　单击"高级"按钮

（9）弹出"高级筛选"对话框，选中"在原有区域显示筛选结果"选项，然后单击"条件区域"文本框右侧的"折叠"按钮，如图 6-69 所示。

（10）弹出"高级筛选-条件区域："对话框，在工作表选择条件区域 B35：C36，如图 3-70 所示。

（11）选择完毕，单击"展开"按钮，返回"高级筛选"对话框，此时即可在"条件区域"文本框中显示出条件区域的范围，如图 3-71 所示。

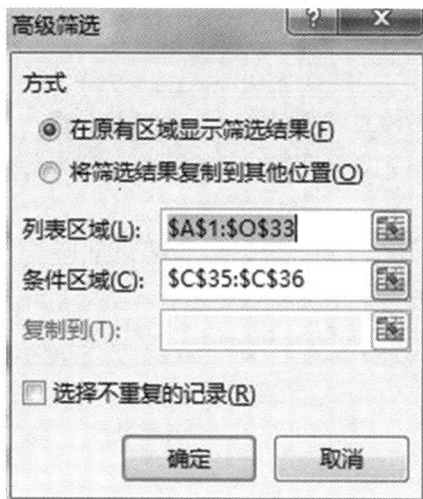

图 3-69　单击"折叠"按钮

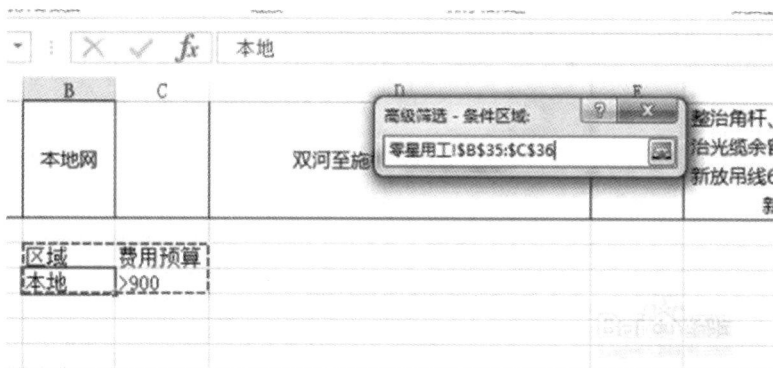

图 3-70　选择条件区域

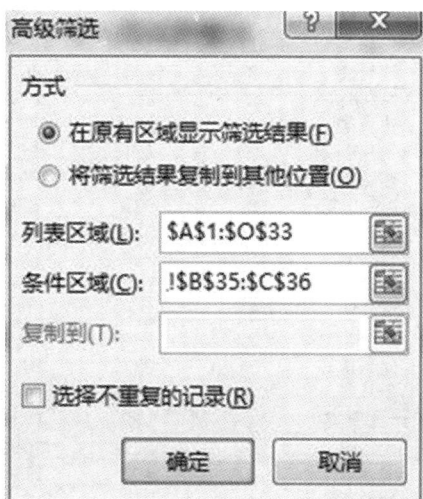

图 3-71　显示条件区域的范围

（12）单击"确定"按钮返回 Excel 2016 文档，设置效果如图 3-72 所示。

| | A | B | C | D | E |
|---|---|---|---|---|---|
| 1 | 序号 | 网络类型 | 区域 | 基础建设项目 | 费用预算 |
| 2 | 1 | 本地网 | 本地 | **小学水塔线路维修 | 1320 |
| 3 | 2 | 本地网 | 本地 | **道路路灯线缆清理 | 913 |
| 6 | 5 | 本地网 | 本地 | 道路光缆维修 | 2123 |
| 8 | 7 | 本地网 | 本地 | **寺河边光缆线路整治 | 1119.4 |
| 10 | 9 | 本地网 | 本地 | 河堤路路口基站搬迁 | 1584 |
| 12 | 11 | 本地网 | 本地 | **村光缆线路整治 | 1386 |
| 15 | 14 | 本地网 | 本地 | **镇光缆终端改接工程 | 2376 |
| 17 | 16 | 本地网 | 本地 | 双河至施桥光缆线路整治 | 904.2 |
| 22 | 21 | 本地网 | 本地 | **小学光缆线路抢修 | 3211 |
| 23 | 22 | 本地网 | 本地 | **桥光缆线路整修 | 960 |

图 3-72　设置效果

### 3.4.3　分类汇总

分类汇总是用户根据需求，对工作表数据中的某个字段进行分类，统计出同一类的相关信息，分类汇总的结果插入到相应类别数据行的最上端和最下端。Excel 2016 提供了求和、平均值、最大值、最小值等汇总函数。值得注意的是，在分类汇总之前，要根据一个以上的字段进行排序。

例如，对工作表"某图书销售公司销售情况表"的数据内容进行分类汇总，原表如图 3-73 所示。分类汇总前先按主要关键字"经销部门"进行升序排序，次要关键字"图书类别"进行升序排序。分类字段为"经销部门"，汇总方式为"求和"，汇总项为"销售额"，汇总结果显示在数据下方，将执行分类汇总后的工作表保存在原工作表。

| | A | B | C | D | E | F |
|---|---|---|---|---|---|---|
| 1 | 某图书销售公司销售情况表 | | | | | |
| 2 | 经销部门 | 图书类别 | 季度 | 数量（册） | 销售额（元） | 销售量排名 |
| 3 | 第1分部 | 少儿类 | 1 | 220 | 15400 | 11 |
| 4 | 第2分部 | 计算机类 | 1 | 103 | 7400 | 21 |
| 5 | 第2分部 | 少儿类 | 1 | 201 | 14100 | 15 |
| 6 | 第2分部 | 社科类 | 1 | 167 | 8350 | 19 |
| 7 | 第1分部 | 社科类 | 2 | 435 | 21750 | 1 |
| 8 | 第2分部 | 计算机类 | 2 | 256 | 17920 | 8 |
| 9 | 第2分部 | 社科类 | 2 | 211 | 10550 | 14 |
| 10 | 第3分部 | 少儿类 | 2 | 321 | 9630 | 6 |
| 11 | 第3分部 | 社科类 | 2 | 242 | 7260 | 9 |
| 12 | 第1分部 | 计算机类 | 3 | 323 | 22610 | 5 |
| 13 | 第1分部 | 社科类 | 3 | 324 | 16200 | 4 |
| 14 | 第2分部 | 计算机类 | 3 | 234 | 16380 | 10 |
| 15 | 第2分部 | 少儿类 | 3 | 177 | 12400 | 18 |
| 16 | 第2分部 | 少儿类 | 3 | 155 | 10900 | 20 |
| 17 | 第3分部 | 社科类 | 3 | 189 | 9450 | 17 |
| 18 | 第3分部 | 社科类 | 3 | 287 | 14350 | 7 |
| 19 | 第1分部 | 少儿类 | 4 | 342 | 10260 | 3 |
| 20 | 第2分部 | 计算机类 | 4 | 192 | 13450 | 16 |
| 21 | 第2分部 | 社科类 | 4 | 219 | 10950 | 12 |
| 22 | 第3分部 | 少儿类 | 4 | 432 | 12960 | 2 |
| 23 | 第3分部 | 社科类 | 4 | 213 | 10650 | 13 |

图 3-73　分类汇总原表

具体实现过程如下：

① 打开"某图书销售公司销售情况表"。

② 选中数据区域中任意一个单元格，单击"数据"选项卡"排序和筛选"功能区中的"排序"按钮，选择"添加条件"，在"主要关键字"下拉列表中选择"经销部门"，"次序"选择"升序"，"次要关键字"下拉列表中选择"图书类别"，"次序"选择"升序"。如图 3-74 所示。单击"确定"按钮即可完成分类汇总之前的排序。

图 3-74 "排序"条件

③ 单击"数据"选项卡"分级显示"功能区中的"分类汇总"按钮，在弹出的对话框中设置"分类字段"为"经销部门"，"汇总方式"为"求和"，"选定汇总项"为"销售额"，勾选"汇总结果显示在数据下方"选项，如图 3-75 所示。设置完成后单击"确定"按钮即可，分类汇总后的结果如图 3-76 所示。

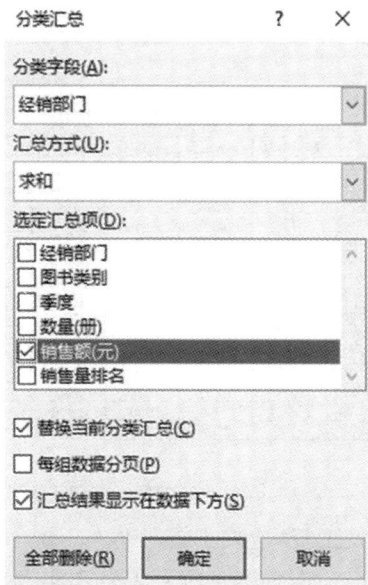

图 3-75 "分类汇总"对话框

| | A | B | C | D | E | F |
|---|---|---|---|---|---|---|
| 1 | 某图书销售公司销售情况表 | | | | | |
| 2 | 经销部门 | 图书类别 | 季度 | 数量（册） | 销售额（元） | 销售量排名 |
| 3 | 第1分部 | 计算机类 | 3 | 323 | 22610 | 5 |
| 4 | 第1分部 | 少儿类 | 1 | 220 | 15400 | 11 |
| 5 | 第1分部 | 少儿类 | 4 | 342 | 10260 | 3 |
| 6 | 第1分部 | 社科类 | 2 | 435 | 21750 | 1 |
| 7 | 第1分部 | 社科类 | 3 | 324 | 16200 | 4 |
| 8 | **第1分部 汇总** | | | | 86220 | |
| 9 | 第2分部 | 计算机类 | 1 | 103 | 7400 | 21 |
| 10 | 第2分部 | 计算机类 | 2 | 256 | 17920 | 8 |
| 11 | 第2分部 | 计算机类 | 3 | 234 | 16380 | 10 |
| 12 | 第2分部 | 计算机类 | 4 | 192 | 13450 | 16 |
| 13 | 第2分部 | 少儿类 | 1 | 201 | 14100 | 15 |
| 14 | 第2分部 | 少儿类 | 3 | 177 | 12400 | 18 |
| 15 | 第2分部 | 少儿类 | 3 | 155 | 10900 | 20 |
| 16 | 第2分部 | 社科类 | 1 | 167 | 8350 | 19 |
| 17 | 第2分部 | 社科类 | 2 | 211 | 10550 | 14 |
| 18 | 第2分部 | 社科类 | 4 | 219 | 10950 | 12 |
| 19 | **第2分部 汇总** | | | | 122400 | |
| 20 | 第3分部 | 少儿类 | 2 | 321 | 9630 | 6 |
| 21 | 第3分部 | 少儿类 | 4 | 432 | 12960 | 2 |
| 22 | 第3分部 | 社科类 | 2 | 242 | 7260 | 9 |
| 23 | 第3分部 | 社科类 | 3 | 189 | 9450 | 17 |
| 24 | 第3分部 | 社科类 | 3 | 287 | 14350 | 7 |
| 25 | 第3分部 | 社科类 | 4 | 213 | 10650 | 13 |
| 26 | **第3分部 汇总** | | | | 64300 | |
| 27 | **总计** | | | | 272920 | |

图 3-76　分类汇总结果

## 3.4.4　制作“教师工资表”

通过制作“教师工资表”，巩固前面所学的新建工作簿、输入数据、使用公式计算工作表中的数据、自动筛选、高级筛选、分类汇总和排序等操作。

具体要求如下所示：

(1) 按照图 3-77 的文字内容输入“2015 年 9 月份教师工资表”的基本信息，字段包括工号、姓名、部门等。工作表以“2015 年 9 月份教师工资表”命名保存。

| | A | B | C | D | E | F | G | H | I | J |
|---|---|---|---|---|---|---|---|---|---|---|
| 1 | **2015年9月份教师工资表** | | | | | | | | | |
| 2 | 工号 | 姓名 | 部门 | 职务等级 | 基本工资 | 生活补贴 | 岗位津贴 | 个人所得税 | 应发工资 | 实发工资 |
| 3 | 2014003 | 王鹏 | 行政部 | 科员 | 2400 | 300 | 700 | 190 | | |
| 4 | 2010022 | 汪洋 | 理学院 | 讲师 | 2200 | 300 | 700 | 170 | | |
| 5 | 2010011 | 郑凯 | 理学院 | 讲师 | 2200 | 300 | 700 | 170 | | |
| 6 | 2009010 | 李爽双 | 信息学院 | 教授 | 3800 | 1000 | 2000 | 530 | | |
| 7 | 2013020 | 赵颖 | 信息学院 | 讲师 | 2200 | 300 | 700 | 170 | | |
| 8 | 2014021 | 马西 | 管理学院 | 副教授 | 3000 | 500 | 1000 | 300 | | |
| 9 | 2015001 | 陆贞 | 行政部 | 科员 | 2400 | 300 | 700 | 190 | | |
| 10 | 2012014 | 吴照 | 政治学院 | 讲师 | 2200 | 300 | 700 | 170 | | |
| 11 | 2011100 | 刘思 | 理学院 | 讲师 | 2200 | 300 | 700 | 170 | | |
| 12 | 2010340 | 张海洋 | 经济学院 | 教授 | 3800 | 1000 | 2000 | 530 | | |
| 13 | 2012123 | 马丽丽 | 法学院 | 科员 | 2400 | 300 | 700 | 190 | | |
| 14 | 2013432 | 吴泽宇 | 行政部 | 科员 | 2400 | 300 | 700 | 190 | | |
| 15 | 2011435 | 曾晓鹏 | 经济学院 | 讲师 | 2200 | 300 | 700 | 170 | | |
| 16 | 2015980 | 刘刘 | 法学院 | 副教授 | 3000 | 500 | 1000 | 300 | | |
| 17 | 2015002 | 司仪照 | 法学院 | 讲师 | 2200 | 300 | 700 | 170 | | |

图 3-77　“2015 年 9 月份教师工资表”的基本信息

(2) 使用所学公式计算应发工资(应发工资＝基本工资＋生活补贴＋岗位津贴)和实发工资(实发工资＝应发工资－个人所得税)。应发工资和实发工资为数值型数据、保留小数点后 1 位有效数字。

(3) 按“职务等级”对工作表进行升序排列；按“部门”进行升序排列。

(4) 在 Sheet2 中粘贴“2015 年 9 月份教师工资表”的基本信息，利用自动筛选筛选出

"职务等级"为教授、所属部门为"经济学院"的教师信息。

（5）在 Sheet3 中粘贴"2015 年 9 月份教师工资表"的基本信息，利用高级筛选筛选出所属部门为"理学院"或者基本工资大于 3000 的教师信息。

（6）在 Shcet4 中粘贴"2015 年 9 月份教师工资表"的基本信息，对"2015 年 9 月份教师工资表"进行分类汇总，其中分类字段为"部门"，汇总方式为"平均值"，选定汇总项为"实发工资"，汇总结果显示在数据下方，将执行分类汇总后的工作表保存在原工作表。

具体操作步骤如下所示：

（1）打开 Excel 应用程序，默认新建一个工作簿，保存工作簿。单击"文件"选项卡中"保存"命令，改变文件保存路径，修改文件名为"2015 年 9 月份教师工资表"，单击"保存"命令即可。参照图 3-77 所示输入数据，并将标题行合并单元格。

（2）计算应发工资和实发工资。设置单元格数据格式，选中要设置的数据区域，单击鼠标右键，在弹出的快捷菜单中选择"设置单元格格式"命令，在弹出的子菜单中选择"数字"选项卡中的"数值"选项，"小数位数"选择"1"，按"确定"按钮即可。设置单元格格式如图 3-78 所示，计算结果如图 3-79、图 3-80 所示。

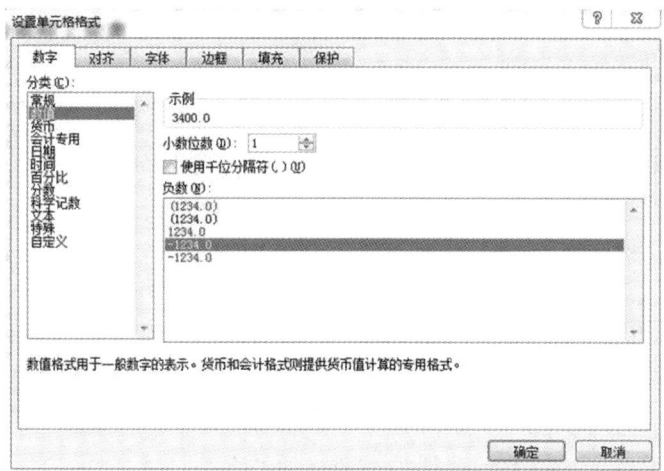

图 3-78 "设置单元格格式"对话框

图 3-79 计算应发工资结果

图 3-80 计算实发工资结果

（3）对数据表进行排序。选中数据区域任意单元格，单击"数据"选项卡的"排序和筛选"功能区中的"排序"按钮，在弹出的子菜单中选择"添加条件"，选择"主要关键字"列的列名为"职务等级"，排序依据默认，排序"次序"为"升序"。"次要关键字"为"部门"，排序依据默认，排序"次序"为"升序"。设置完成后单击"确定"按钮即可完成排序，设置条件如图 3-81 所示。

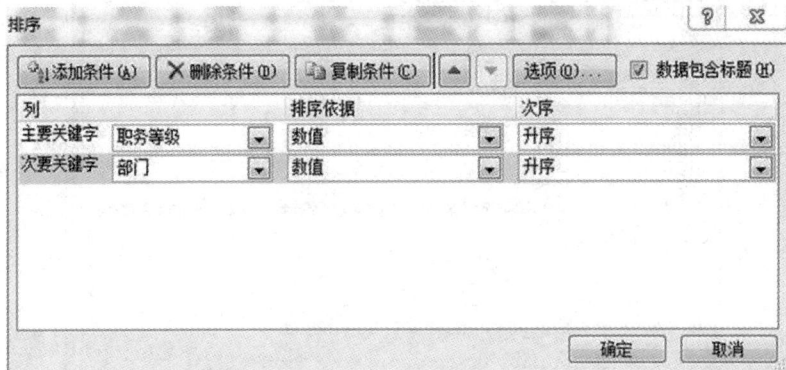

图 3-81 "排序"条件设置

（4）将排序后的工作表全部复制，并粘贴到 Sheet2、Sheet3、Sheet4 工作表中，在 Sheet2 中，选中数据区域中任意单元格，单击"数据"选项卡"排序和筛选"功能区中的"筛选"按钮。单击"职务等级"的下拉箭头 ⌄ ，在弹出的子菜单中只勾选"教授"选项，随后单击"确定"按钮即可，如图 3-82 所示。

同样的方法筛选出所属部门为经济学院的教师信息，筛选结果如图 3-83 所示。

（5）在 Sheet3 中，条件区域为 A18:B20，条件区域如图 3-83 所示。

单击"数据"选项卡"排序和筛选"功能区中的"高级"按钮，弹出"高级筛选"对话框。在"方式"选项中选择第一个单选按钮，在列表区域中选择要筛选的数据列表，条件区域中选择高级筛选条件，粘贴到选择筛选后的结果存储区域，筛选结果如图 3-85 所示。

（6）在 Sheet4 中，单击"数据"选项卡"分级显示"功能区中的"分类汇总"按钮，在弹出的对话框中设置"分类字段"为"部门"，"汇总方式"为"平均值"，"选定汇总项"为"实发工资"，勾选"汇总结果显示在数据下方"选项，如图 3-86 所示。设置完成后单击"确定"按钮即可。

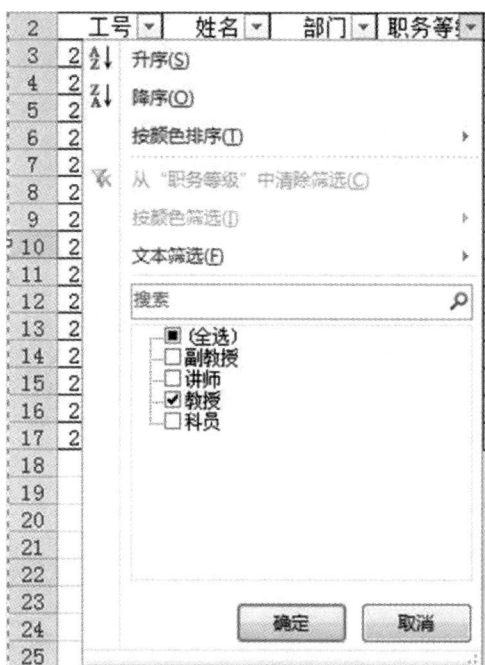

图 3－82 自动筛选“职务等级”为“教师”的条件

| | A | B | C | D | E | F | G | H | I | J |
|---|---|---|---|---|---|---|---|---|---|---|
| 1 | 2015年9月份教师工资表 | | | | | | | | | |
| 2 | 工号 | 姓名 | 部门 | 职务等级 | 基本工资 | 生活补贴 | 岗位津贴 | 个人所得税 | 应发工资 | 实发工资 |
| 12 | 2010340 | 张海洋 | 经济学院 | 教授 | 3800 | 1000 | 2000 | 530 | 6800.0 | 6270.0 |

图 3－83 自动筛选最终结果

| | | |
|---|---|---|
| 18 | 部门 | 基本工资 |
| 19 | 理学院 | |
| 20 | | >3000 |

图 3－84 高级筛选条件区域

| | A | B | C | D | E | F | G | H | I | J |
|---|---|---|---|---|---|---|---|---|---|---|
| 1 | 2015年9月份教师工资表 | | | | | | | | | |
| 2 | 工号 | 姓名 | 部门 | 职务等级 | 基本工资 | 生活补贴 | 岗位津贴 | 个人所得税 | 应发工资 | 实发工资 |
| 7 | 2010022 | 汪洋 | 理学院 | 讲师 | 2200 | 300 | 700 | 170 | 3200.0 | 3030.0 |
| 8 | 2010011 | 郑凯 | 理学院 | 讲师 | 2200 | 300 | 700 | 170 | 3200.0 | 3030.0 |
| 9 | 2011100 | 刘思 | 理学院 | 讲师 | 2200 | 300 | 700 | 170 | 3200.0 | 3030.0 |
| 12 | 2010340 | 张海洋 | 经济学院 | 教授 | 3800 | 1000 | 2000 | 530 | 6800.0 | 6270.0 |
| 13 | 2009010 | 李爽双 | 信息学院 | 教授 | 3800 | 1000 | 200 | 530 | 5000.0 | 4470.0 |
| 18 | 部门 | 基本工资 | | | | | | | | |
| 19 | 理学院 | | | | | | | | | |
| 20 | | >3000 | | | | | | | | |

图 3－85 高级筛选最终结果

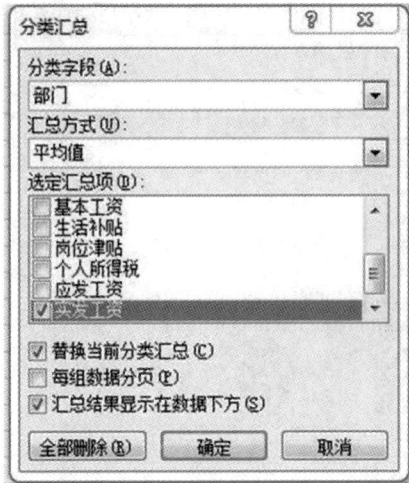

图 3-86 "分类汇总"条件

分类汇总后的结果如图 3-87 所示。

| | | A | B | C | D | E | F | G | H | I | J |
|---|---|---|---|---|---|---|---|---|---|---|---|
| 1 | | | | | 2015年9月份教师工资表 | | | | | | |
| 2 | | 工号 | 姓名 | 部门 | 职务等级 | 基本工资 | 生活补贴 | 岗位津贴 | 个人所得税 | 应发工资 | 实发工资 |
| 3 | | 2015980 | 刘刘 | 法学院 | 副教授 | 3000 | 500 | 1000 | 300 | 4500.0 | 4200.0 |
| 4 | | | | 法学院 平均值 | | | | | | | 4200.0 |
| 5 | | 2014021 | 马西 | 管理学院 | 副教授 | 3000 | 500 | 100 | 300 | 3600.0 | 3300.0 |
| 6 | | | | 管理学院 平均值 | | | | | | | 3300.0 |
| 7 | | 2015002 | 司仪照 | 法学院 | 讲师 | 2200 | 300 | 700 | 170 | 3200.0 | 3030.0 |
| 8 | | | | 法学院 平均值 | | | | | | | 3030.0 |
| 9 | | 2011435 | 曾晓鹏 | 经济学院 | 讲师 | 2200 | 300 | 700 | 170 | 3200.0 | 3030.0 |
| 10 | | | | 经济学院 平均值 | | | | | | | 3030.0 |
| 11 | | 2010022 | 汪洋 | 理学院 | 讲师 | 2200 | 300 | 700 | 170 | 3200.0 | 3030.0 |
| 12 | | 2010011 | 郑凯 | 理学院 | 讲师 | 2200 | 300 | 700 | 170 | 3200.0 | 3030.0 |
| 13 | | 2011100 | 刘思 | 理学院 | 讲师 | 2200 | 300 | 700 | 170 | 3200.0 | 3030.0 |
| 14 | | | | 理学院 平均值 | | | | | | | 3030.0 |
| 15 | | 2013020 | 赵颖 | 信息学院 | 讲师 | 2200 | 300 | 700 | 170 | 3200.0 | 3030.0 |
| 16 | | | | 信息学院 平均值 | | | | | | | 3030.0 |
| 17 | | 2012014 | 吴照 | 政治学院 | 讲师 | 2200 | 300 | 700 | 170 | 3200.0 | 3030.0 |
| 18 | | | | 政治学院 平均值 | | | | | | | 3030.0 |
| 19 | | 2010340 | 张海洋 | 经济学院 | 教授 | 3800 | 1000 | 2000 | 530 | 6800.0 | 6270.0 |
| 20 | | | | 经济学院 平均值 | | | | | | | 6270.0 |
| 21 | | 2009010 | 李爽双 | 信息学院 | 教授 | 3800 | 1000 | 200 | 530 | 5000.0 | 4470.0 |
| 22 | | | | 信息学院 平均值 | | | | | | | 4470.0 |
| 23 | | 2012123 | 马丽丽 | 法学院 | 科员 | 2400 | 300 | 700 | 190 | 3400.0 | 3210.0 |
| 24 | | | | 法学院 平均值 | | | | | | | 3210.0 |
| 25 | | 2014003 | 王鹏 | 行政部 | 科员 | 2400 | 300 | 700 | 190 | 3400.0 | 3210.0 |
| 26 | | 2015001 | 陆贞 | 行政部 | 科员 | 2400 | 300 | 700 | 190 | 3400.0 | 3210.0 |
| 27 | | 2013432 | 吴泽宇 | 行政部 | 科员 | 2400 | 300 | 700 | 190 | 3400.0 | 3210.0 |
| 28 | | | | 行政部 平均值 | | | | | | | 3210.0 |
| 29 | | | | 总计平均值 | | | | | | | 3486.0 |

图 3-87 分类汇总最终结果

# 任务3.5 图表操作

图表是将工作表中的数据以图的形式表现出来，使数据更加直观、易懂。图形能准确反映数据之间的关系，帮助用户直接地观察数据的分布情况和变化趋势，从而正确地得出结论。当工作表中的数据发生变化时，图表中对应项的数据也会自动更新，除此之外，Excel 2016 还能够将数据创建为数据图，可以插入、描绘各种图形，使工作表中的数据、文字、图形并茂。

## 3.5.1　创建图表

### 1. Excel 2016 中的图表

Excel 2016 为用户提供了多种内部的图表类型，每一种类型又有多种子类型，还提供了自定义图表，用户可以根据实际需求，选择系统提供的图表或者自定义图表。在这些图表中包括二维表和三维表两种。用户可以在"插入"选项卡的"图表"功能区进行选择。

### 2. 图表类型

Excel 2016 为用户提供了包括柱形图、折线图、饼图、条形图、面积图、XY 散点图等图表类型，如图 3-88 所示。常用的图表及具体功能有以下几种。

图 3-88　图表的分类

（1）柱形图：可显示一段时间内的数据变化或显示各项之间的比较情况。

（2）折线图：可显示随时间变化的连续数据，适用于显示在相等时间间隔下数据的趋势。

（3）饼图：可显示一个数据系列中各项的大小与各项总和的比例。饼图中的数据点显示为整个饼图的百分比。

（4）条形图：可显示各个项目之间的比较情况。

（5）面积图：强调数量随时间变化的程度，能够引起用户对总值变化趋势的注意。

（6）XY 散点图：可显示若干数据系列中各数值之间的关系，也可以将两组数绘制为 $x$、$y$ 坐标图。

（7）其他图表：其他图表包括股价图、曲面图、雷达图、旭日图、直方图、箱形图、瀑布图、树状图和组合图等。

## 3.5.2　图表组成

图表由许多部分组成，包括图表区、绘图区、图表标题、坐标轴、数据系列和图例等，如图 3-89 所示。其中图表标题、坐标轴标题、图例都在"图表工具"选项卡的"标签"功能

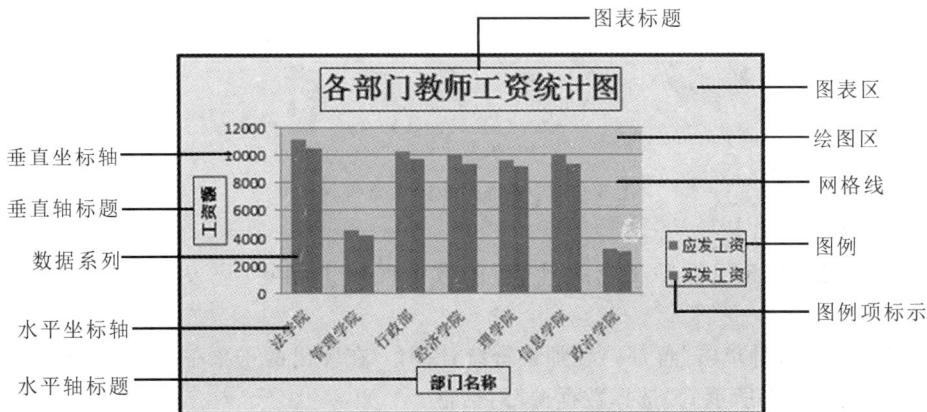

图 3-89　图表的组成

区中。坐标轴和网格线在"坐标轴"功能区中。在饼图或其他图表中经常用到百分比显示具体数据，可在"标签"功能区中的"数据标签"选项中设置。

### 3.5.3 图表的编辑

根据实际情况修改图表各组成部分的格式可以得到表现力更强的图表，对图表的编辑通常包括更改图表数据区域、更改图表类型、更改图表布局及样式等。

**1. 更改图表数据区域**

在此编辑项中可以重新选择数据源、切换图表行和列、编辑图例项和编辑水平轴标签。例如，要求去掉"各部门教师工资统计图"中"应发工资"项，如图3-90所示。

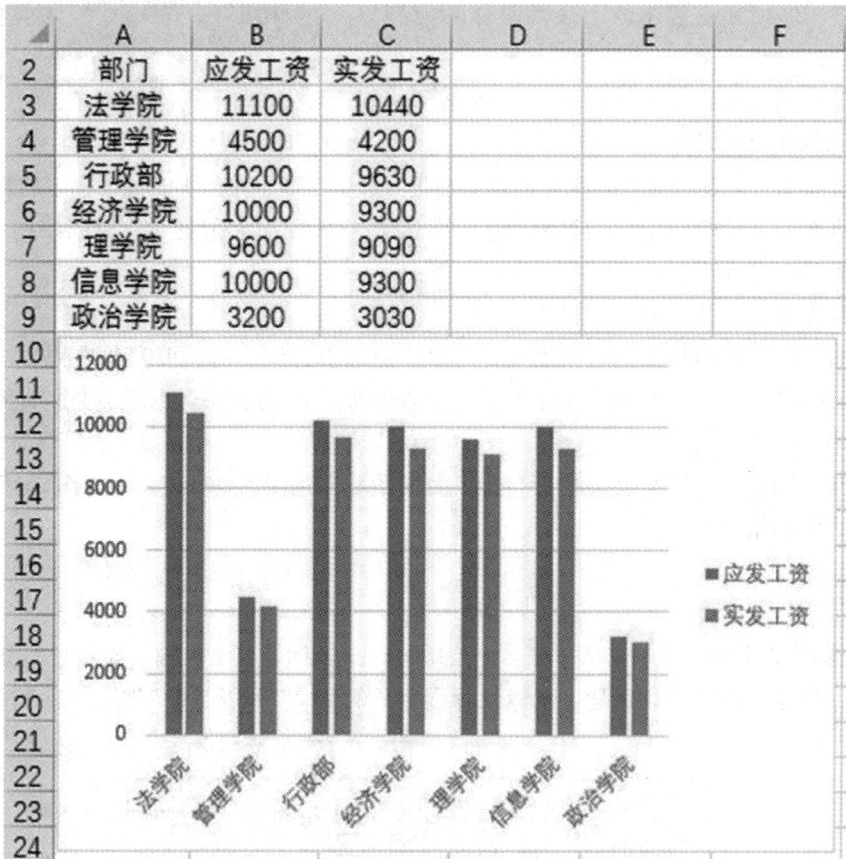

图3-90 各部门教师工资统计图

具体实现过程如下：

方法一：在"各部门教师工资统计表"的数据区域中删除"应发工资"列，即可完成操作。

方法二：① 右键单击"各部门教师工资统计图"，在弹出的子菜单中选择"选择数据"选项，弹出如图3-91所示的"选择数据源"对话框。

② 在"选择数据源"对话框的"图例项"中选择"应发工资"，然后单击"删除"按钮，即可去掉"应发工资"项，得到如图3-92所示图表。

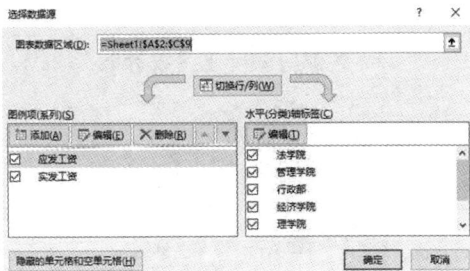

图3-91 "选择数据源"对话框

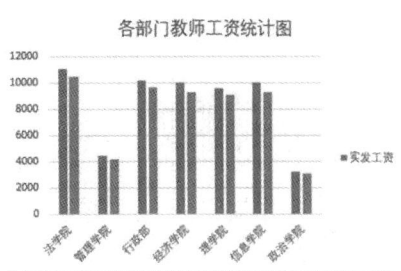

图3-92 去掉"应发工资"的图

### 2. 更改图表类型

在实际应用过程中，为了更加清晰地表示数据的趋势，用户可以根据需求更改图表的类型。例如，将图3-90由簇状柱形图改为簇状水平圆柱图。

具体操作步骤：右键单击"各部门教师工资统计图"，在弹出的子菜单中选择"更改图表类型"选项，弹出如图3-93所示的"更改图表类型"对话框，在对话框中选择"三维饼图"，即可得到如图3-94所示图表。

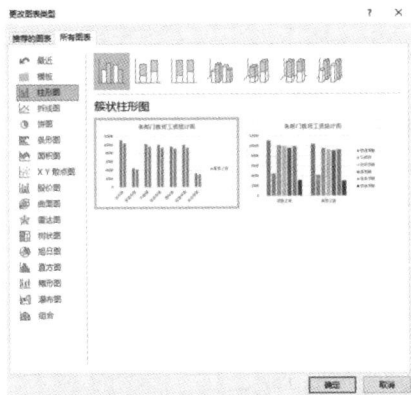

图3-93 "更改图表类型"对话框

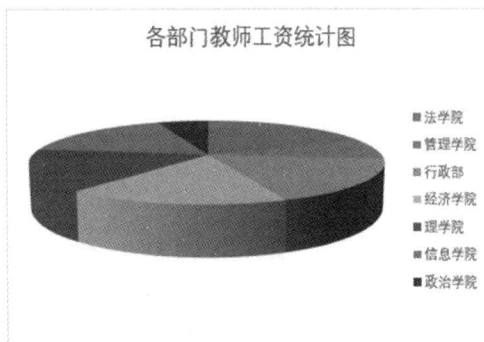

图3-94 "各部门教师工资统计图"三维饼图

### 3. 更改图表布局及样式

Excel 2016为用户提供了多种图表的布局方式和样式，用户可以根据自己的实际需要进行选择和更改。例如，将图3-94的图表布局由"布局7"改为"布局1"。图表样式由"样式1"改为"样式3"。

具体操作步骤：选中图表，出现"图表工具"菜单，如图3-95所示，单击"设计"选项卡"图表布局"功能区中的"布局5"，得到如图3-96所示图表。在"设计"选项卡的"图表样式"功能区中选择"样式3"，得到如图3-97所示图表。

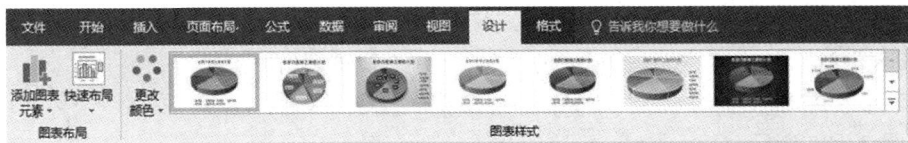

图3-95 图表工具菜单

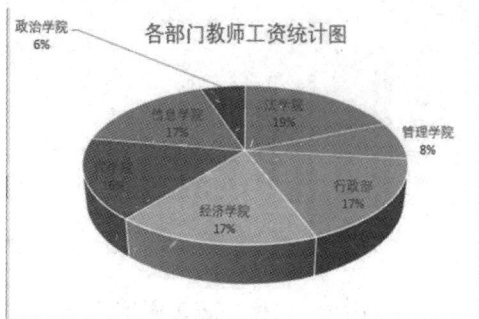

图 3-96 "布局 1"的"各部门教师工资统计图"

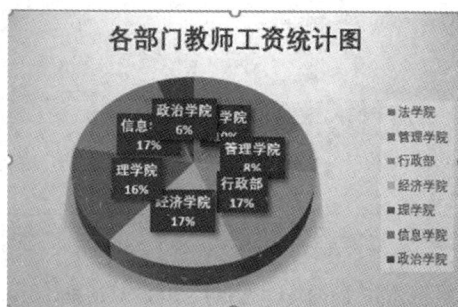

图 3-97 "样式 3"的"各部门教师工资统计图"

### 3.5.4 制作"食堂 3 月销售情况图"

通过制作"食堂 3 月销售情况图",巩固前面所学的按照要求建立图表、给图表添加标题,设置图例、数据标签、设置序列格式,设置图表区格式。具体要求如下:

(1)按照图 3-98 所示,在数据区域选取"部门名称"列和"所占比例"列建立销售情况的二维分离型饼图。

| | A | B | C | D |
|---|---|---|---|---|
| 1 | 食堂3月销售情况表 | | | |
| 2 | 序号 | 部门名称 | 销售额 | 所占比例 |
| 3 | 1 | 1号窗口 | 10000 | 13.0% |
| 4 | 2 | 2号窗口 | 12000 | 15.6% |
| 5 | 3 | 3号窗口 | 15000 | 19.5% |
| 6 | 4 | 4号窗口 | 11000 | 14.3% |
| 7 | 5 | 5号窗口 | 9000 | 11.7% |
| 8 | 6 | 6号窗口 | 20000 | 26.0% |

图 3-98 食堂 3 月销售情况表

(2)在图表的上方添加标题,标题的名称为"食堂 3 月销售情况图",字体格式为"宋体,16 磅"。

(3)图例位置置于底部。

(4)添加数据标签,设置数据标签属性。标签包含:值;标签位置:数据标签外。

(5)设置数据序列格式,饼图分离程度为 20%,阴影为预设"左上斜偏移"。

(6)设置图表区格式,图表背景颜色为:深蓝,淡色 80%。

具体操作过程如下:

(1)按照图 3-98 所示输入数据,选取"部门名称"列和"所占比例"列,单击"插入"选项卡"图表"功能区中的"饼图"按钮,选择"二维分离型饼图"命令。

(2)修改饼图标题为"食堂 3 月销售情况图",选中标题,设置字体为"宋体,16 磅",结果如图 3-99 所示。

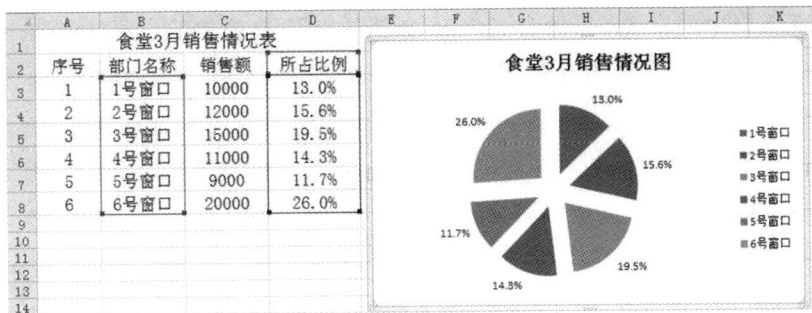

图3-99　建立食堂3月销售情况图

（3）右键单击"图例"，在弹出的子菜单中选择"设置图例格式"命令项，修改图例位置为"底部"。

（4）添加数据标签。鼠标右键单击"系列"，在弹出的子菜单中选择"添加数据标签"命令项，右键单击刚添加的"数据标签"，在弹出的子菜单中选择"设置数据标签格式"，弹出如图3-100所示对话框，设置标签包含为"值"，标签位置为"数据标签外"，设置结果如图3-101所示。

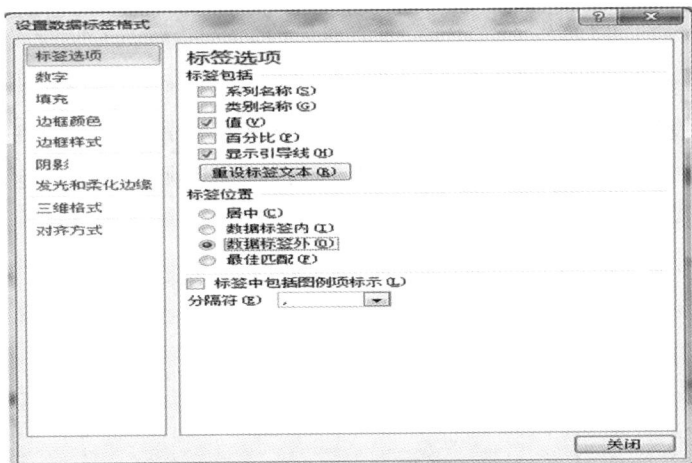

图3-100　"设置数据标签格式"对话框

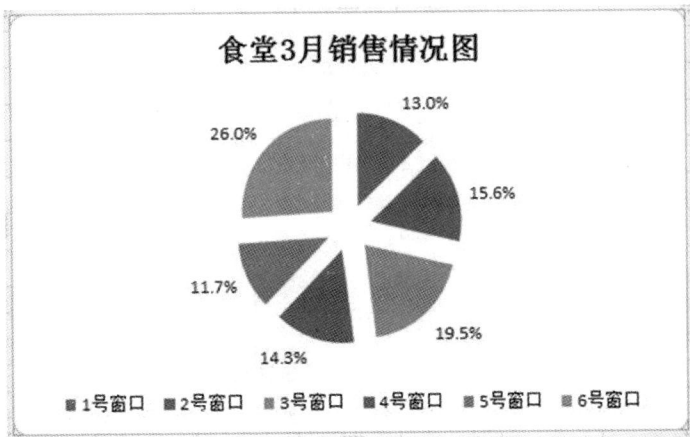

图3-101　设置数据标签的饼图效果图

（5）设置数据序列格式。鼠标右键单击"数据系列"，在弹出的子菜单中选择"设置数据系列格式"命令项，在弹出的对话框中设置饼图分离程度为"20％"，阴影预设为"左上斜偏移"，如图 3–102、图 3–103 所示。

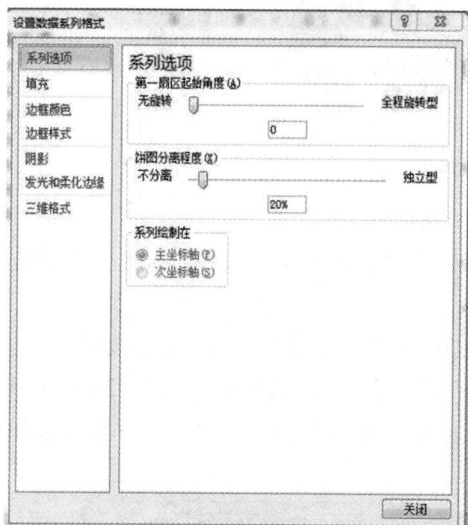

图 3–102  设置饼图分离程度

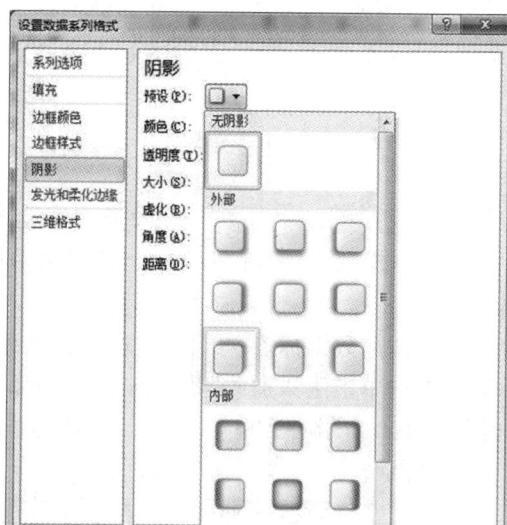

图 3–103  设置阴影效果

（6）设置图表区格式。鼠标右键单击图表空白处，在弹出的子菜单中选择"设置图表区格式"命令项，在弹出的对话框中选择"纯色填充"，填充颜色选择"深蓝，文字 2，淡色 80％"，设置图表区格式如图 3–104 所示。

图 3–104  设置图表区格式

（7）完成图表的设置后，单击"保存"按钮，"食堂 3 月销售情况图"的图表就制作完成，如图 3–105 所示。

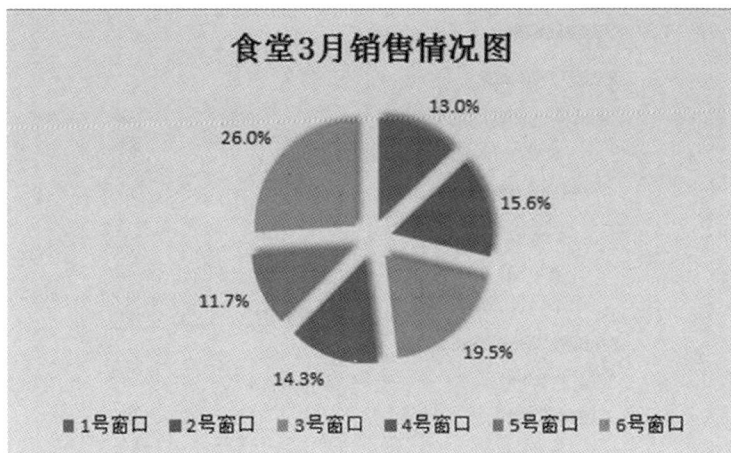

图 3－105　"食堂3月销售情况图"最终结果

# 任务 3.6　数据透视表和数据透视图

　　数据透视表和数据透视图是对大量数据快速汇总和建立交叉图表的交互式动态图表，用户可以在其中进行求和、计数等。数据透视表和数据透视图可以帮助用户分析、组织既有数据，是 Excel 2016 中数据分析的重要组成部分。

## 3.6.1　数据透视表的创建

### 1．创建数据透视表

　　下面通过具体案例来说明创建数据透视表的过程。例如，根据工作表"图书订购单"内数据清单的内容建立数据透视表，按行标签为"使用学期"和"出版社"，数据为"定价"和"数量"求和布局，数据透视表置于现工作表的 A14:C31 单元格区域，并保存于原工作表。工作表如图 3－106 所示。

| | A | B | C | D | E | F | G | H | I |
|---|---|---|---|---|---|---|---|---|---|
| 1 | | | | 图书订购单 | | | | | |
| 2 | 序号 | 书名 | 作者 | 出版社 | ISBN | 出版日期 | 定价 | 数量 | 使用学期 |
| 3 | 1 | 计算机导论 | 陈明 | 清华大学出版社 | 9787302182 | 2009/3/1 | 28 | 50 | 第1学期 |
| 4 | 2 | Java 语言程序设计 | 郎波 | 清华大学出版社 | 9787302102 | 2005/6/1 | 38 | 30 | 第2学期 |
| 5 | 3 | 嵌入式系统基础教程(第2版) | 俞建新 | 机械工业出版社 | 9787111472 | 2015/1/1 | 49 | 30 | 第3学期 |
| 6 | 4 | 大学计算机基础教程 | 赵莉 | 机械工业出版社 | 9787111472 | 2014/9/1 | 37 | 45 | 第1学期 |
| 7 | 5 | 大学计算机基础实验教程 | 方昊 | 机械工业出版社 | 9787111472 | 2014/9/1 | 26 | 45 | 第1学期 |
| 8 | 6 | PHP实用教程 (第2版) | 郑阿奇 | 电子工业出版社 | 9787121242 | 2014/9/1 | 45 | 52 | 第3学期 |
| 9 | 7 | 笔记本电脑维修高级教程 (芯片级) | 唐学斌 | 电子工业出版社 | 9787121112 | 2010/8/1 | 32 | 35 | 第2学期 |
| 10 | 8 | 电脑组装、维修、反病毒(第4版) | 胡存生 | 电子工业出版社 | 9787121082 | 2009/2/1 | 32 | 38 | 第2学期 |
| 11 | 9 | SQL Server实用教程 (第4版) | 刘启芬 | 电子工业出版社 | 9787121232 | 2014/8/1 | 39 | 60 | 第2学期 |
| 12 | 10 | 软件工程概论 第2版 | 郑人杰 | 机械工业出版社 | 9787111472 | 2014/11/1 | 45 | 30 | 第3学期 |

图 3－106　图书订购单

　　选择创建数据透视表的数据区域后具体操作步骤如下：

　　（1）鼠标单击"插入"选项卡"表格"功能区中的"数据透视表"按钮，选中"数据透视表"命令，会弹出"创建数据透视表"对话框，如图 3－107 所示。

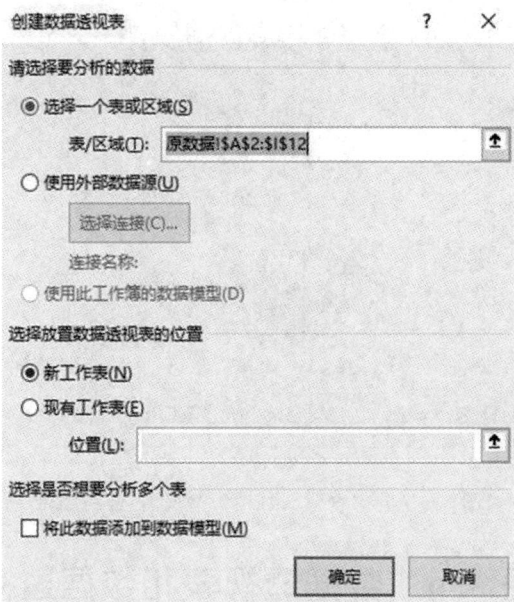

图 3-107　创建数据透视表

（2）选择需要分析的数据区域，即 A2：H12，数据区域一般是工作表内部的数据，也可以使用外部链接数据源。

（3）在"选择放置数据透视表的位置"中选择"现有工作表"选项，输入现有工作表的位置，即 A14：C31，单击"确定"按钮，就完成了空的数据透视表的创建，如图 3-108 所示。

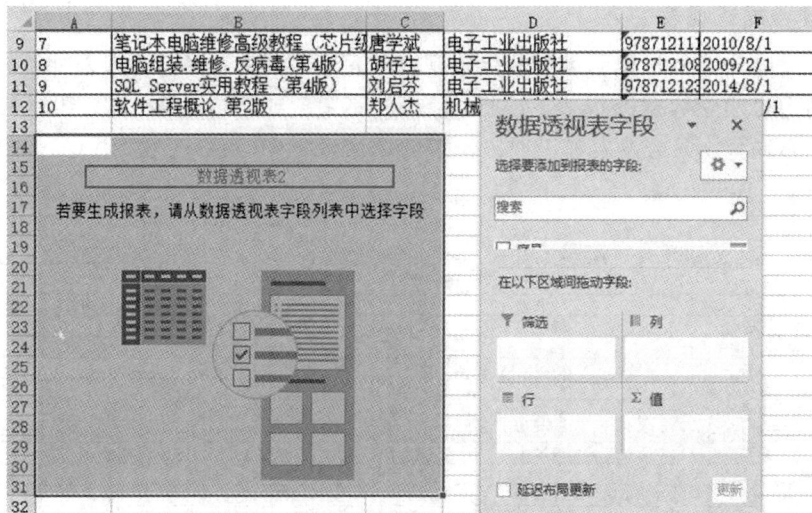

图 3-108　创建空的数据透视表

**2. 为数据透视表添加数据**

完成数据透视表的创建后，工作表的指定区域会出现"数据透视表字段"对话框，其中包括为表格添加行、列、值等。

（1）如图 3-108 所示，在工作表右侧的"数据透视表字段列表"中的"选择要添加到报表的字段"中按要求将字段添加到行标签、列标签和求和项中。在对话框中勾选"出版社""定价""数量"和"使用学期"字段项，将"使用学期"和"出版社"添加到"行"选项，将"数量"和"定价"添加到"值"选项，如图 3-109 所示。

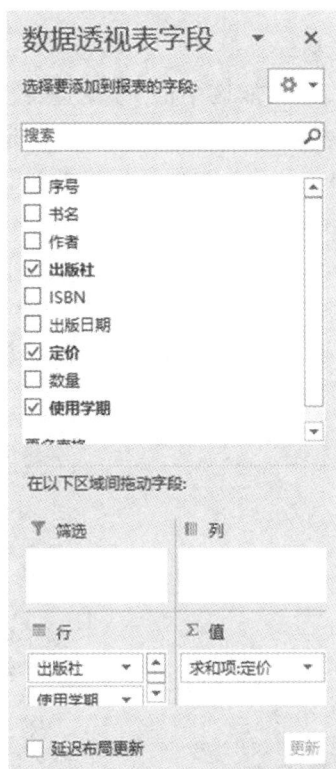

图 3-109 添加数据透视表字段

（2）完成上述设置后，关闭"数据透视表字段"对话框会出现如图 3-110 所示数据透视表。

| 行标签 | 求和项:数量 | 求和项:定价 |
|---|---|---|
| 第1学期 | 140 | 91 |
| 机械工业出版社 | 90 | 63 |
| 清华大学出版社 | 50 | 28 |
| 第2学期 | 163 | 141 |
| 电子工业出版社 | 133 | 103 |
| 清华大学出版社 | 30 | 38 |
| 第3学期 | 112 | 139 |
| 电子工业出版社 | 52 | 45 |
| 机械工业出版社 | 60 | 94 |
| 总计 | 415 | 371 |

图 3-110 "图书订购单"数据透视表

### 3.6.2　数据透视图的创建

数据透视图是将数据透视表中的数据图形化，数据透视图有条形图、曲线图、圆饼图等，能方便地查看、比较和分析数据。例如，根据上述"图书订购单"创建数据透视图。

具体操作步骤如下：

（1）选择数据区域任意单元格。

（2）单击"插入"选项卡"图表"功能区中的"数据透视表"按钮，选中"数据透视图"命令。会弹出一个"创建数据透视表及数据透视图"对话框，选择数据区域和数据透视图放置的区域。单击"确定"按钮后会出现和建立数据透视表类似的界面，在原有的基础上增加了一个图表区域，如图 3 - 111 所示。

按照生成数据透视表的方法在工作表右侧"数据透视图字段"对话框中的"选择要添加到报表的字段"中勾选"出版社""定价""数量"和"使用学期"字段项，将"使用学期"和"出版社"添加到"轴（类别）"选项中，将"数量"和"定价"添加到"值"选项，如图 3 - 112所示。

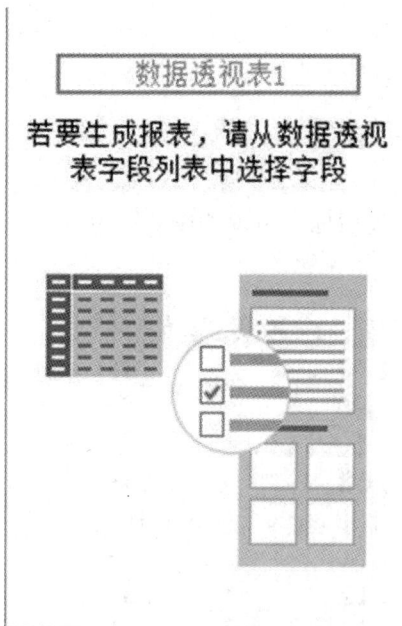

图 3 - 111　生成数据透视图提示

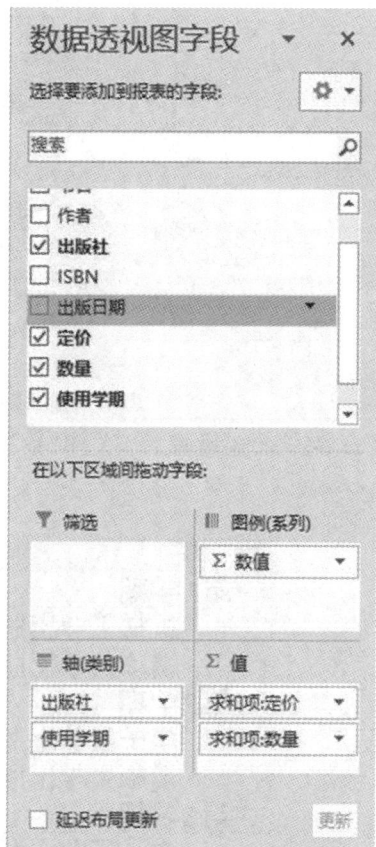

图 3 - 112　添加数据透视图字段

设置完成后关闭对话框，出现如图 3 - 113 所示数据透视图。

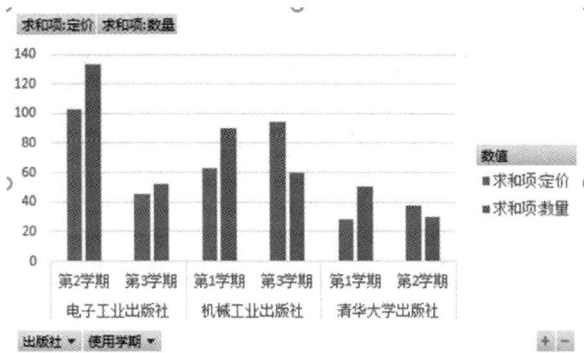

图 3-113 "图书订购单"数据透视图

### 3.6.3 制作"消费者满意度调查表"

通过制作某电脑销售公司"消费者满意度调查表"的数据透视表和数据透视图，巩固前面所学的如何建立数据透视表和数据透视图。

具体要求如下：

（1）对图 3-114 所示表格的数据在现有的工作表的 J3:O12 区域内建立数据透视表和数据透视图，其中行标签选取"性别"和"学历"列，数值项选取"售前""外观""性能"和"售后"列。数值列值的显示方式为"列汇总的百分比"。数字格式中分类为"百分比"，小数位数为"0"。

图 3-114 消费者满意度调查表

（2）数据透视表中不显示"行总计"和"列总计"。

（3）数据透视图中图表类型为"簇状柱形图"，图表布局为"布局1"，标题为"消费者满意度调查透视图"，图表位置当前页。

具体操作步骤如下：

（1）打开 Excel 2016 后新建工作表，参照图 3-114 中的数据和样式在工作表中添加数据，工作表以"消费者满意度调查表"的名称进行保存。

（2）按要求建立数据透视表。选中数据区域任意单元格，单击"插入"选项卡"表格"功能区中的"数据透视表"按钮，在弹出的子菜单中选择"数据透视表"命令项，在弹出的"创建数据透视表"对话框中选择"请选择要分析的数据"和"选择放置数据透视表的位置"，如图3-115所示。单击"确定"按钮后生成一个空白的数据透视表。

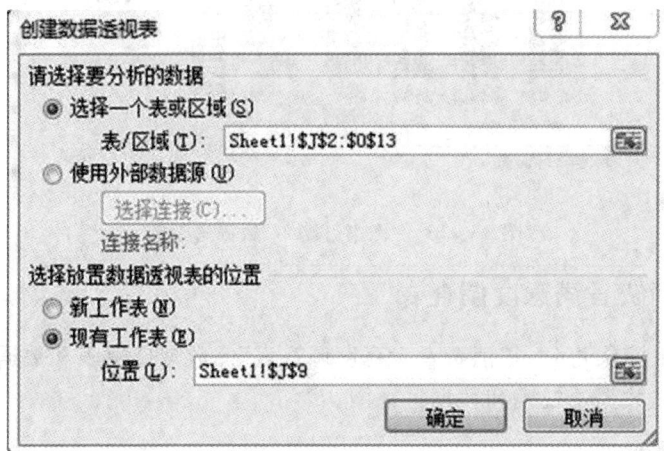

图3-115 "创建数据透视表"对话框

（3）在工作表右侧的"数据透视表字段列表"中，把"性别"和"学历"列添加到"行标签"项，把"售前""外观""性能"和"售后"列添加到"数值"项。如图3-116所示。

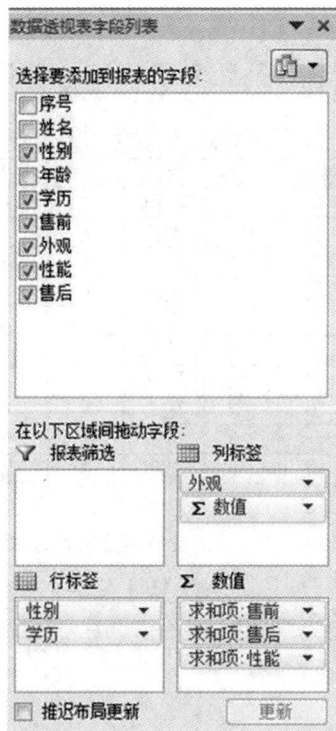

图3-116 "数据透视表字段列表"选项

（4）设置完成后会出现如图3-117所示数据透视表，单击"数值"选项中的每个列标题后的 ▼ 图标，在弹出的子菜单中选择"值字段设置"，弹出如图3-118所示对话框，打开"值显示方式"选项卡，选择"列汇总的百分比"，单击"确定"按钮即可。

| 行标签 | 求和项:售后 | 求和项:售前 | 求和项:性能 | 求和项:外观 |
|---|---|---|---|---|
| ⊟男 | 26 | 31 | 30 | 31 |
| 本科 | 3 | 5 | 4 | 5 |
| 高中 | 10 | 14 | 13 | 13 |
| 研究生 | 8 | 7 | 9 | 9 |
| 专科 | 5 | 5 | 4 | 4 |
| ⊟女 | 11 | 12 | 12 | 13 |
| 本科 | 3 | 4 | 4 | 4 |
| 研究生 | 3 | 4 | 4 | 4 |
| 专科 | 5 | 4 | 4 | 5 |
| 总计 | 37 | 43 | 42 | 44 |

图3-117 未设置选项的数据透视表

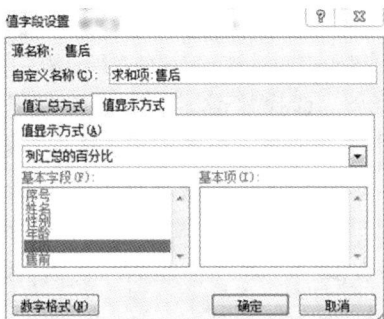

图3-118 "值字段设置"对话框

（5）鼠标右键单击刚创建的"数据透视表"，在弹出的子菜单中选择"数据透视表选项"，弹出如图3-119所示对话框，选择"汇总和筛选"选项卡，不要勾选"显示行总计"和"显示列总结"。

图3-119 "数据透视表选项"对话框

（6）单击"确定"按钮，制作完成的数据透视表如图 3-120 所示。

| 行标签 | 求和项:售后 | 求和项:售前 | 求和项:性能 | 求和项:外观 |
|---|---|---|---|---|
| 男 | 70.27% | 72.09% | 71.43% | 70.45% |
| 　本科 | 8.11% | 11.63% | 9.52% | 11.36% |
| 　高中 | 27.03% | 32.56% | 30.95% | 29.55% |
| 　研究生 | 21.62% | 16.28% | 21.43% | 20.45% |
| 　专科 | 13.51% | 11.63% | 9.52% | 9.09% |
| 女 | 29.73% | 27.91% | 28.57% | 29.55% |
| 　本科 | 8.11% | 9.30% | 9.52% | 9.09% |
| 　研究生 | 8.11% | 9.30% | 9.52% | 9.09% |
| 　专科 | 13.51% | 9.30% | 9.52% | 11.36% |

图 3-120　创建完成的数据透视表

（7）按要求建立数据透视图。选择数据区域任意单元格，单击"插入"选项卡"表格"功能区中的"数据透视表"按钮，选中"数据透视图"命令，会弹出一个"创建数据透视表及数据透视图"对话框，选择数据区域和数据透视图放置的区域。单击"确定"按钮后在工作表右侧"数据透视图字段"中的"选择要添加到报表的字段"中把"性别"和"学历"列添加到"轴（类别）"选项，把"售前""外观""性能"和"售后"添加到"值"选项，如图 3-121所示。

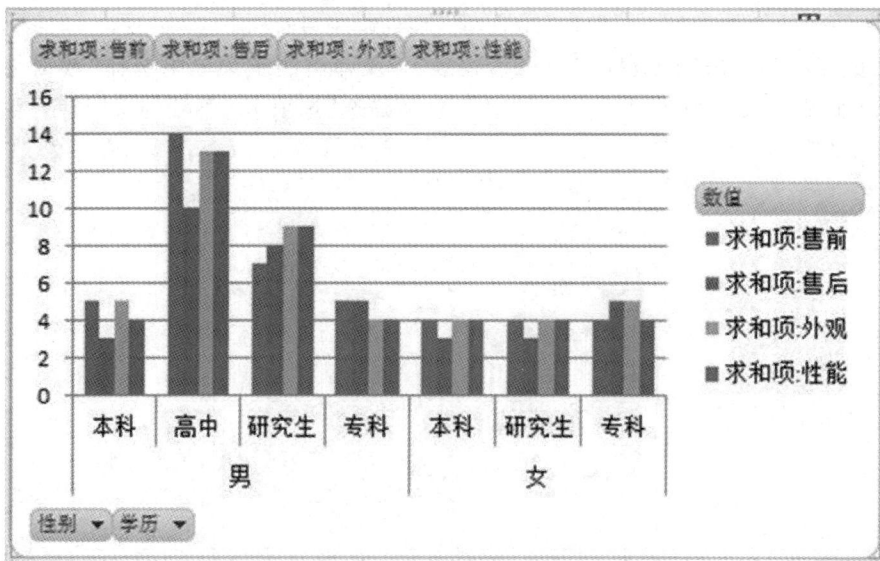

图 3-121　未设置样式的数据透视图

（8）选中数据透视图，在工作表"菜单"中的"数据透视图工具"中添加数据透视图的标题为"消费者满意度调查透视图"，图表布局为"布局1"，制作完成的数据透视图如图3-122 所示。

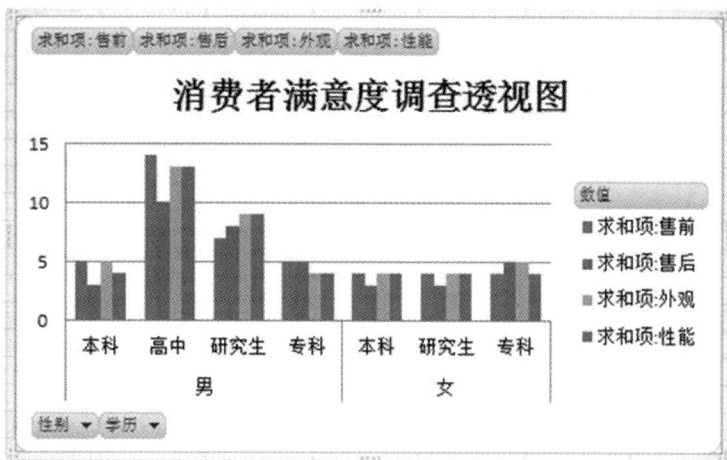

图3-122 消费者满意度调查透视图

# 任务3.7 制作企业人力资源管理图表

通过制作企业人力资源管理基本信息、图表，巩固本章所学习的 Excel 2016 的相关操作的知识。

图3-123 员工基本信息表

## 3.7.1 制作"员工基本信息表"

具体要求如下：

（1）参照图3-123所示，创建"员工基本信息表"，工作簿名为"企业人力资源管理"，工作表名为"员工基本信息表"。

（2）按照图3-123所示的数据内容输入数据，其中"工号"数据类型为"文本"，标题为

"员工基本信息表",放置在 A1:H1 数据区域,合并居中,行高为 28 磅。标题文字字体为"宋体加粗",字体大小为 18 磅,颜色红色,标题行背景颜色为"蓝色,淡色 80％"。

(3)字段行文字字体为"宋体,加粗",字体大小为 12 磅,字段行背景颜色为"橙色,淡色 80％"。

(4)内容区域 A3:H17 单元格的背景颜色为"橄榄色,淡色 60％"。数据区域 A1:H17 单元格边框颜色为"绿色"。

具体操作步骤如下:

(1)打开 Excel 2016,新建工作簿,保存工作簿,工作簿命名为"企业人力资源管理"。

(2)打开 Sheet1 工作表,重命名 Sheet1 工作表标签名为"员工基本信息表"。

(3)参照图 3-123 所示在工作表中添加数据信息。选中"工号"列和"联系电话"列,单击鼠标右键,打开"设置单元格格式"对话框,切换到"数字"选项卡,在分类中选择"文本"项,单击"确定"按钮即可。

(4)选中标题行数据区域 A1:H1,单击"开始"选项卡"对齐方式"功能区中的"合并后居中"按钮,合并 A1:H1 单元格。单击"单元格"功能区中的"格式"命令按钮,在弹出的子菜单中选择"行高"命令项,设置标题行行高为 28 磅。

(5)鼠标右键单击标题行,在弹出的子菜单中选择"设置单元格格式"命令项,在打开的对话框中选择"字体"选项卡,字体加粗,字体大小为 18 磅,颜色为红色,打开"填充"选项卡,设置背景颜色为"蓝色,淡色 80％"。

(6)选择 A2:H2 单元格,参照第 5 步,设置单元格中字体为宋体,加粗,字体大小为 12 磅,设置单元格背景颜色为"橙色,淡色 80％"。

(7)选择 A3:H17 单元格,单击鼠标右键,选择"设置单元格格式"命令项,在打开的对话框中选择"填充"选项卡,设置背景颜色为"橄榄色,淡色 60％"。

(8)选择 A1:H17 单元格,单击鼠标右键,选择"设置单元格格式"命令项,在打开的对话框中选择"边框"选项卡,设置单元格边框颜色为"绿色"。

## 3.7.2 对"员工基本信息表"进行数据处理

具体要求如下:

(1)对"员工基本信息表"的数据进行排序,要求按照主要关键字"所属部门",次序为升序;次要关键字"职务",次序为升序进行排序。

(2)在 Sheet2 中对数据进行自动筛选,要求筛选出所有职务为"经理",性别为"女"的员工信息。

(3)在 Sheet3 中对数据进行高级筛选,要求筛选出所属部门为"产品部",职务为"职员"的员工信息,条件区域在 A19:B20 单元格中,在原有区域显示筛选结果。

具体操作步骤如下:

(1)打开"员工基本信息表",选取数据区域任意单元格,单击"数据"选项卡"排序和筛选"功能区中的"排序"按钮,单击"添加条件"按钮添加次要关键字,设置"主关键字"为"所属部门",排序依据默认,次序为"升序","次要关键字"为"职务",排序依据默认、次序为"升序"。如图 3-124 所示。

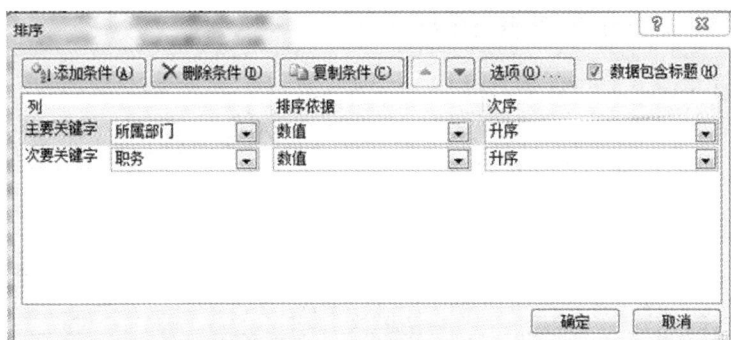

图 3-124 “排序”条件设置

(2) 把“员工基本信息表”所有数据粘贴到 Sheet2 工作表，选取数据区域任意单元格，在“数据”选项卡的“排序和筛选”功能区中选择“筛选”按钮，在每个字段名后会出现一个下拉按钮，单击“职务”字段右边下拉按钮，在弹出的列表中只勾选“经理”项，单击“确定”按钮。再单击“性别”字段右边下拉按钮，在弹出的列表只勾选“女”项，单击“确定”按钮即可，筛选后的结果如图 3-125 所示。

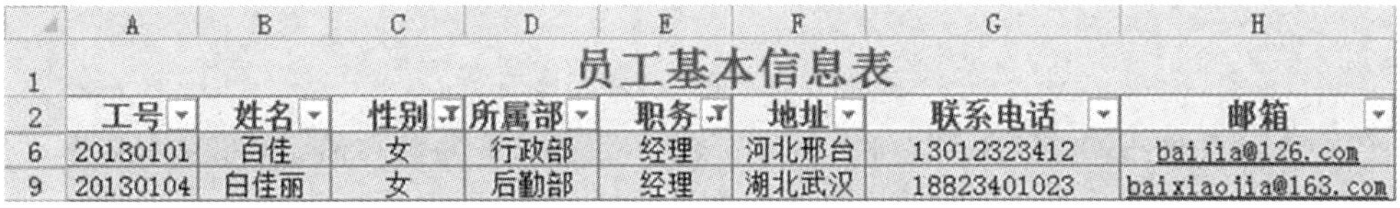

| | A | B | C | D | E | F | G | H |
|---|---|---|---|---|---|---|---|---|
| 1 | 员工基本信息表 | | | | | | | |
| 2 | 工号 | 姓名 | 性别 | 所属部 | 职务 | 地址 | 联系电话 | 邮箱 |
| 6 | 20130101 | 百佳 | 女 | 行政部 | 经理 | 河北邢台 | 13012323412 | baijia@126.com |
| 9 | 20130104 | 白佳丽 | 女 | 后勤部 | 经理 | 湖北武汉 | 18823401023 | baixiaojia@163.com |

图 3-125 自动筛选结果

(3) 把“员工基本信息表”所有数据粘贴到 Sheet3 工作表，在 A19:B20 单元格中设置高级筛选条件，如图 3-126 所示。选取数据区域任意单元格，单击“数据”选项卡“排序和筛选”功能区中的“高级”按钮，在弹出的对话框中设置：选择“在原有区域显示筛选结果”，列表区域 A2:H17，条件区域 A19:B20，单击“确定”按钮即可，高级筛选结果如图 3-127 所示。

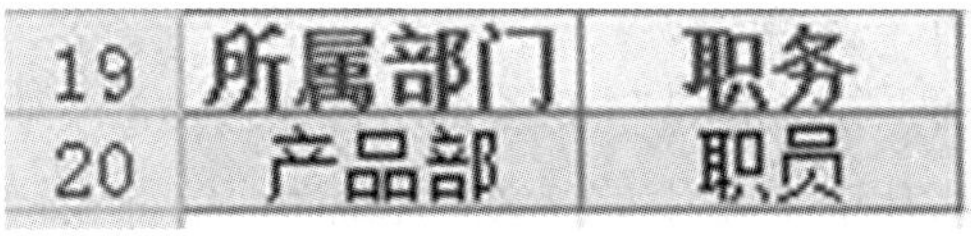

| | | |
|---|---|---|
| 19 | 所属部门 | 职务 |
| 20 | 产品部 | 职员 |

图 3-126 高级筛选条件区域

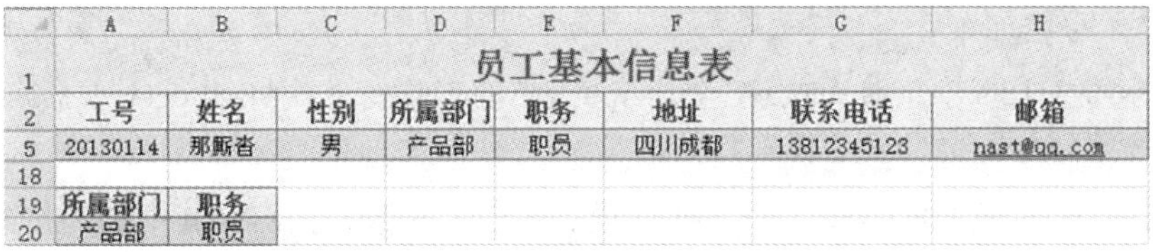

| | A | B | C | D | E | F | G | H |
|---|---|---|---|---|---|---|---|---|
| 1 | 员工基本信息表 | | | | | | | |
| 2 | 工号 | 姓名 | 性别 | 所属部门 | 职务 | 地址 | 联系电话 | 邮箱 |
| 5 | 20130114 | 那斯杳 | 男 | 产品部 | 职员 | 四川成都 | 13812345123 | nast@qq.com |
| 18 | | | | | | | | |
| 19 | 所属部门 | 职务 | | | | | | |
| 20 | 产品部 | 职员 | | | | | | |

图 3-127 高级筛选最终结果

### 3.7.3 制作"员工全年工资表"图表

具体要求如下：

（1）按图3-128所示建立"员工全年工资表"，主要包括输入标题、字段名、数据等信息，将标题行按照图中所示合并单元格。

图3-128 员工全年工资表

（2）利用函数计算工资总计、平均工资、每月员工工资的最高值、最低值。其中平均工资为数值型数据，保留小数点后1位有效数字。

（3）利用RANK函数计算每个员工的排名，计算员工的工资等级，如果年收入超过90 000元，为"优秀员工"否则是"合格员工"。

（4）在C20：C25数据区域使用SUMIF函数计算行政部、市场部等部门的年收入，使用COUNTIF函数统计"员工全年工资表"中经理、技术员、职员的数量。

（5）对数据进行排序，要求按主要关键字"所属部门"进行升序排序。并对数据进行分类汇总，汇总条件是：分类字段为"所属部门"，汇总方式为"求和"，汇总项为"年终奖"列和"总计"列，汇总结果显示在数据下方。

（6）将分类汇总的结果"所属部门""年终奖""总计"所在的列创建图表，要求建立"带数据标记的堆积折线图"，其中x轴上的项为"所属部门"，在图表的上方添加图表标题为"各部门员工工资统计图"，图表布局为"布局5"，没有垂直轴标题，并插入到表的G25：P38区域。

具体操作步骤如下：

（1）如图3-128建立名为"员工全年工资表"的工作簿，并将Sheet1重命名为"员工全年工资表"。

（2）如图3-128的内容输入表格的标题、字段名和数据内容。其中标题按要求合并单元格后居中。

（3）使用SUM函数计算工资总计。选中R3单元格，单击编辑框旁边的 $f_x$ 图表在弹出的"插入函数"对话框中选择SUM函数，在"函数参数"的"Number1"中输入求和范围为E3：Q3，单击"确定"按钮即可,拖动 R3 单元格右下角小方块计算 R4:R17 单元格的值。如图 3-129 所示。

图 3-129　使用 SUM 公式计算工资总计

(4) 用同样的方法使用 AVERAGE 函数计算平均工资。拖动 T3 右下角小方块计算 T4:T17 单元格的值,选中 T3:T17 数据区域,单击鼠标右键在弹出的"设置单元格格式"对话框中的"数字"选项卡中选择"数值"后,"小数位数"选择"1",单击"确定"按钮。使用 MAX 和 MIN 函数分别计算最高值和最低值。计算区域同样为 E3:E17。计算结果如图 3-130 所示。

图 3-130　计算工资总计、平均工资、最高值和最低值后的结果

(5) 计算员工的排名。选中 S3 单元格,按照找到 SUM 函数的方法进入到"插入函数"对话框,使用"转到"功能找到 RANK 函数后单击"确定"按钮进入"函数参数"对话框,在"Number"中输入"R3"。在"Ref"中输入"R＄3:R＄18"。在"Order"中输入"0"。单击"确定"按钮,拖动 S3 单元格右下角小方块计算 S4:S17 单元格的值。按员工的工资总计划分员工等级,单击 U3 单元格后,按上述方法选择 IF 函数后在"Logic_test"中输入判断条件"R3≥90000",在"Value_if_true"中输入条件为真时的结果"优秀员工",在"Value_if_false"中输入条件为假时的结果"合格员工"。拖动 R3 单元格右下角小方块计算 R4:R17 单元格的值。

(6) 计算各部门的年收入。单击 C20 单元格,按照找到 RANK 函数的方法找到 SUMIF

函数后进入"函数参数"对话框，在"Range"中输入统计范围"C3：C17"，在"Criteria"中输入"行政部 "。在"Sum_Range"中输入"R3：R17"。单击"确定"按钮后，用相同的方法计算出其他部门的工资总计。计算经理、技术员、职员的数量，首先选中 E20 单元格，按照找到 RANK 函数的方法找到 COUNTIF 函数后进入"函数参数"对话框，在"Range"中输入统计范围"D3：D17"，在"Criteria"中输入"经理 "。单击"确定"按钮后计算出技术员、职员的数量，计算结果如图 3-131 所示。

| 工号 | 姓名 | 所属部门 | 职务 | 1月 | 2月 | 3月 | 4月 | 5月 | 6月 | 7月 | 8月 | 9月 | 10月 | 11月 | 12月 | 年终奖 | 总计 | 排名 | 平均工资 | 员工等级 |
|---|---|---|---|---|---|---|---|---|---|---|---|---|---|---|---|---|---|---|---|---|
| 20130101 | 百佳 | 行政部 | 经理 | 5000 | 5100 | 5000 | 5000 | 5400 | 5000 | 4900 | 4900 | 5200 | 5100 | 5300 | 5800 | 50000 | 111700 | 4 | 5141.7 | 优秀员工 |
| 20130102 | 龚泰 | 市场部 | 经理 | 5000 | 4800 | 4900 | 5000 | 5000 | 5100 | 4800 | 4800 | 5200 | 5200 | 5300 | 5600 | 50000 | 110700 | 10 | 5058.3 | 优秀员工 |
| 20130103 | 王皑雨 | 产品部 | 经理 | 5000 | 5200 | 5200 | 5100 | 5200 | 5100 | 4700 | 4600 | 5200 | 5500 | 5500 | 5400 | 50000 | 111300 | 5 | 5108.3 | 优秀员工 |
| 20130104 | 白佳丽 | 后勤部 | 经理 | 5000 | 5100 | 5200 | 5200 | 5100 | 5000 | 4800 | 4800 | 5200 | 5500 | 5500 | 5700 | 50000 | 112100 | 3 | 5175.0 | 优秀员工 |
| 20130105 | 秦晓宇 | 技术一部 | 技术员 | 3000 | 3200 | 3000 | 3000 | 3200 | 2900 | 2900 | 3100 | 3500 | 3100 | 3400 | | 30000 | 69500 | 7 | 3291.7 | 合格员工 |
| 20130106 | 冯子振 | 技术二部 | 技术员 | 3000 | 3100 | 3200 | 3200 | 3180 | 2900 | 2900 | 2900 | 3100 | 3800 | 3100 | 3200 | 30000 | 67680 | 8 | 3140.0 | 合格员工 |
| 20130107 | 景天 | 行政部 | 职员 | 2800 | 2900 | 2800 | 2900 | 3150 | 2900 | 2700 | 2700 | 2900 | 2900 | 2900 | 2900 | 26000 | 60550 | 12 | 2879.2 | 合格员工 |
| 20130108 | 牛子佳 | 行政部 | 职员 | 2800 | 2950 | 2900 | 2900 | 2800 | 2900 | 2700 | 2700 | 2700 | 3100 | 3200 | 3100 | 26000 | 61350 | 10 | 2945.8 | 合格员工 |
| 20130109 | 欧阳雅 | 市场部 | 职员 | 2800 | 3050 | 2890 | 2890 | 2900 | 2980 | 2780 | 2780 | 2900 | 3400 | 3300 | 3000 | 26000 | 61670 | 9 | 2972.5 | 合格员工 |
| 20130110 | 吉田 | 技术一部 | 经理 | 2800 | 5200 | 5200 | 5100 | 5200 | 5100 | 4800 | 4800 | 5100 | 6000 | 5900 | 5900 | 50000 | 113300 | 1 | 5275.0 | 优秀员工 |
| 20130111 | 伯仲 | 后勤部 | 职员 | 2800 | 2900 | 2800 | 2980 | 2980 | 2500 | 2600 | 2600 | 2600 | 3000 | 3000 | 3000 | 26000 | 60260 | 15 | 2838.3 | 合格员工 |
| 20130112 | 东儿 | 后勤部 | 职员 | 2800 | 2900 | 2980 | 2980 | 2900 | 2600 | 2600 | 2550 | 2950 | 3000 | 3000 | 3000 | 26000 | 60260 | 15 | 2855.0 | 合格员工 |
| 20130113 | 居然 | 产品部 | 职员 | 2800 | 2700 | 2960 | 2800 | 2800 | 2980 | 2700 | 2700 | 2960 | 2900 | 3000 | 3000 | 26000 | 60300 | 15 | 2858.3 | 合格员工 |
| 20130114 | 那顺吉 | 产品部 | 职员 | 2800 | 2750 | 2850 | 2850 | 2850 | 2984 | 2700 | 2650 | 2880 | 3200 | 3200 | 3300 | 26000 | 60814 | 11 | 2901.2 | 合格员工 |
| 20130115 | 屈远 | 市场部 | 职员 | 2800 | 2750 | 2850 | 2800 | 2800 | 2640 | 2800 | 2800 | 2880 | 2900 | 3200 | 3200 | 26000 | 60264 | 14 | 2855.3 | 合格员工 |
| | 最高值 | | | 5000 | 5200 | 5200 | 5400 | 5400 | 5100 | 4900 | 4900 | 5200 | 6000 | 5900 | 5900 | 50000 | 113300 | | | |
| | 最低值 | | | 2800 | 2700 | 2800 | 2800 | 2800 | 2500 | 2600 | 2550 | 2880 | 2900 | 2900 | 2900 | 26000 | | | | |
| | 行政部 | 233600 | 经理 | 5 | | | | | | | | | | | | | | | |
| | 市场部 | 232634 | 技术员 | 2 | | | | | | | | | | | | | | | |
| | 产品部 | 232414 | 职员 | 8 | | | | | | | | | | | | | | | |
| | 后勤部 | 232420 | | | | | | | | | | | | | | | | | |
| | 技术一部 | 182800 | | | | | | | | | | | | | | | | | |
| | 技术二部 | 67680 | | | | | | | | | | | | | | | | | |

图 3-131　数据计算结果

（7）对计算好的数据进行排序和分类汇总。选中数据区域，在"数据"选项卡的"排序和筛选"功能区中选择"排序"按钮，选择"主要关键字"为"所属部门"，次序为"升序"排序。在"数据"选项卡的"分级显示"功能区中选择"分类汇总"按钮，设置"分类字段"为"所属部门"，"汇总方式"为"求和"，"汇总项"为"年终奖"列和"总计"列，勾选"汇总结果显示在数据下方"选项，单击"确定"按钮即可完成分类汇总，结果如图 3-132 所示。

| 工号 | 姓名 | 所属部门 | 职务 | 1月 | 2月 | 3月 | 4月 | 5月 | 6月 | 7月 | 8月 | 9月 | 10月 | 11月 | 12月 | 年终奖 | 总计 | 排名 | 平均工资 | 员工等级 |
|---|---|---|---|---|---|---|---|---|---|---|---|---|---|---|---|---|---|---|---|---|
| 20130103 | 王皑雨 | 产品部 | 经理 | 5000 | 5200 | 5200 | 5100 | 5200 | 5100 | 4700 | 4600 | 5200 | 5500 | 5500 | 5400 | 50000 | 111300 | 5 | 5108.3 | 优秀员工 |
| 20130113 | 居然 | 产品部 | 职员 | 2800 | 2700 | 2960 | 2800 | 2800 | 2980 | 2700 | 2700 | 2960 | 2900 | 3000 | 3000 | 26000 | 60300 | 18 | 2858.3 | 合格员工 |
| 20130114 | 那顺吉 | 产品部 | 职员 | 2800 | 2750 | 2850 | 2850 | 2850 | 2984 | 2700 | 2650 | 2880 | 3200 | 3200 | 3300 | 26000 | 60814 | 16 | 2901.2 | 合格员工 |
| | | 产品部 汇总 | | | | | | | | | | | | | | 102000 | 232414 | | | |
| 20130101 | 百佳 | 行政部 | 经理 | 5000 | 5100 | 5000 | 5000 | 5400 | 5000 | 4900 | 4900 | 5200 | 5100 | 5300 | 5800 | 50000 | 111700 | 7 | 5141.7 | 优秀员工 |
| 20130107 | 景天 | 行政部 | 职员 | 2800 | 2900 | 2800 | 2900 | 3150 | 2900 | 2700 | 2700 | 2900 | 2900 | 2900 | 2900 | 26000 | 60550 | 17 | 2879.2 | 合格员工 |
| 20130108 | 牛子佳 | 行政部 | 职员 | 2800 | 2950 | 2900 | 2900 | 2800 | 2900 | 2700 | 2700 | 2700 | 3100 | 3200 | 3100 | 26000 | 61350 | 15 | 2945.8 | 合格员工 |
| | | 行政部 汇总 | | | | | | | | | | | | | | 102000 | 233600 | | | |
| 20130104 | 白佳丽 | 后勤部 | 经理 | 5000 | 5100 | 5200 | 5200 | 5100 | 5000 | 4800 | 4800 | 5200 | 5500 | 5500 | 5700 | 50000 | 112100 | 7 | 5175.0 | 优秀员工 |
| 20130111 | 伯仲 | 后勤部 | 职员 | 2800 | 2900 | 2800 | 2980 | 2980 | 2500 | 2600 | 2600 | 2600 | 3000 | 3000 | 3000 | 26000 | 60060 | 21 | 2838.3 | 合格员工 |
| 20130112 | 东儿 | 后勤部 | 职员 | 2800 | 2900 | 2980 | 2980 | 2900 | 2600 | 2600 | 2550 | 2950 | 3000 | 3000 | 3000 | 26000 | 60060 | 20 | 2855.0 | 合格员工 |
| | | 后勤部 汇总 | | | | | | | | | | | | | | 102000 | 232420 | | | |
| 20130106 | 冯子振 | 技术二部 | 技术员 | 3000 | 3100 | 3200 | 3200 | 3180 | 2900 | 2900 | 2900 | 3100 | 3800 | 3100 | 3200 | 30000 | 67680 | 12 | 3140.0 | 合格员工 |
| | | 技术二部 汇总 | | | | | | | | | | | | | | 30000 | 67680 | | | |
| 20130105 | 秦晓宇 | 技术一部 | 技术员 | 3000 | 3200 | 3000 | 3000 | 3200 | 2900 | 2900 | 3100 | 3500 | 3100 | 3400 | | 30000 | 69500 | 13 | 3291.7 | 合格员工 |
| 20130110 | 吉田 | 技术一部 | 经理 | 5000 | 5200 | 5200 | 5100 | 5200 | 5100 | 4800 | 4800 | 5100 | 6000 | 5900 | 5900 | 50000 | 113300 | 6 | 5275.0 | 优秀员工 |
| | | 技术一部 汇总 | | | | | | | | | | | | | | 80000 | 182800 | | | |
| 20130102 | 龚泰 | 市场部 | 经理 | 5000 | 4800 | 4900 | 5000 | 5000 | 5100 | 4800 | 4800 | 5200 | 5200 | 5300 | 5600 | 50000 | 110700 | 10 | 5058.3 | 优秀员工 |
| 20130109 | 欧阳雅 | 市场部 | 职员 | 2800 | 3050 | 2890 | 2890 | 2900 | 2980 | 2780 | 2780 | 2900 | 3400 | 3300 | 3000 | 26000 | 61670 | 14 | 2972.5 | 合格员工 |
| 20130115 | 屈远 | 市场部 | 职员 | 2800 | 2750 | 2850 | 2800 | 2800 | 2684 | 2800 | 2800 | 2880 | 2900 | 3200 | 3200 | 26000 | 60264 | 19 | 2855.3 | 合格员工 |
| | 最高值 | | | 5000 | 5200 | 5200 | 5400 | 5200 | 5100 | 4900 | 4900 | 5200 | 6000 | 5900 | 5900 | 102000 | 233600 | 1 | | |
| | 最低值 | | | 2800 | 2700 | 2800 | 2800 | 2800 | 2500 | 2600 | 2550 | 2880 | 2900 | 2900 | 2900 | 26000 | | | | |

图 3-132　分类汇总结果

（8）对分类汇总的结果建立图表。选取"所属部门""年终奖""总计"所在的汇总列，单击"插入"选项卡"图表"功能区中的"折线图"按钮，选择"二维折线图"命令中的"带数据标记的折线图"，在"图表工具"选项卡的"布局"下添加名为"各部门员工工资统计图"的标题，位于图表上方。在"设计"选项卡中选择"图表布局"中的"布局 5"，删除垂直轴标题。将图表插入到表的 G25：P38 区域，创建的图表结果如图 3-133 所示。

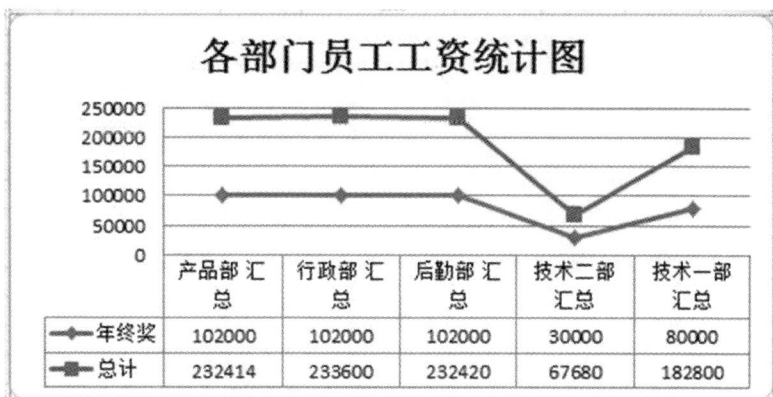

图3-133 各部门员工工资统计图

### 3.7.4 制作"员工年度考核表"的数据透视表和数据透视图

具体要求如下：

（1）按照图3-134的内容建立"员工年终考核表"。

（2）在G3：N21数据区域中创建数据透视表，要求行标签选取"所属部门"列，数值项选取"品德"列、"业绩"列、"能力"列和"态度"列，报表筛选"职务"列。

（3）创建数据透视图，要求图表类型为"三维柱形图"，图表布局为"布局3"，图表样式为"样式26"，图表标题为"员工年度考核图"，图表位置为当前页。

| 工号 | 姓名 | 所属部门 | 职务 | 品德 | 业绩 | 能力 | 态度 |
|------|------|----------|------|------|------|------|------|
| 20130101 | 百佳 | 行政部 | 经理 | 20 | 22 | 25 | 24 |
| 20130102 | 龚秦 | 市场部 | 经理 | 21 | 22 | 24 | 23 |
| 20130103 | 王皓雨 | 产品部 | 经理 | 25 | 20 | 23 | 20 |
| 20130104 | 白佳丽 | 后勤部 | 经理 | 25 | 25 | 24 | 25 |
| 20130105 | 秦晓宇 | 技术一部 | 技术员 | 21 | 21 | 20 | 20 |
| 20130106 | 冯子振 | 技术二部 | 技术员 | 21 | 24 | 24 | 24 |
| 20130107 | 景天 | 行政部 | 职员 | 23 | 25 | 25 | 25 |
| 20130108 | 牛子佳 | 行政部 | 职员 | 23 | 24 | 25 | 25 |
| 20130109 | 欧阳雅 | 市场部 | 职员 | 24 | 24 | 24 | 25 |
| 20130110 | 吉田 | 技术一部 | 经理 | 25 | 21 | 24 | 24 |
| 20130111 | 伯仲 | 后勤部 | 职员 | 21 | 23 | 23 | 24 |
| 20130112 | 东儿 | 后勤部 | 职员 | 20 | 23 | 23 | 24 |
| 20130113 | 居然 | 产品部 | 职员 | 23 | 21 | 23 | 23 |
| 20130114 | 那厮者 | 产品部 | 职员 | 24 | 22 | 22 | 23 |
| 20130115 | 屈远 | 市场部 | 职员 | 24 | 22 | 20 | 22 |

图3-134 员工年终考核表

具体操作步骤如下：

（1）按照图3-134的内容建立"员工年终考核表"。

（2）按照题目要求创建数据透视表。选取工作表数据区域任意单元格，单击"插入"选项卡"表格"功能区中的"数据透视表"按钮，选择"数据透视表"命令后，在工作表右侧的"数据透视表字段列表"对话框中设置："行标签"选取"所属部门"列，"数值"项选取"品德"列、"业绩"列、"能力"列和"态度"列，报表筛选"职务"列。设置完成后关闭"数据透视表字段列表"对话框，创建完成的数据透视表如图3-135所示。

| 职务 | （全部） | ▼ | | |
|---|---|---|---|---|
| 行标签 ▼ | 求和项:品德 | 求和项:业绩 | 求和项:能力 | 求和项:态度 |
| 产品部 | 72 | 63 | 66 | 66 |
| 行政部 | 66 | 71 | 75 | 74 |
| 后勤部 | 66 | 71 | 70 | 73 |
| 技术二部 | 21 | 24 | 24 | 24 |
| 技术一部 | 46 | 42 | 44 | 44 |
| 市场部 | 69 | 68 | 68 | 70 |
| 总计 | 340 | 339 | 347 | 351 |

| 行标签 ▼ | 求和项:品德 | 求和项:业绩 | 求和项:能力 | 求和项:态度 |
|---|---|---|---|---|
| 产品部 | 72 | 63 | 66 | 66 |
| 行政部 | 66 | 71 | 75 | 74 |
| 后勤部 | 66 | 71 | 70 | 73 |
| 技术二部 | 21 | 24 | 24 | 24 |
| 技术一部 | 46 | 42 | 44 | 44 |
| 市场部 | 69 | 68 | 68 | 70 |
| 总计 | 340 | 339 | 347 | 351 |

图 3-135 "员工年终考核表"数据透视表

（3）按照要求创建数据透视图。选取工作表数据区域任意单元格，单击"插入"选项卡"表格"功能区中的"数据透视表"按钮，选择"数据透视图"命令后，在工作表右侧的"数据透视图字段"对话框中参照第 2 步设置对话框的相应列表值。关闭"数据透视图字段"对话框后在"插入"选项卡中的"图表"功能区选择"三维柱形图"命令。打开"设计"选项卡，设置图表布局为"布局 3"，图表样式为"样式 26"，修改图表标题为"员工年度考核图"。创建的图表结果如图 3-136 所示。

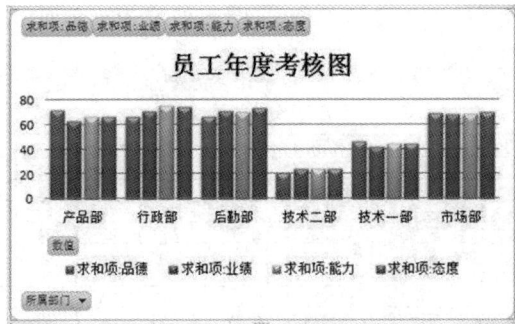

图 3-136 员工年度考核表图

# 模块 4

# 演示文稿软件 PowerPoint

Microsoft PowerPoint(PPT)是微软公司设计的演示文稿软件,使用该软件生成的文件叫作演示文稿,其后缀名为".ppt",也可以保存为 pdf、图片格式等类型。演示文稿中的每一页叫作幻灯片,每张幻灯片都是演示文稿中既相互独立又相互联系的内容。利用 Microsoft PowerPoint 不仅可以创建演示文稿,还可以在互联网上召开远程会议,或在网上给观众展示演示文稿。用户可以在投影仪或者计算机上进行 PPT 演示,也可以把演示文稿打印出来,制作成胶片,以便应用到更广泛的领域中。2010 及以上版本的 PowerPoint 可将 PPT 演示文档保存为视频格式。本模块主要介绍 PowerPoint 2016 的相关操作技巧。

## 任务 4.1　PowerPoint 2016 的概述

### 1. PowerPoint 2016 的应用领域

随着电子产品的普及,PowerPoint 2016 的应用越来越广泛。PowerPoint 2016 是公司宣传、会议报告、产品推广、培训、教学课件等演示文稿制作的首选应用软件,深受大众的青睐。以下是它的几种主要用途。

1) 商业多媒体演示

PowerPoint 2016 软件可以给商业活动提供一个内容丰富的多媒体产品或服务的演示平台。通过 PowerPoint 2016 软件制作的演示文稿既能清楚地展示培训的内容,又能吸引员工的注意力,提高讲解效果,还能记录会议要点,动态地展示策划方案,集文字、图形、声音和视频于一体,提高宣传画面的生动性。

2) 教学多媒体演示

随着笔记本计算机、投影仪等多媒体教学设备的普及,越来越多的教师开始使用这些数字化的设备向学生提供板书,讲义等内容,通过文字、图形、声音、视频等多种表现形式提高教学的趣味性,激发学生的学习兴趣。

3) 个人简介演示

PowerPoint 2016 软件强大的功能和易操作性使得很多用户可以轻松方便地使用它。很多求职者通过 PowerPoint 2016 软件来设计自己的个人简历,以丰富的多媒体内容和生动活泼的表现形式打动用人单位,提升自己应聘的成功率。

4) 娱乐多媒体演示

由于 PowerPoint 2016 软件支持文本、图像、动画、音频和视频等多种媒体内容形式,因此,很多用户在生活中也使用 PowerPoint 2016 软件制作娱乐性的演示文稿，比如相册、漫画集等。

### 2. 启动和退出 PowerPoint 2016

在"开始"菜单中按照"所有程序→Microsoft Office→Microsoft PowerPoint"顺序即可打开 PowerPoint 软件，软件启动后会自动打开一个空白的 PPT 文档，单击界面右上角的 ✕ 按钮即可退出软件。退出软件时，如果有未保存的文件，软件会提示是否保存。

### 3. PowerPoint 2016 的操作界面

熟悉 PowerPoint 2016 的工作界面是制作演示文稿的基础。PowerPoint 2016 工作界面由标题栏、"文件"菜单、功能选项卡、快速访问工具栏、功能区、视图窗格、幻灯片编辑区、备注窗格和状态栏等组成，如图 4 - 1 所示。

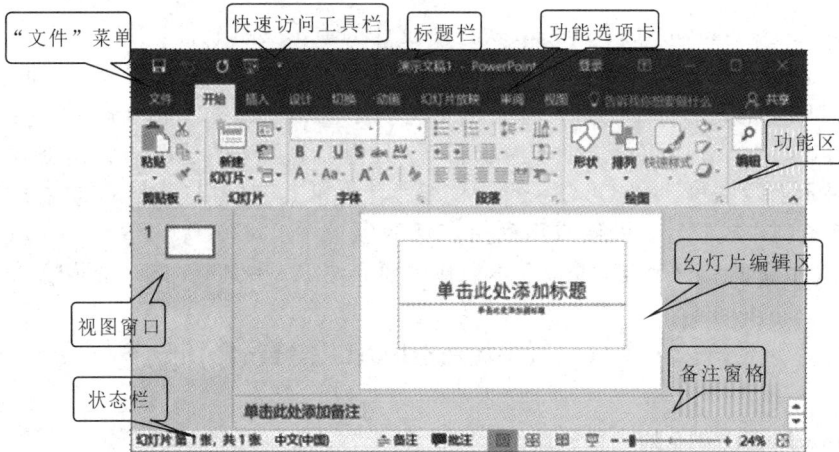

图 4 - 1　PowerPoint 2016 操作界面

PowerPoint 2016 工作界面各主要组成部分的作用介绍如下。

（1）标题栏：位于 PowerPoint 2016 工作界面的右上方，它的作用是显示演示文稿名称和程序名称，最右侧的 3 个按钮分别用于对窗口执行最小化、最大化和关闭操作。

（2）快速访问工具栏：快速访问工具栏提供了最常用的"保存"按钮、"撤销"按钮、"恢复"按钮、"幻灯片放映"按钮，单击对应的按钮可执行相应的操作。如需在快速访问工具栏中添加其他功能按钮，可单击其后的黄色小按钮，在弹出的下拉列表中选择所需的功能即可，如图 4 - 2 所示。"撤销"按钮右侧的下拉箭头可以选择撤销的具体操作。

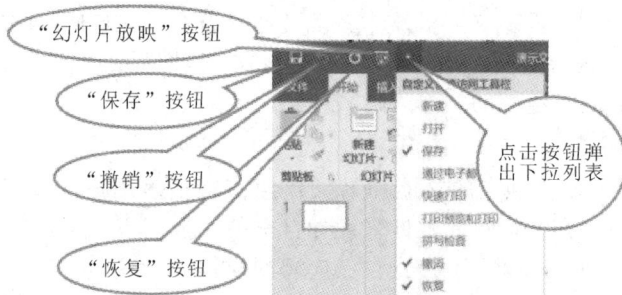

图 4 - 2　快速访问工具栏

（3）"文件"菜单：用于执行 PowerPoint 2016 演示文稿的新建、打开、保存和关闭等基本操作；单击"文件"菜单后打开的界面如图 4-3 所示。在此工作界面能够看见最近打开过的文件，单击"恢复未保存的演示文稿"按钮可以保存最近一次关闭的未保存的演示文稿。

图 4-3　"文件"菜单界面

（4）功能选项卡：功能选项卡相当于菜单命令。PowerPoint 2016 把所有命令按钮集成在几个功能选项卡中，单击某个功能选项卡可切换到相应的功能区。

（5）功能区：每个功能选项卡都有相应的功能区，在功能区中有多个自动适应窗口大小的工具栏，不同的工具栏中又放置了与此相关的命令按钮或列表框。有些工具栏中带有小箭头图标，单击小箭头图标可以打开相对应的功能对话框。

（6）视图窗格：用于显示演示文稿的幻灯片位置和数量，通过它能够更加方便地掌握整个演示文稿的结构。视图模式不同，幻灯片显示的方式也不同，如图 4-4 所示。

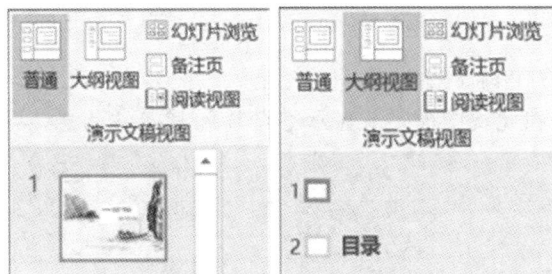

图 4-4　视图窗格

（7）幻灯片编辑区：是整个工作界面的核心功能区，用于编辑和展示幻灯片，在其中可输入文字内容、插入图片和设置动画效果等，是使用 PowerPoint 2016 制作演示文稿的操作平台。

（8）备注窗格：位于幻灯片编辑区下方，可供幻灯片制作者在制作演示文稿时对需要的幻灯片添加说明和注释，能给演讲者演讲和查阅幻灯片信息带来便利。

（9）状态栏：位于工作界面最下方，用于显示演示文稿中所选的当前幻灯片以及幻灯片总张数、使用的语言、视图模式切换按钮以及页面显示比例等，如图 4-5 所示。

图 4-5　状态栏内容

### 4. PowerPoint 2016 的视图

用户在编辑和查看演示文稿过程中会有不同的需求，为了满足相关需求，PowerPoint 2016 提供了多种视图模式方便用户编辑和查看幻灯片。单击工作界面下方状态栏上的视图模式切换按钮即可切换到不同的视图模式。

（1）普通视图。普通视图是 PowerPoint 2016 默认视图模式，在该视图模式中可以同时显示幻灯片编辑区、视图模式显示窗格以及备注窗格。它主要用于调整演示文稿的结构及编辑单张幻灯片中的内容。

（2）幻灯片浏览视图。幻灯片浏览视图模式主要用来浏览幻灯片在演示文稿中的整体结构和效果。在该模式下能够改变幻灯片的版式和结构，比如更换演示文稿的背景、移动或复制幻灯片等，但不能对单张幻灯片的具体内容进行编辑，如图 4-6 所示。

（3）阅读视图：该视图模式仅显示标题栏、阅读区和状态栏，主要用于浏览幻灯片的内容。在该模式下，演示文稿中的幻灯片将以窗口大小进行放映，如图 4-7 所示。

（4）幻灯片放映视图：在该视图模式下，演示文稿中的幻灯片将以全屏动态放映。该模式主要用于预览制作完成后的幻灯片的放映效果，即测试插入的动画、声音的播放效果等，还可以在放映过程中修改不满意的地方、标注演示文稿的重点，观察每张幻灯片的切换效果等。

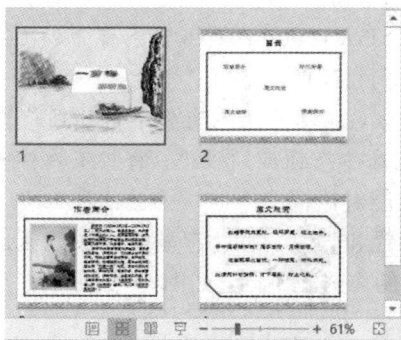

图 4-6　幻灯片浏览视图

图 4-7　阅读视图

（5）备注页视图：在此视图模式下显示幻灯片和其备注信息，可以对备注信息进行编辑，如图 4-8 所示。

图 4-8　备注页视图

# 任务 4.2　PowerPoint 2016 基本操作

## 4.2.1　演示文稿的基本操作

在 PowerPoint 2016 中，创建的幻灯片都保存在演示文稿中，因此，用户首先应该了解和熟悉演示文稿的基本操作。PowerPoint 2016 可以创建多个演示文稿，在演示文稿中可以插入多个幻灯片。下面对演示文稿的基本操作进行介绍。

### 1. 创建空白演示文稿

启动 PowerPoint 2016 后，系统会自动创建一个空白演示文稿。除此之外，还可通过命令按钮或快捷菜单创建空白演示文稿，其操作方法分别如下。

（1）通过快捷菜单创建。在桌面空白处单击鼠标右键，在弹出的快捷菜单中选择"新建"选项中的"Microsoft PowerPoint 演示文稿"命令，即可在桌面上新建一个空白演示文稿，如图 4-9 所示。

（2）通过命令创建。启动 PowerPoint 2016 后，单击"文件"菜单中的"新建"命令，在"新建"栏中单击"空白演示文稿"模板即可创建一个空白演示文稿，如图 4-10 所示。

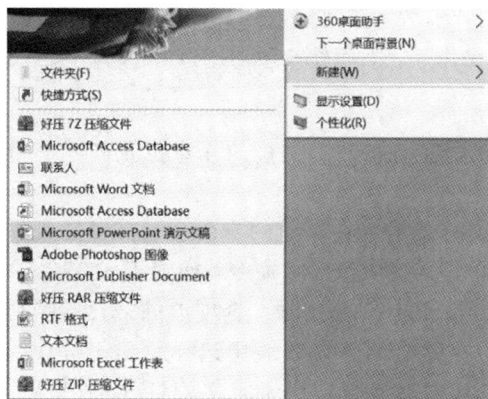

图 4-9　快捷菜单创建方式

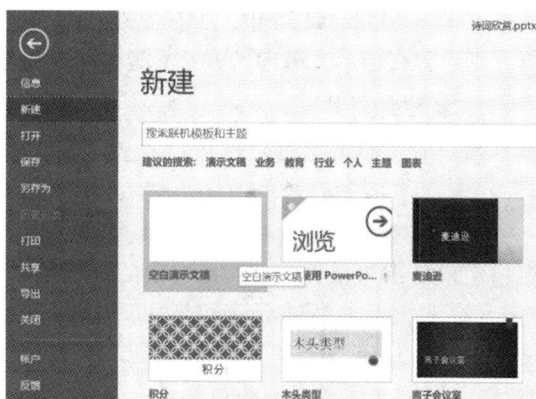

图 4-10　命令创建方式

（3）通过快捷键新建空白演示文稿。启动 PowerPoint 2016 后，按下<Ctrl＋N>组合键可快速新建一个空白演示文稿。

### 2. 利用模板创建演示文稿

PowerPoint 2016 根据不同内容提供了一些制作好的演示文稿，这些演示文稿被称作模板。PowerPoint 2016 提供了联机搜索模板和主题功能，可以通过互联网搜索寻找符合需求的模板。对于制作演示文稿的新用户，可利用提供的模板来进行创建，其方法与通过命令创建空白演示文稿的方法类似。启动 PowerPoint 2016，单击"文件"菜单中的"新建"命令，在打开的文件界面右侧选择所需的模板，单击所选模板打开模板浏览窗口，单击"创建"命令即可创建一个带模板的演示文稿，如图 4-11 所示。

图 4-11  利用模板创建演示文稿

**3．打开演示文稿**

对于已经存在并编辑好的演示文稿，用户在下一次查看或者编辑时，就要先打开该演示文稿。打开演示文稿的方法有以下几种：

（1）启动 PowerPoint 2016 后，单击"文件"菜单中的"打开"命令，在文件界面右侧显示最近使用过的文件名称，选择所需的文件即可打开该演示文稿。

（2）单击"文件"菜单中的"打开"命令，在文件界面中部单击"浏览"命令弹出"打开"对话框，选择所需的演示文稿后，单击"打开"按钮即可。

（3）进入演示文稿所在的文件夹，双击目标文件即可打开演示文稿。

## 4.2.2  幻灯片的基本操作

在 PowerPoint 2016 中，所有的文本、动画和图片等数据都可以在幻灯片中做处理，而幻灯片则包含在演示文稿中。学习了演示文稿的基本操作后，下面就来学习幻灯片的基本操作。

**1．新建幻灯片**

演示文稿是由多张幻灯片组成的，用户可以根据需要在演示文稿的任意位置新建幻灯片。常用的新建幻灯片的方法主要有以下 2 种。

（1）通过快捷菜单新建幻灯片。启动 PowerPoint 2016，在新建的空白演示文稿的视图窗格空白处单击鼠标右键，在弹出的快捷菜单中单击"新建幻灯片"命令，如图 4-12 所示。

（2）通过选择版式新建幻灯片。启动 PowerPoint 2016，在"开始"选项卡的"幻灯片"功能区中，单击"新建幻灯片"按钮下方的下拉箭头，在弹出的下拉列表中选择新建幻灯片的版式，如图 4-13 所示，即可新建一张带有版式的幻灯片。版式用于定义幻灯片中内容的

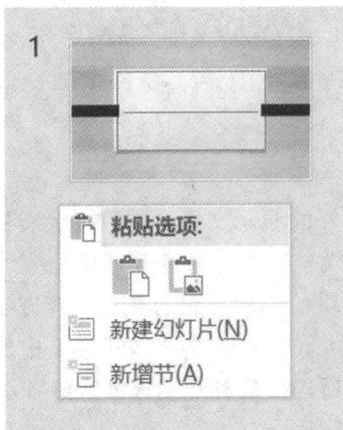

图 4-12  快捷菜单新建幻灯片

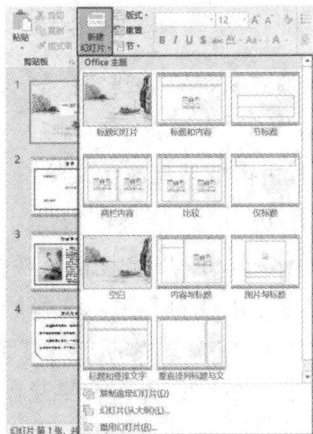

图 4-13  选择版式新建幻灯片

显示位置,用户可根据需要在里面放置文本、图片以及表格等内容。

**2.选择幻灯片**

用户只有在选择了幻灯片后,才能对其进行编辑和各种操作。选择幻灯片主要有以下几种方法:

(1)选择单张幻灯片。在视图窗格或"幻灯片浏览视图"模式中,单击"幻灯片缩略图",可选择单张幻灯片。

(2)选择多张连续的幻灯片。在视图窗格或"幻灯片浏览视图"模式中,选中要连续选择的第一张幻灯片,按住<Shift>键不放,再单击需选择的最后一张幻灯片,释放<Shift>键后两张幻灯片之间的所有幻灯片均被选择。

(3)选择多张不连续的幻灯片。在视图窗格或"幻灯片浏览视图"模式中,单击要选择的第一张幻灯片,按住<Ctrl>键不放,再依次单击需选择的幻灯片,可选择多张不连续的幻灯片。

(4)选择全部幻灯片。在视图窗格或"幻灯片浏览视图"模式中,按下<Ctrl+A>组合键,可选择当前演示文稿中所有的幻灯片。

**3.移动幻灯片**

选择需要移动的幻灯片,如第三张幻灯片,按住鼠标左键将其向上拖动到第二张幻灯片顶部,到达合适的位置后,释放鼠标左键,则原位置的幻灯片将自动后移,原本第三张幻灯片变为第二张。

**4.复制幻灯片**

打开需要操作的演示文稿,选中需要复制的幻灯片,在其上单击鼠标右键,在弹出的快捷菜单中单击"复制"命令,复制幻灯片后,在需要粘贴的位置单击鼠标右键,在弹出的快捷菜单中单击"粘贴选项"命令中的某一子命令即可实现幻灯片的复制。"粘贴选项"命令有三个子命令,分别是"使用目标主题""保留原格式""图片",这三个子命令分别代表的含义是:套用当前演示文稿所使用的主题;保留复制源所使用的格式;以图片形式显示。粘贴幻灯片后,幻灯片将自动排序。

**5.删除幻灯片**

用户在编辑幻灯片的过程中,可能会出现无用的幻灯片,对于此类不需要的幻灯片,可以将其删除,这样能够减小演示文稿的容量。删除幻灯片的方法有以下几种:

(1)选中需要删除的幻灯片,直接按<Delete>键,即可将该幻灯片删除。

(2)在要删除的幻灯片上方单击鼠标右键,在弹出的快捷菜单中单击"删除幻灯片"命令,即可删除该幻灯片。

**6.隐藏幻灯片**

对于制作好的演示文稿,如果希望其中的部分幻灯片在放映的时候不显示出来,用户可以将其隐藏起来。具体操作步骤如下:

(1)选中需要隐藏的幻灯片,单击鼠标右键,在弹出的快捷菜单中单击"隐藏幻灯片"命令。

(2)此时在幻灯片的标题上会出现一条删除斜线,表示该幻灯片已经被隐藏,如图4-14所示。

(3)如果需要取消隐藏,只需选中相应的幻灯片,再进行一次上述操作即可。

图 4-14　隐藏幻灯片

### 7. 选择幻灯片版式

幻灯片版式是幻灯片上常规排版格式，通过幻灯片版式的应用可以对文本（包括正文文本、项目符号和标题）、表格、图表、SmartArt 图形、影片、声音、图片及剪贴画等内容进行合理的排版。此外，版式还包含幻灯片的主题颜色、字体、效果和背景。幻灯片版式中内容的位置是由占位符确定的，占位符是版式中的容器，如图 4-15 所示。

PowerPoint 2016 中内置 11 种幻灯片版式，用户也可以自定义幻灯片版式满足特定需求，自定义的幻灯片版式也可以与使用 PowerPoint 2016 创建演示文稿的其他用户共享。图 4-16 显示了 PowerPoint 2016 中内置的幻灯片版式，每种版式均显示了用户在其中添加文本或图形等各种占位符的位置。

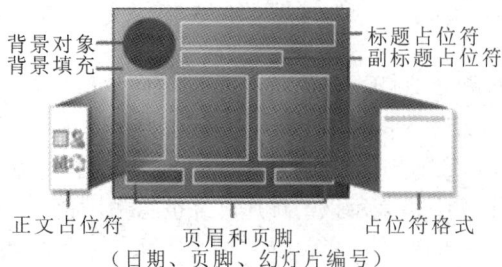

图 4-15　幻灯片版式显示内容

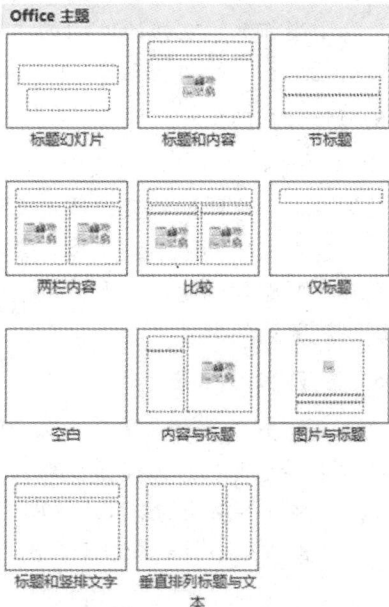

图 4-16　11 种幻灯片内置版式

在新建幻灯片的过程中可以选定幻灯片的版式，对现有幻灯片版式也可以进行更改，更改的方法有以下 2 种。

方法一，选中要更改版式的幻灯片，在"开始"选项卡的"幻灯片"功能区中，单击"版式"按钮![按钮]，在弹出的下拉列表中选定所需的版式。

方法二，选中要更改版式的幻灯片，单击鼠标右键，在弹出的快捷菜单中选择"版式"命令，在其子菜单中选定所需的幻灯片版式。

**8. 输入与编辑文本内容**

在幻灯片中添加内容的方式有 4 种：版式设置区中文本占位符、文本框、自选图形文本及艺术字。下面介绍一下如何使用占位符和文本框输入文本。

1）使用占位符输入文本

占位符是幻灯片版式中的容器，是带有虚线边框的矩形框，在这些框内可以放置标题、正文、表格和图片等对象。在幻灯片中输入文本的方式之一就是在占位符中输入文本。

启动 PowerPoint 20162016 应用程序，在"开始"选项卡的"幻灯片"功能区中，单击"新建幻灯片"按钮，新建一张幻灯片，这张幻灯片默认的版式是"标题幻灯片"，因此在这张幻灯片中可以看到包含两个边框为虚线的矩形框，它们就是占位符，如图 4 - 17 所示。

图 4 - 17　占位符示例

当单击占位符内部功能区时，初始显示的文字会消失，同时在占位符内部会显示一个闪烁的光标，即插入点。此时可以在占位符中输入文字，输入完毕后单击占位符外的任意位置可退出文本编辑状态。

当输入文本占满整个幻灯片时，可以看到在占位符的左侧会显示一个"自动调整选项"按钮，单击此按钮右侧的下拉箭头，会弹出一个下拉列表，如图 4 - 18 所示。下面介绍该下拉列表中各个选项的含义。

"根据占位符自动调整文本"：自动调整文本的大小以适应幻灯片。

"停止根据此占位符调整文本"：保留文本的大小，不自动调整。

"将文本拆分到两个幻灯片"：将文本分配到两个幻灯片中。

"在新幻灯片上继续"：创建一张新的并且具有相同标题，内容为空的幻灯片。

"将幻灯片更改为两列版式"：将原始幻灯片中的内容由单列更改为双列显示。

"控制自动更正选项"：打开"自动更正"对话框，设置某种自动更正功能打开或者关闭。

PowerPoint 2016 中的"自动更正"主要是对键入时自动套用格式、数字符号自动更正等选项按照设定好的内容实现自动更正。在"自动更正"对话框中，如果选中某个选项前面的复选框，就表示该功能目前已经打开；如果想要关闭某种功能，撤选相应的复选框即可。如图 4-19 撤选"根据占位符自动调整正文文本"复选框，然后单击"确定"按钮。

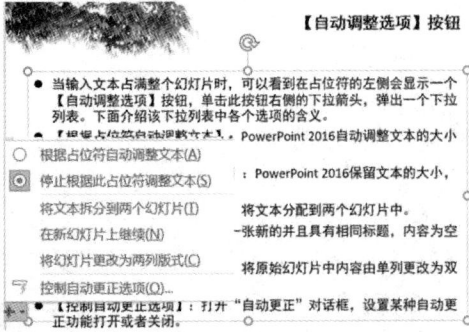

图 4-18 "自动调整选项"按钮介绍　　　　图 4-19 自动更正对话框

2）使用文本框输入文字

添加文本框是输入文本的另一种方法。如果想要在占位符以外的位置输入文本，可以利用文本框来实现。

选中要添加文字的幻灯片，将选项卡切换到"插入"，在"文本"功能区中单击"文本框"按钮下方的下拉箭头，在弹出的下拉列表中选择一种文本排列方式（横排或者竖排），然后在想要添加文本的位置按住鼠标左键拖拽出一个方框，如图 4-20 所示。确认文本框的宽度后释放鼠标左键，即可在闪烁的插入点处输入内容，此时可以看到输入的文本会依照文本框的宽度自动换行。

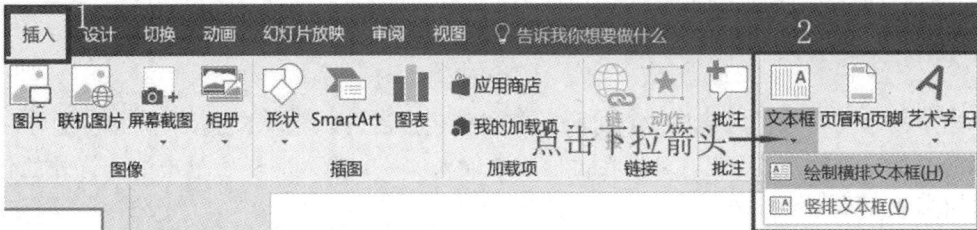

图 4-20 插入"文本框"方法

通过以上两种方式都可以完成对幻灯片中的文本内容的编辑，但是两者之间也存在一些差异，具体包括以下几点：

（1）占位符在初始状态下会显示提示文字，而文本框在初始状态下不显示任何内容。

（2）占位符中的内容具有一定的格式，而文本框中的内容只是默认的普通格式。

（3）占位符中可以包含任何可能的内容，如文字、图片、表格、SmartArt 图形等，而文本框中只能输入文字。

用户在幻灯片中输入标题、文本后，这些文字、段落的格式仅限于模版所制定的格式。为了使幻灯片更加美观、易于阅读，可以重新设定文字和段落的格式，这可以利用"开始"

选项卡中"字体"和"段落"功能区的命令按钮来实现。具体操作方法与 Word 操作类似，在此不再做详细介绍了。

# 任务 4.3　幻灯片设计

## 4.3.1　幻灯片主题及母版设计

好的演示文稿除了内容通俗易懂，字体和颜色要合理搭配以外，风格统一也很重要。使用模板或应用主题，可以为演示文稿设置统一的主题颜色、主题字体、主题效果和背景样式，实现风格统一。

### 1. PowerPoint 2016 模板与主题的联系与区别

模板是一张或一组设置好风格、版式的幻灯片文件，其后缀名为".potx"。模板可以包含版式、主题颜色、主题字体、主题效果和背景样式，甚至还可以包含内容。主题是将设置好的颜色、字体和效果整合到一起的模板元素，一个主题中只包含这三个部分。

模板和主题的最大区别是：模板中可包含多种元素，如图片、文字、表格、动画等，而主题中则不包含这些。PowerPoint 2016 模板分为特别推荐和个人两种。特别推荐是 office自带的，个人是用户自定义模板。

### 2. 自定义模板与应用

为演示文稿设置好统一的风格和版式后，可将其保存为模板文件，这样方便以后制作演示文稿时套用。下面对自定义模板与应用的方法进行介绍。

1）自定义模板

自定义模板就是将设置好的演示文稿另存为模板文件。操作方法：打开设置好的演示文稿，选择"文件"菜单下的"另存为"命令，在文件界面中部单击"浏览"命令，打开"另存为"对话框，如图 4-21 所示，保持模板默认保存位置不变，在"保存类型"下拉列表中选择"PowerPoint 模板 *.potx"，单击 保存(S) 按钮保存。

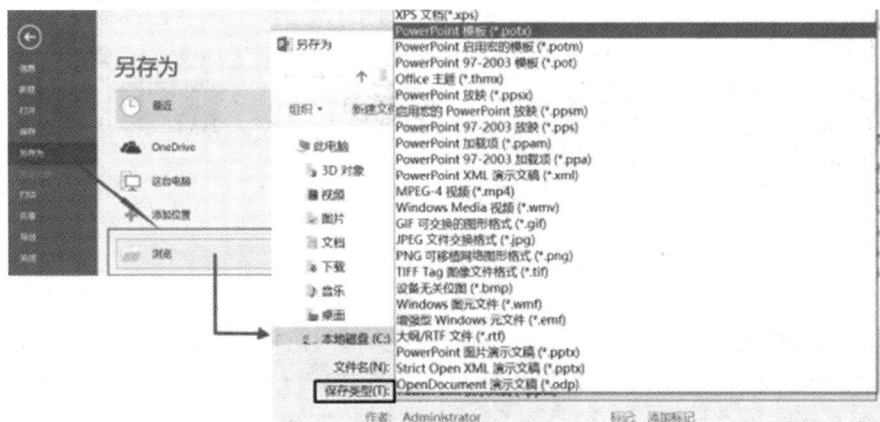

图 4-21　自定义模板

2）应用自定义模板

单击"文件"菜单中的"新建"命令，在打开的界面上单击"个人"选项卡后选择自定义好的模板，在弹出的窗口上单击"创建"按钮即可应用模板，如图 4-22 所示。

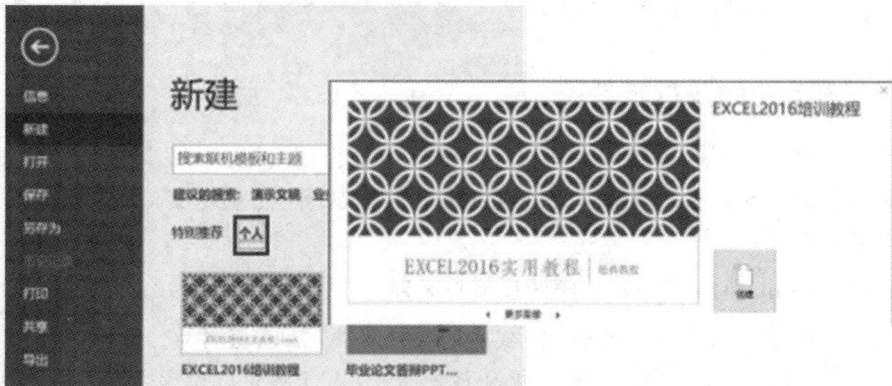

图 4-22　应用模板方法

**3. 为演示文稿应用主题**

PowerPoint 2016 中预设了多种主题样式，用户可根据需求选择所需的主题样式应用到演示文稿，这样可快速为演示文稿设置统一的外观。操作方法：打开演示文稿，在"设计"选项卡的"主题"功能区中浏览主题缩略图，选择所需的主题样式即可应用主题，如图 4-23 所示。

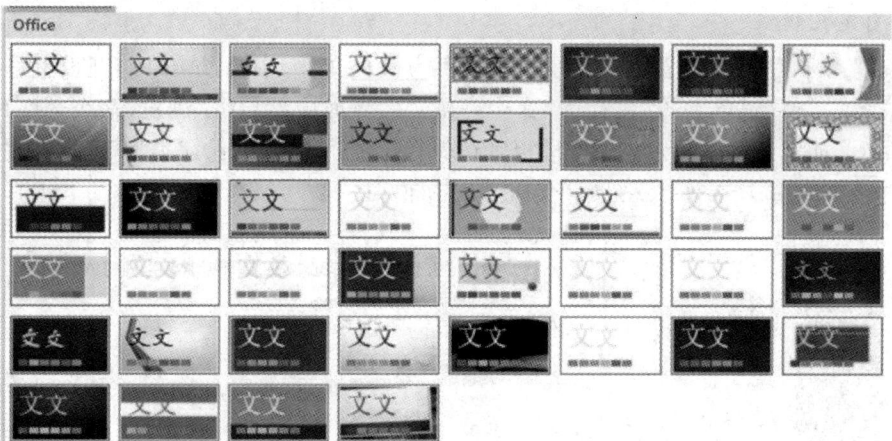

图 4-23　所有主题

对于应用了主题的幻灯片，还可以对其颜色、字体、效果和背景样式进行设置。操作方法：在"设计"选项卡的"变体"功能区中依次选择"颜色""字体""效果""背景样式"命令打开相应的下拉列表，在下拉列表中进行相应设置，也可以通过"自定义颜色""自定义字体"命令打开相应功能对话框自主设置主题颜色和主题字体。图 4-24 是"效果"下拉列表的展示图，图 4-25 是更改主题颜色方式的展示图，图 4-26 是更改主题字体方式的展示图。

图4-24 "效果"下拉列表的展示图

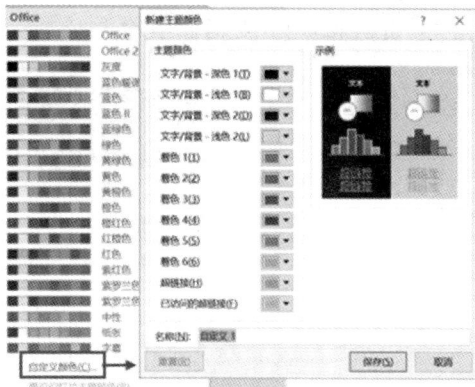

图4-25 更改主题颜色方式的展示图

图4-26 更改主题字体方式的展示图

### 4. 幻灯片母版设计

幻灯片母版属于模板的一部分，它是用来规定幻灯片中文本、背景、日期及页码的格式和显示位置的，对每张幻灯片中的共有信息设定统一显现方式，幻灯片上所有内容都在这个统一样式的框架基础上体现出来。由于幻灯片母版可以对幻灯片中的共有信息进行统一设置，因此用户可以用很少的时间和精力制作出具有相同样式、艺术装饰和文本格式的幻灯片，尤其是幻灯片容量较大的演示文稿使用幻灯片母版会非常便利。

使用幻灯片母版可以控制整个演示文稿的外观，在母版上所做的设置将应用到基于它的所有幻灯片上包括以后新建到演示文稿中的幻灯片。修改母版上的文本内容，应用该母版的幻灯片上的文本内容不会改变，但外观和格式会与母版保持一致，也就是说母版上的文本只用于样式，真正供用户观看的文本应该在"普通视图"模式下的幻灯片上输入。幻灯片母版的编辑和修改在"幻灯片母版视图"模式下进行，在其他视图模式下母版是不可以编辑和修改的，只能查看。在"视图"选项卡的"母版视图"功能区中单击"幻灯片母版"按钮即可进入"幻灯片母版视图"模式对母版编辑和修改。

默认的幻灯片母版有5个占位符，即"标题区""对象区""日期区""页脚区""数字区"，如图4-27所示。一般只修改母版上占位符的格式或调整占位符的位置，而不向占位符中添加内容。更改占位符格式的方法和在"普通视图"模式下更改的方法相同，选中占位符，在相应选项卡的相应功能区中单击命令按钮修改即可。"页脚区""日期区""数字区"的内容需要在"页眉和页脚"对话框中输入。

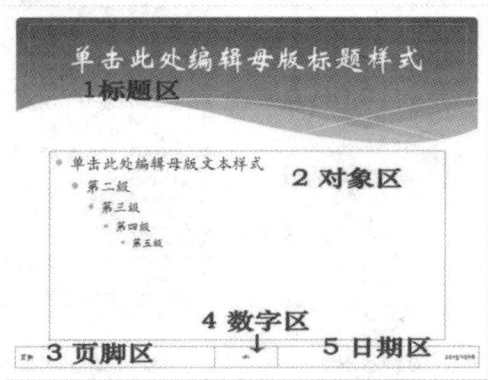

图 4 - 27　幻灯片母版默认占位符介绍

　　幻灯片母版编辑好后需要退出"幻灯片母版视图"模式，在"幻灯片母版"选项卡的"关闭"功能区中单击"关闭母版视图"按钮即可退出。

### 5. 幻灯片背景设置

　　模板或者主题的应用为整个演示文稿的幻灯片设置了统一背景，而背景设置可以满足用户想要突出显示某张幻灯片的需求。在 PowerPoint 2016 中给幻灯片添加背景的操作方法是：首先选中要添加背景图片的幻灯片，如果要选择多个幻灯片，在单击某个幻灯片后按住<Ctrl>键并单击其他幻灯片。然后在"设计"选项卡的"自定义"功能区中单击"设置背景格式"按钮，打开"设置背景格式"窗格，如图 4 - 28 所示。

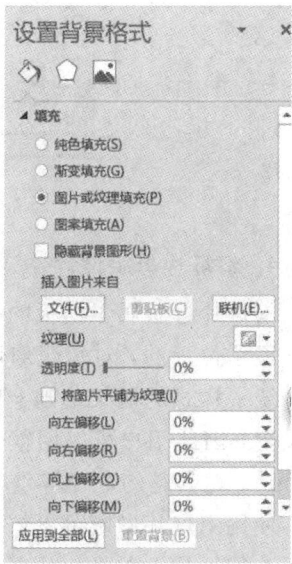

图 4 - 28　"设置背景格式"窗格

　　"设置背景格式"窗格的"填充"功能区中共有 5 个选项，前 4 个选项用来设置背景填充的方式，最后一个选项用来设置是否隐藏主题或者模板设置好的背景图形。下面详细介绍 4 种背景设置的方法。

　　（1）纯色背景的设置。在"设置背景格式"窗格中选中"纯色填充"单选按钮，单击"颜色"命令右侧的按钮打开颜色板，然后选择所需的颜色即可。如果要设置主题颜色中没有的颜色，可以单击"其他颜色"命令打开"颜色"对话框，在"标准"功能区上选择所需的颜色，或者在"自定义"功能区中混合出自己需要的颜色，也可以通过"取色器"取到需要的颜色。如果用户以后想要更改演示文稿主题，设置好的幻灯片背景色不会被更改。

　　（2）渐变背景的设置。渐变指的是由一种颜色逐渐过渡到另一种颜色，渐变色会给人一种炫目的视觉效果。在"设置背景格式"窗格中选中"渐变填充"单选按钮，窗格会弹出"渐变填充"命令的设置选项，其中包括 PowerPoint 2016 中的 30 种预设渐变，如图 4-29 所示。

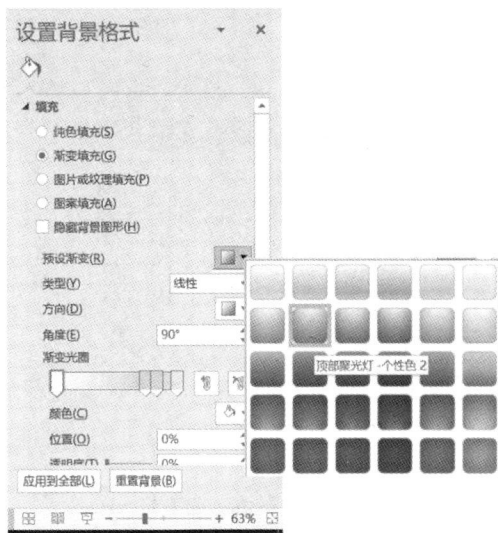

图 4-29　渐变填充选项显现图

（3）纹理和图片背景的设置。纹理背景的设置：选中"图片或纹理填充"单选按钮，在对应的设置选项中选择某个"纹理"即可；图片背景的设置：选中"图片或纹理填充"单选按钮，单击"文件"按钮，在随之出现的"插入图片"对话框中找到要插入的图片，单击"确定"按钮即可，如图 4-30 所示。

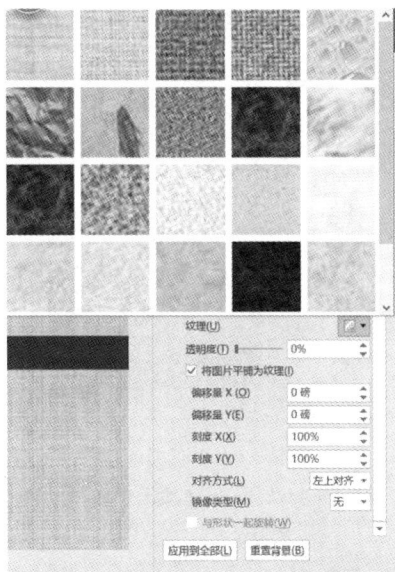

图 4-30　纹理填充选项显现图

（4）图案填充。图案指以某种颜色为背景色，以前景色作为线条色所构成的图案背景。图案背景的设置：选中"图案填充"单选按钮后，单击某个图案，选择前景色和背景色即可实现图案填充，如图 4-31 所示。

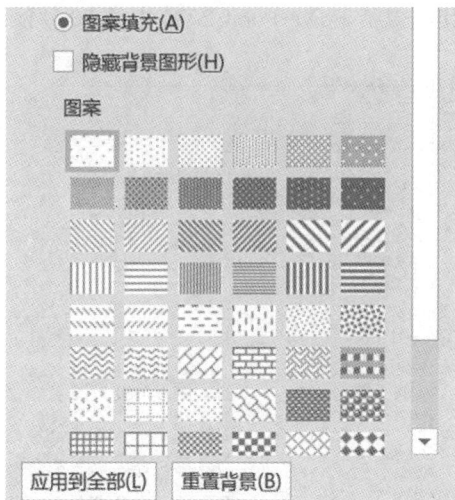

图 4-31　图案填充选项显现图

在"设置背景格式"窗格中设置好背景后,单击窗格右上角×按钮实现单张幻灯片背景设置,单击"应用到全部"可以使所有幻灯片应用当前的背景设置。

### 4.3.2　幻灯片的美化

幻灯片的美化主要涉及的是图片、音频、视频和形状等元素的插入,"插入"选项卡中各功能区样式如图 4-32 所示。

图 4-32　"插入"选项卡中各项功能

**1. 图片的插入**

在演示文稿的过程中,为了增强视觉效果,需要在幻灯片中添加图片。实现方法如下:

(1) 在"插入"选项卡的"图像"功能区中单击"图片"按钮,打开"插入图片"对话框。

(2) 在"插入图片"对话框中找到要插入图片所在的文件夹,选中要插入的图片,单击"插入"按钮,图片就会插入到幻灯片中了。

(3) 可以使用鼠标拖拽的方法调整图片大小和位置,也可以单击鼠标右键,在弹出的快捷菜单中选择"大小和位置"命令，在打开的"设置形状格式"对话框中进行调整。

**2．音频的插入**

为了增强演示文稿的播放效果，可以为演示文稿配上背景音乐。实现方法如下：

（1）在"插入"选项卡的"媒体"功能区中单击"音频"按钮的下拉箭头，打开下拉列表，选中"PC上的音频"命令，打开"插入音频"对话框。

（2）在"插入音频"对话框中找到要插入音频所在的文件夹，选中要插入的音频，单击"插入"按钮，音频就插入到幻灯片中了。

（3）"音频工具"选项卡下的"格式"和"播放"两个功能区的命令按钮可以设置音频图标的样式、裁剪音频和设置音频的播放方式。

演示文稿不仅可以插入外部音频，也可以自由录制音频，演示文稿支持 mp3、wma、wav、mid 等格式音频文件。

**3．视频的插入**

视频的插入和音频的插入方法基本相同，不同之处就在于视频不能自由录制，但可以插入来自网页的视频文件，也可以单击"屏幕录制"按钮录制屏幕视频并插入到幻灯片中。演示文稿支持 avi、wmv、mpg 等格式视频文件。

**4．艺术字的插入**

在演示文稿中添加艺术字可以提升播放的视觉效果，Office 的多个组件都具有艺术字功能，在演示文稿中插入艺术字的方法如下：

（1）在"插入"选项卡的"文本"功能区中单击"艺术字"按钮的下拉箭头，打开艺术字字库，选定一种样式后，字样为"请在此放置您的文字"的艺术字就会显示在幻灯片上。

（2）选中"请在此放置您的文字"占位符文字，重新输入需要的艺术字字符，设置字体，字号等格式，按<Enter>确定。

（3）可以使用鼠标拖拽的方法调整艺术字大小和位置，也可以单击鼠标右键在弹出的快捷菜单中选择"设置形状格式"命令，在打开的"设置形状格式"对话框中进行调整。

（4）如果想要修改艺术字的效果，可以选中艺术字占位符，在"格式"选项卡的"艺术字"功能区中单击"文本效果"按钮，在弹出的下拉列表中选择相应效果即可，如图 4-33 所示。

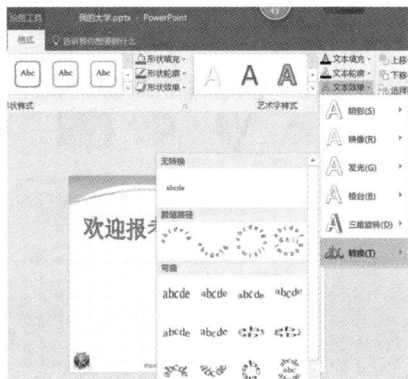

图 4-33　艺术字效果

**5．图形的绘制**

在演示文稿制作过程中经常需要绘制一些形状来美化幻灯片，让演示文稿达到较好的视觉效果，在演示文稿中绘制图形的方法如下：

（1）在"插入"选项卡的"插图"功能区中单击"形状"按钮的下拉箭头，打开形状库，选定一种形状回到幻灯片上。

（2）在幻灯片形状放置处拖动鼠标绘制出相应的形状。

**6．公式的编辑**

在制作一些专业性较强的演示文稿时，经常需要在幻灯片中添加一些复杂的专业公式。在演示文稿中编辑公式的方法如下：

（1）在"插入"选项卡的"符号"功能区中单击"公式"按钮的下拉箭头，打开公式库，公式库中有已定义好的公式，也可以插入新公式。

（2）单击"插入新公式"按钮自动切换到"公式工具-设计"选项卡，打开公式设计功能区，如图 4-34 所示。利用功能区中的相应符号和工具可编辑出相应的公式。

图 4-34　公式设计功能区

（3）调整公式的大小和位置。

此外，PowerPoint 2016 提供了"墨迹公式"命令，此命令可通过鼠标手写输入公式。

**7．图表的插入**

在幻灯片中插入图表可以更直观地显示数据，增强幻灯片的可读性。在演示文稿中插入图表的方法如下：

（1）在"插入"选项卡的"插图"功能区中单击"图表"按钮，打开"插入图表"对话框，选中需要的图表后会打开 Excel 应用程序数据表。

（2）在数据表中编辑相应的数据，编辑好后关闭 Excel 应用程序。

（3）调整图表的大小和位置。如果图表数据需要修改，可依次选择"设计""格式"选项卡做相应的修改，如图 4-35 所示。

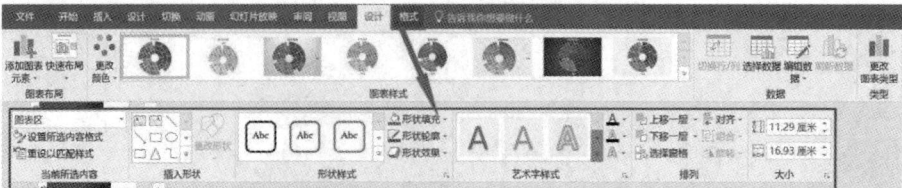

图 4-35　"设计""格式"选项卡

**8．SmartArt 图形的插入**

在幻灯片中插入 SmartArt 图形可以帮助展示者以动态可视的方式来阐明文稿中的流程、层次结构和关系。在演示文稿中插入 SmartArt 图形的方法如下：

（1）在"插入"选项卡的"插图"功能区中单击"SmartArt"按钮，打开"选择 SmartArt 图形"对话框，如图 4-36 所示。

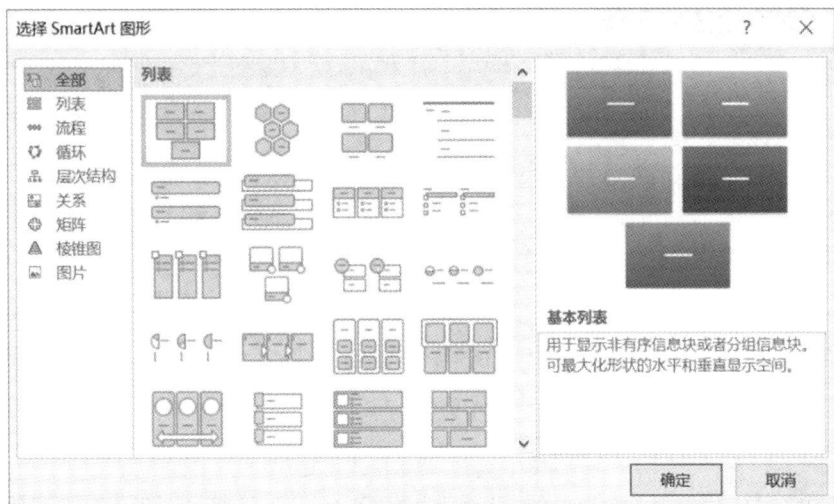

图 4-36 "选择 SmartArt 图形"对话框

（2）对话框默认显示全部列表，显示所有的 SmartArt 可用图形，选中要插入的 SmartArt 图形，单击右下角的"确定"按钮将选择的 SmartArt 图形插入到幻灯片中。

（3）SmartArt 图形插入后，在选项卡中会多一个"SmartArt 工具"选项，此选项有两个子选项"设计"和"格式"，在这两个子选项中可以选择合适的颜色、形状、样式和格式，也可以在已有的图形基础上添加形状，修改形状内的文字信息。

### 4.3.3 案例：制作诗词赏析

利用 PowerPoint 2016 能够方便快捷地将图片、形状等对象插入到幻灯片中，其直观的画面可以吸引观看者的注意力。本案例使用 PowerPoint 2016 的设计功能制作《诗词赏析》演示文稿，要求：给幻灯片设置漂亮的切题背景，演示文稿的应用主题、母版风格统一。

**1. 新建并保存演示文稿**

打开 PowerPoint 2016 应用程序，默认新建一个演示文稿，单击"文件"菜单中的"保存"命令，打开文件界面，单击窗口中部的"浏览"按钮在弹出的"另存为"对话框中，改变文件保存路径，修改文件名为"诗词赏析"，单击"保存"按钮保存文档。

**2. 创建幻灯片母版**

（1）在"视图"选项卡的"母版视图"功能区中单击"幻灯片母版"按钮，进入"幻灯片母版视图"模式，选中最顶端幻灯片母版，在"插入"选项卡的"图像"功能区中单击"图片"按钮，打开"插入图片"对话框，选定图片所在路径，选中"背景二.jpg"，单击"打开"按钮插入图片，拖拽鼠标调整图片大小直至图片覆盖整张幻灯片。

（2）选中"空白版式"幻灯片，选项卡切换到"幻灯片母版"，在"背景"功能区中单击"背景样式"的下拉箭头，在弹出的菜单中选中"设置背景格式"命令打开"设置背景格式"窗格。

（3）在"设置背景格式"窗格中选中"填充"功能区下的"图片或纹理填充"单选按钮，单击"文件"按钮打开"插入图片"对话框，选定图片所在路径，选中"背景一.jpg"，单击"插入"按钮，图片作为背景显示在幻灯片上，随之关闭"设置背景格式"窗格。设置方式如图 4-37 所示。

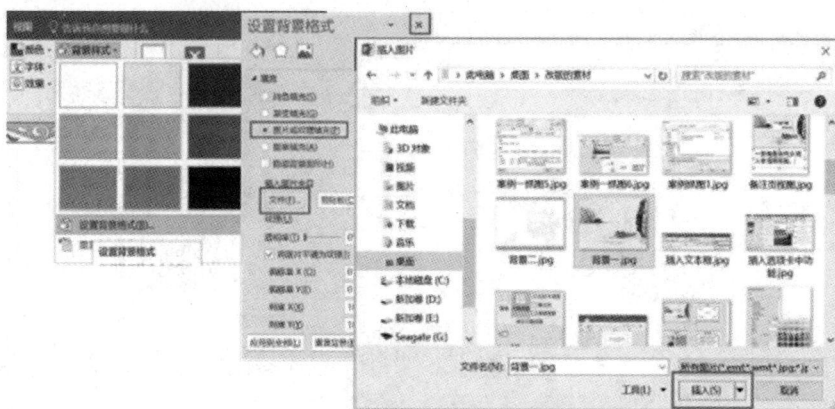

图 4-37　背景格式设置

（4）选中"幻灯片母版"选项卡的"背景"功能区中的"隐藏背景图形"复选框使背景设置生效，在"关闭"功能区中单击"关闭母版视图"按钮退出"幻灯片母版视图"模式。

**3. 制作首页幻灯片，插入艺术字和音频**

（1）在"开始"选项卡的"幻灯片"功能区中单击"新建幻灯片"按钮的下拉箭头新建一张版式为"空白"的幻灯片。

（2）在"插入"选项卡的"文本"功能区中单击"文本框"按钮的下拉箭头选择"绘制横排文本框"命令，如图 4-38 所示拖动鼠标生成文本框。选中文本框，单击鼠标右键弹出快捷菜单，在快捷菜单中单击"大小和位置"命令打开"设置形状格式"窗格，在"形状选项"下的"大小"功能区中设置文本框高度为"6.41 厘米"，宽度为"9.37 厘米"，设置方式如图 4-39 所示。将文本框拖拽到幻灯片中部。

图 4-38　第一张幻灯片

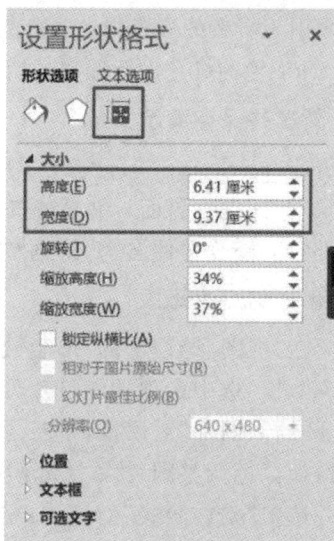

图 4-39　文本框设置方式

（3）在文本框中输入"一剪梅李清照"，设置字体格式"华文隶书"。"一剪梅"为 72 号字，"李清照"为 44 号字。在"格式"选项卡的"形状样式"功能区中设置"形状效果"为"三维旋转：透视：宽松"，如图 4-40 所示。在"艺术字样式"功能区中设置"文本效果"为"发光：8 磅；红色，主题色 2"，如图 4-41 所示。

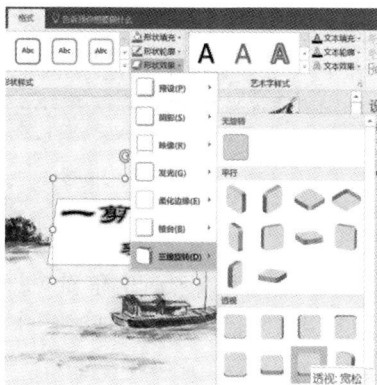

图 4-40　形状样式设置

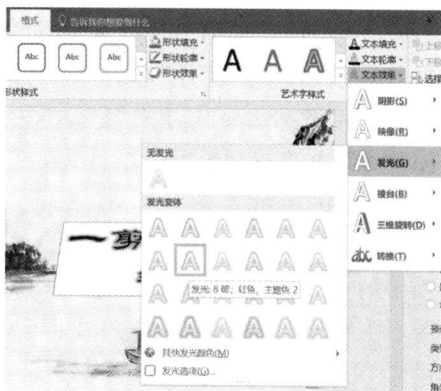

图 4-41　艺术字样式设置

（4）在"插入"选项卡的"媒体"功能区中单击"音频"按钮，在弹出的下拉列表中选择"PC 上的音频"，打开"插入音频"对话框，选择"背景音乐.mp3"文件插入背景音乐。在"音频工具"选项卡的"播放"功能区中单击"在后台播放"按钮，实现背景音乐自动循环播放直到幻灯片放映完毕。

**4. 制作第二张幻灯片**

（1）在"开始"选项卡的"幻灯片"功能区中单击"新建幻灯片"的下拉箭头新建一张版式为"仅标题"的幻灯片。在标题占位符中输入"目录"，字体为"华文隶书，44 号字"。

（2）在"插入"选项卡的"插图"功能区中单击"形状"的下拉箭头插入"矩形"。设置文本框大小为"高度12.4，宽度21.6"。在"文本选项"下的"文本填充与轮廓"功能区中设置复合类型为"由粗到细"。设置方式如图 4-42 所示。在矩形内部插入文本框，设置字体格式为"华文隶书，28 号字"，字体颜色为"白色，背景 1，深色 50％"。复制粘贴四个，依照图 4-43 排列并输入文字。

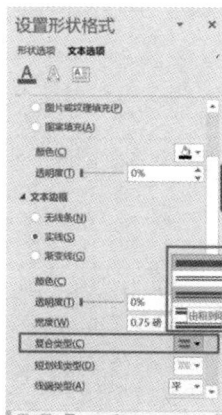

图 4-42　形状边框类型设置方式方法

图 4-43　第二张幻灯片

### 5. 制作其他幻灯片

（1）在视图窗格中选中第二张幻灯片，按<Ctrl＋C>键复制，按<Ctrl＋V>键粘贴生成第三张幻灯片，依照图4-44改变标题占位符中的文字。将矩形中内容全部删除。在"插入"选项卡的"图像"功能区中单击"图片"按钮，弹出"插入图片"对话框，选定插入图片所在路径，选中"作者.jpg"，单击"打开"按钮插入图片，调整图片大小并拖拽到矩形内左侧。在右侧插入文本框，输入图4-44所示文字。

图4-44　第三张幻灯片

（2）依照上述步骤生成第四张幻灯片，设置方式如图4-45所示，选中矩形，在"格式"选项卡的"插入形状"功能区中单击"编辑形状"按钮，在弹出的下拉列表中单击"更改形状"命令，在弹出的下拉列表中选中"矩形"类中的"矩形：剪去对角"改变矩形形状。最后输入如图4-46所示文字。

图4-45　设置矩形形状方式

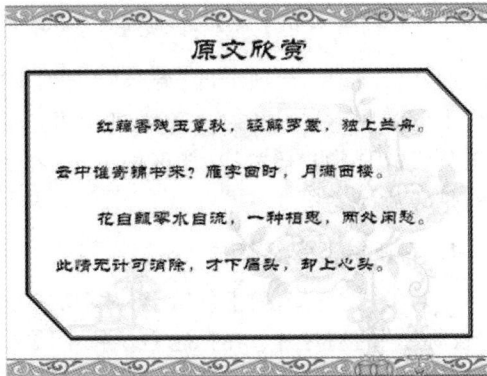

图4-46　第四张幻灯片

以此步骤操作直至演示文稿完成。

# 任务4.4　幻灯片动画设计

## 4.4.1　幻灯片动画设计

为了增强PowerPoint 2016演示文稿的视觉效果，可以将文本、图片、形状、表格等对象制作成动画，设计和制作动画的方法如下所述。

### 1. 选择动画种类

设置动画需要选中设置动画的对象，否则动画选项卡功能区中的按钮不可用。动画有进入、强调、退出、动作路径4种设置效果。

（1）"进入"效果：对象以某种方式出现在幻灯片上。例如，可以让对象从某一方向飞入或者是旋转出现在幻灯片中。

（2）"强调"效果：对象直接显示再以缩小或放大、颜色更改等方式显示。

（3）"退出"效果：对象以某种方式退出幻灯片。例如，对象整体消失，或者从某一方向消失。

（4）"动作路径"效果：对象按照某一事先设定的轨迹运动。轨迹设定有系统定义和自定义路径两种。选择"自定义路径"命令，鼠标指针变成一支铅笔，使用这支铅笔可以任意绘制想要的动画路径，双击鼠标左键可以结束绘制。如不满意可在路径的任意点上单击鼠标右键，在弹出的快捷菜单上选择"编辑顶点"命令，拖动线条上的点调节路径效果，如图4-47所示。

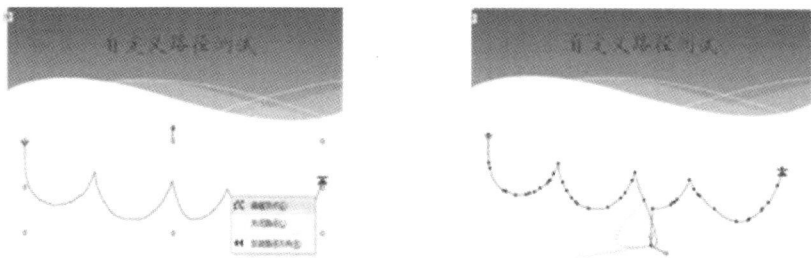

图4-47 路径调整方式

四种动画可以组合使用，也可以单独使用，在动画或者高级动画功能区中鼠标左键单击要设置的动画就可以看见动画效果，不满足需求的可以单击其他动画进行相应更改。

**2．设置方向和序列**

单击动画功能区中的"效果选项"按钮，可以对动画实现的方向、序列等进行调整。

**3．设置计时**

计时功能区中有4项功能："开始""持续时间""延迟""对动画重新排序"。计时功能区及选项设置如图4-48所示。

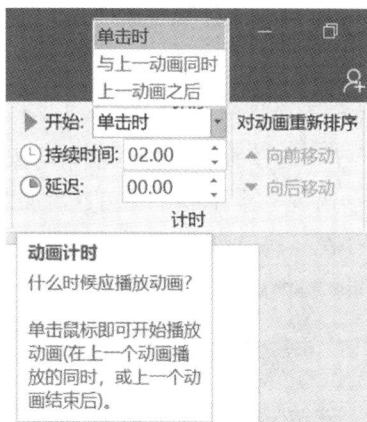

图4-48 "计时"功能区

（1）"开始"有3个选项："单击时""与上一动画同时""上一动画之后"，如图4-48所示。默认是"单击时"。如果选择"单击时"，在幻灯片播放过程中单击鼠标可实现动画播放；选择"与上一动画同时"，当前动画会和同一张幻灯片中的前一个动画同时显示；选择"上一动画之后"，当前动画在上一个动画结束后显示。如果动画较多，建议优先选择后两种开始方式，这样有利于幻灯片播放时间的把控。

（2）"持续时间"用来控制动画的速度，调整"持续时间"右侧的微调按钮可以让动画以0.25秒的步长递增或递减。

（3）"延迟"用来调整动画显示时间，顾名思义就是让动画在"延迟"设置的时间后显示，这样有利于动画之间的衔接，可以让观看者清晰地看到每一个动画。

（4）"对动画重新排序"用来调整同一幻灯片中的动画顺序。直观的方法是单击"高级动画"功能区中的"动画窗格"，在演示文稿右侧显示"动画窗格"窗口，拖动鼠标调整上下位置可以方便快捷地调整动画播放前后顺序；也可以单击鼠标右键删除动画，如图4-49所示。

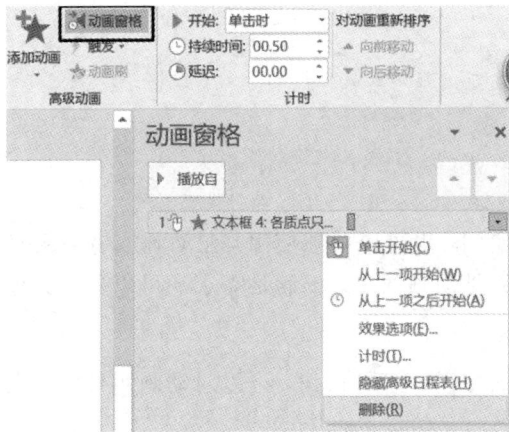

图4-49　动画窗格

在多个动画设置对象中选定某一对象，单击"对动画进行重新排序"下的"向前移动"或者"向后移动"按钮也可以实现对象动画播放顺序的改变。

**4. 设置相同动画**

有时候我们希望在多个对象上设置同一动画，PowerPoint 2016为用户提供了"动画刷"，它可以快捷地实现这一愿望。选择所要模仿的动画对象，单击"高级动画"功能区中的"动画刷"按钮，鼠标指针旁边会出现一个小刷子，用这种带格式的鼠标单击其他对象就可以实现设置同一动画的目的，如图4-50所示。

图4-50　动画刷

**5. 对同一对象设置多个动画**

有时需要反复强调某一对象，这时可以给同一对象添加多个动画。设置好对象的第一个动画后，单击"添加动画"按钮可以继续添加动画。比如一个对象可以先"进入"再"退出"。

## 4.4.2　幻灯片放映及交互

**1. 幻灯片的切换**

幻灯片切换是增强幻灯片视觉效果的另一种方式，它是指在演示文稿放映期间从上一张幻灯片转向下一张幻灯片时出现的动画效果。操作时可以控制切换的速度，添加切换时的声音，演示文稿可以设置统一的切换效果，也可以每张幻灯片单独设置切换效果。给幻灯片添加切换效果的方法如下：

（1）在视图窗格中选择想要设置切换效果的幻灯片缩略图。

（2）在"切换"选项卡的"切换到此幻灯片"功能区中，单击要应用于当前幻灯片的切换效果按钮，实例中应用的是"库"切换效果，如图 4-51 所示。切换效果分为细微型和华丽型和动态内容。

（3）"切换"选项卡的"切换到此幻灯片"功能区最右侧是"效果选项"命令按钮，单击该命令按钮可以对切换效果进一步设置。如图 4-51 右侧是"库"切换效果的效果选项。

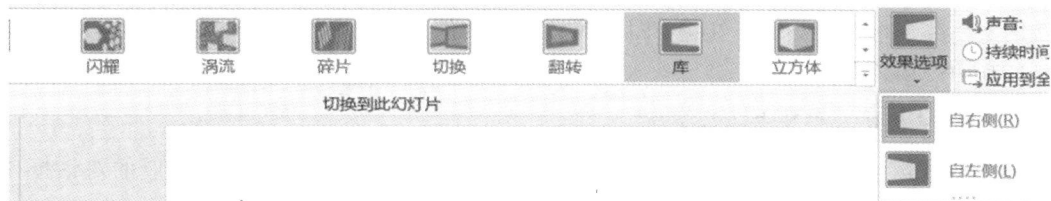

图 4-51　切换效果选项

（4）在"计时"功能区中有四项功能：声音、持续时间、应用到全部和换片方式，如图 4-52 所示。"声音"用来设置切换音效；"持续时间"用来控制切换速度；"应用到全部"可以让所有幻灯片应用同一切换效果；"换片方式"用来设定幻灯片切换的方式是自动换片还是鼠标单击换片。

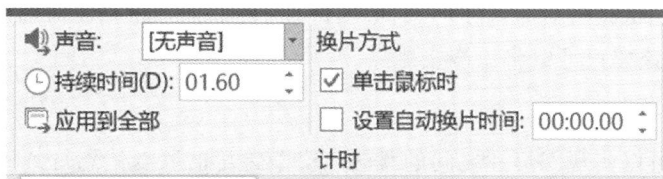

图 4-52　"切换"选项卡"计时"功能区

**2. 超链接交互**

在演示文稿放映过程中有时需要跳转到特定的幻灯片、文件或者是 Internet 上某一网址来增强演示文稿的交互性，这就涉及演示文稿的超链接设置。

选定要插入超链接的对象，在"插入"选项卡"链接"功能区单击"链接"按钮，打开"插入超链接"对话框。如图 4 - 53 所示。

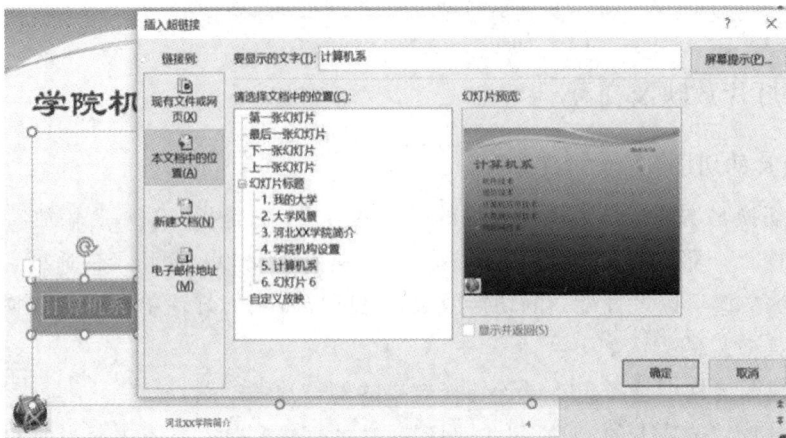

图 4 - 53 "插入超链接"对话框

1）超链接到现有文件或网页

此超链接可以跳转到当前演示文稿之外的其他文档或者网页。可以选定本地硬盘中路径进行超链接文档查找定位，也可以在底部文本框直接输入文档信息或者网页地址。超链接的文档类型可以是 Office 文稿、图片或者声音文件。单击该超级链接时，可以自动打开相匹配的应用程序。

2）超链接到本文档中的位置

此超链接可以实现当前演示文稿不同幻灯片之间的切换。在此选项对应的对话框中可以看到当前演示文稿内的全部幻灯片，选择符合需求的幻灯片，单击"确定"按钮即可。

3）超链接到电子邮件地址

此超链接可以打开 Outlook，给指定地址发送邮件。在电子邮件地址下方的文本框输入电子邮件地址即可。

4）删除超链接

选定要删除超链接的对象，打开"编辑超链接"对话框，此时该对话框多了一个"删除链接"按钮，单击该按钮可以将原链接删除。

**3．动作交互**

除了超链接可以实现幻灯片之间的跳转，动作交互也可以让幻灯片完成跳转。通过交互按钮的创建实现幻灯片之间的交互，下面以"设置练习题按钮"为例来讲述动作按钮的交互设计方法。

（1）选中对象，如图 4 - 54 中的"练习题"椭圆形状，在"插入"选项卡的"链接"功能区中单击"动作"按钮，弹出"操作设置"对话框。

（2）选中对话框中的"单击鼠标"选项卡，选择"超链接到："单选按钮，单击右侧下拉箭头，在下拉列表中选择"幻灯片..."，弹出"超链接到幻灯片"对话框。

（3）在弹出的"超链接到幻灯片"对话框中选择"4.练习题"，如图4-55所示。依次单击两个对话框的"确定"按钮完成设置。

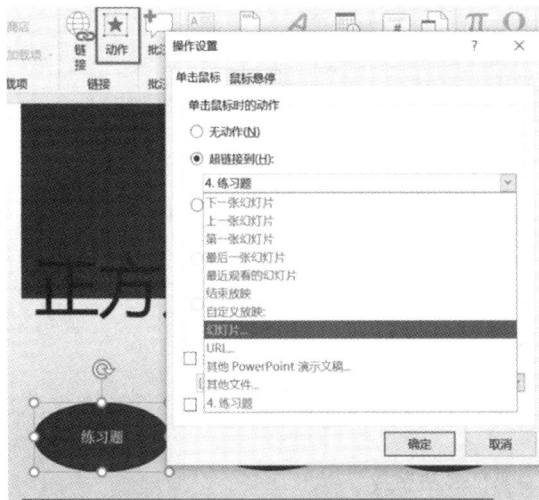

图4-54　动作设置方式

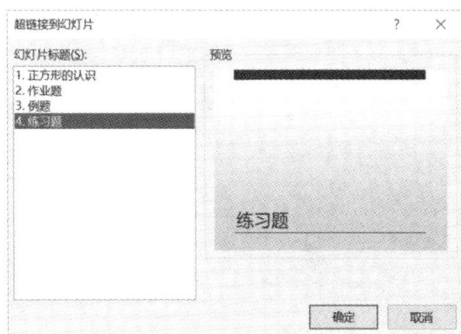

图4-55　"超链接到幻灯片"对话框

在图4-56中"超链接到："单选按钮的下拉列表中还有其他选项可以实现不同的动作设置和动作交互。

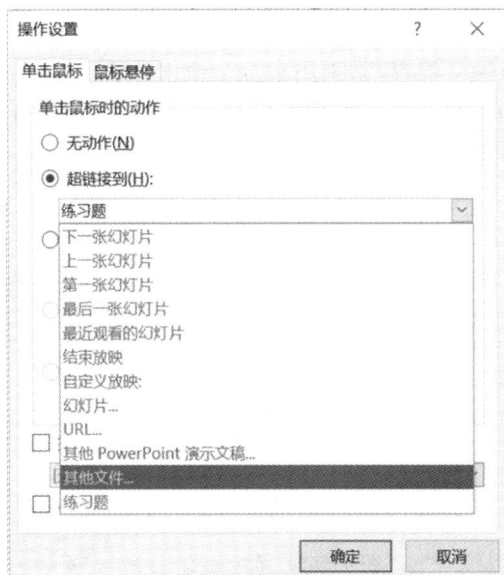

图4-56　动作设置其他方式

### 4. 放映功能交互

在"幻灯片放映"选项卡的"设置"功能区中单击"设置幻灯片放映"按钮，弹出如图4-57

所示的"设置放映方式"对话框,根据需要设置放映类型、放映选项、放映幻灯片、推进幻灯片、多监视器五项内容,最后单击"确定"按钮即可。

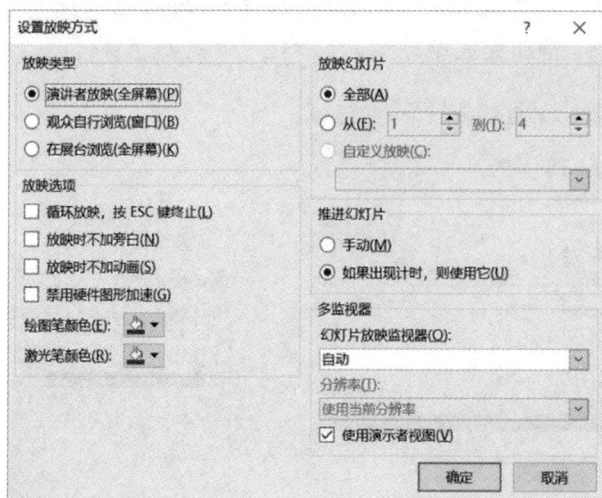

图 4-57　幻灯片放映方式设置

### 4.4.3　案例:制作乘用车行业销售分析

本案例将使用 PowerPoint 2016 的图表和动画设计功能制作"乘用车行业销售分析"演示文稿的幻灯片,对乘用车市场进行分析。

**1. 完成幻灯片内容制作**

(1) 新建空白演示文稿,保存为"乘用车行业销售分析.pptx"。插入第一张幻灯片,版式为"标题幻灯片"。在"设计"选项卡的"主题"功能区中选择"回顾"主题并应用。在标题占位符中输入"乘用车行业销售分析",如图 4-58 所示。

图 4-58　第一张幻灯片

(2) 新建第二张幻灯片,版式为"两栏内容"。在标题占位符中输入"整体走势",在右侧内容区输入图 4-59 所示文字,调整右侧内容区大小,在右侧内容区内单击"插入图表"按钮,弹出"插入图表"对话框,选择"组合"图表类型,如图 4-60 所示,在"系列 2"右侧图表类型中选择"带标记的堆积折线图",启用系列 2 次坐标轴复选框。

**整体走势**

受年末购车高峰以及购置税减免政策即将到期的影响，12月份乘用车市场销量达到229.76万辆，创今年新高。

图4-59　第二张幻灯片

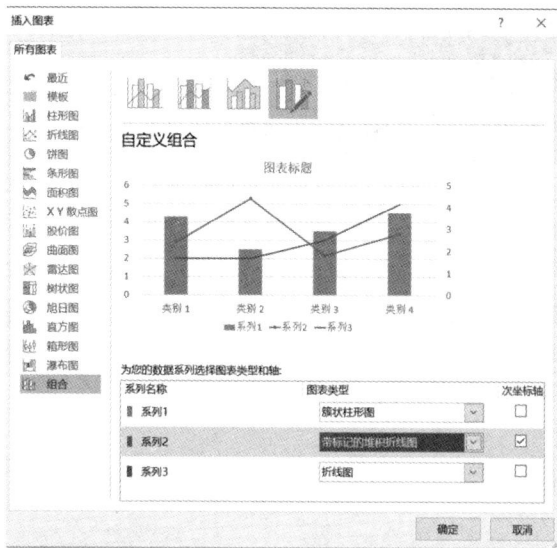

图4-60　图表类型选择界面

（3）单击图4-60中"插入图表"对话框的"确定"按钮，弹出Excel工作簿，输入如图4-61所示数据，单击右上角关闭按钮关闭工作簿。

| ▲ | A | B | C |
|---|---|---|---|
| 1 | | 同比变化 | 销售（万辆） |
| 2 | 1月 | -0.2% | 214.7 |
| 3 | 2月 | 19.1% | 158.77 |
| 4 | 3月 | 3.1% | 199.92 |
| 5 | 4月 | -1.8% | 166.79 |
| 6 | 5月 | -2.0% | 160.28 |
| 7 | 6月 | 3.2% | 158.85 |
| 8 | 7月 | 4.8% | 145.54 |
| 9 | 8月 | 5.3% | 165.12 |
| 10 | 9月 | 3.4% | 219.98 |
| 11 | 10月 | 0.3% | 221.45 |
| 12 | 11月 | 0.3% | 245.17 |
| 13 | 12月 | -0.1% | 229.76 |

图4-61　Excel工作簿数据

（4）输入图表标题为"乘用车销售图示"，在"格式"选项卡的"图表样式"功能区中设置图表样式为"样式6"。双击图表左侧坐标轴，弹出"设置坐标轴格式"窗格，设置最大值为1000，如图4-62所示。

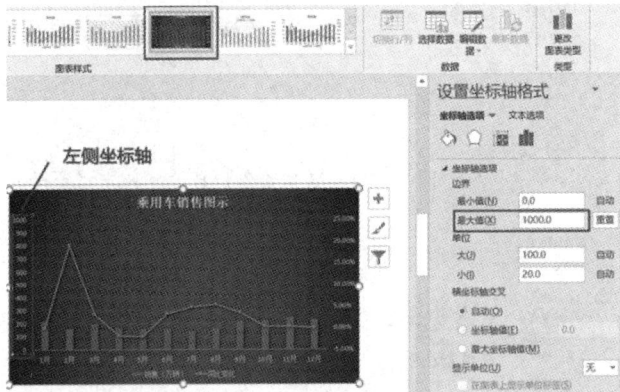

图4-62　图表坐标轴格式设置

（5）在"设计"选项卡的"图表布局"功能区的"添加图表元素"按钮下拉列表中，单击"数据标签"按钮，在其下级菜单中选择"数据标签外"按钮，为图表添加数据标签并使数据标签位于图表上方，如图4-63所示。双击图例区，弹出"设置图例格式"窗格，设置图例位置为"靠上"，如图4-64所示。

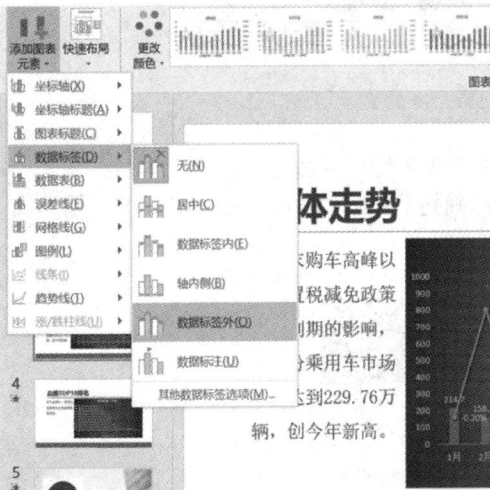

图4-63　添加数据标签

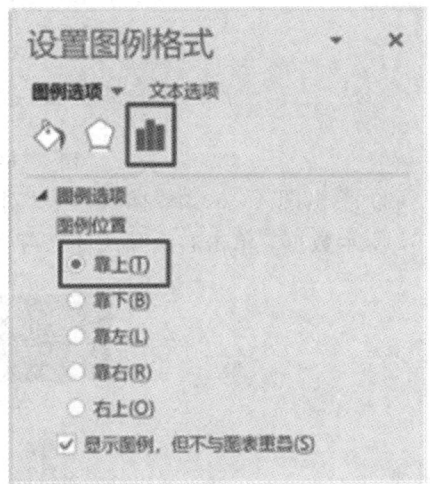

图4-64　图例格式设置

（6）选中折线图上的数据，在"设计"选项卡的"图表布局"功能区的"添加图表元素"按钮下拉列表中单击"数据标签"按钮，在其下级菜单中选择"上方"按钮将折线图上数据放置在标记点的上方。保持折线图上数据的选中状态，切换选项卡到"开始"，设置字体格式"加粗"。选中折线图的折线，在"格式"选项卡的"形状样式"功能区中设置"形状轮廓"为"红色"，"形状填充"为"白色"。选中柱形图中的所有柱形，设置"形状填充"为"橙色，个性色2"，效果如图4-65所示。

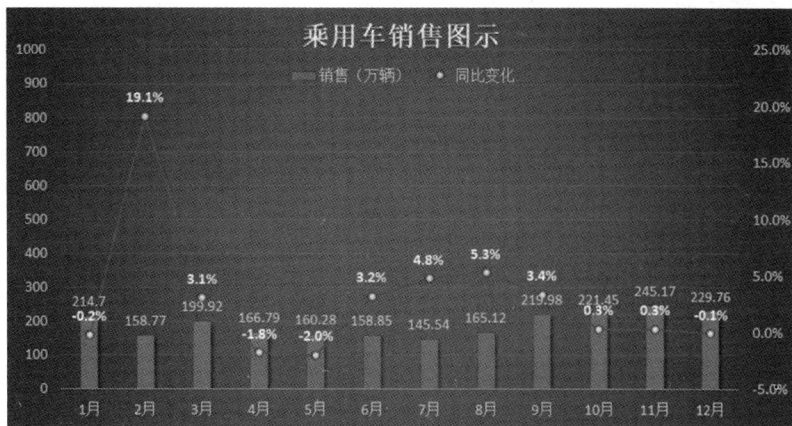

图 4 – 65  图表样式设置

（7）新建第三张幻灯片，版式为"两栏内容"。依照上述步骤输入内容，插入图表，图表数据如图 4 – 66 所示，效果如图 4 – 67 所示。

图 4 – 66  图表数据

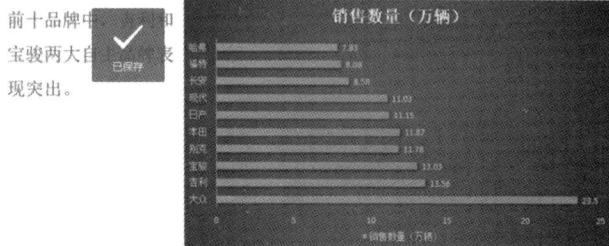

图 4 – 67  第三张幻灯片效果

（8）新建第四张幻灯片，版式为"空白"。插入"图片 1. jpg"，图片中的艺术字的样式为"填充：黑色，文本色 1，阴影"。效果如图 4 – 68 所示。

图 4 – 68  第四张幻灯片效果

**2. 为幻灯片设置动画**

选中幻灯片中的图表，在"动画"选项卡的"动画"功能区中选择"进入"效果中的"擦除"效果，在"效果选项"中选择"按系列中的元素"命令，动画设置效果如图4-69所示。

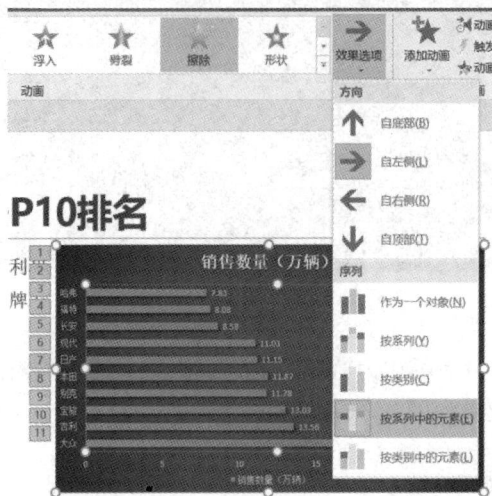

图4-69　动画设置效果

**3. 设置幻灯片切换效果**

在"切换"选项的"切换到此幻灯片"功能区中，单击"显示"切换效果，在"计时"功能区中单击"应用到全部"命令，即可完成切换效果设置。

# 任务4.5　幻灯片设计理论

## 4.5.1　幻灯片色彩与应用设计

想要很好地使用颜色可以从认识颜色盘开始。颜色盘中包含12种颜色，如图4-70所示。这12种颜色被分为三个组：原色，间色和复色。

（1）原色指的是红、蓝、黄3色，这3种原色混合产生其他所有颜色。

（2）间色指的是绿、紫、橙3色，这3种颜色由原色混合形成。

（3）复色指的是橙红、紫红、蓝绿、橙黄、黄绿等色，这些颜色是由原色和间色混合构成的。

（4）相对位置的颜色被称为补色，补色对比强烈能产生良好的动态效果。

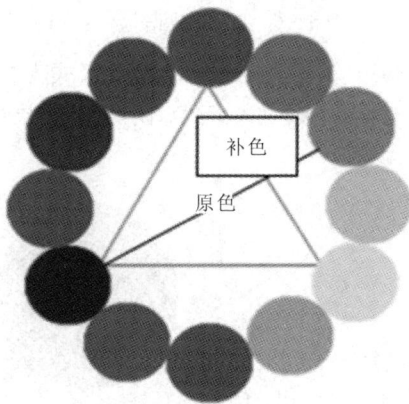

图4-70　颜色盘

（5）在颜色盘上左右相邻的颜色称为近似色，使用近似色既有色彩变化又能保持颜色和谐统一。

**1. 色彩的 3 个属性**

色彩的 3 个属性是色相、明度和纯度。色相是指色彩的相貌，明度是指色彩的明暗度，纯度是指色彩的饱和度。

（1）不同的色彩象征不同的感觉，红色及其近似色象征着热情、活泼和温暖，而蓝色及其近似色象征着理性、沉静和安全。这就是色相和色调带来的色彩心理。

（2）明度的高低也能带来不同的色彩心理，如图 4 - 71 所示，高明度让人感觉柔和娇嫩，中明度让人感觉艳丽醒目，低明度让人感觉深沉浑厚。

图 4 - 71 明度高低对比

（3）纯度不一样也会带来不一样的色彩心理，高纯度色彩是饱和充实，中纯度色彩是温和圆润，低纯度色彩是朴素浑浊。

**2. 配色协调的技巧**

（1）同一幻灯片中展示同等重要内容采用相同明度和纯度的配色。

（2）不同类别对象使用对比色突出展示。

（3）应用环境的设计要依据色彩心理。

（4）同一幻灯片中大块配色最好不要超过 3 种。

**3. 配色误区**

1）五颜六色才好看

春暖花开的园林，各种植物争奇斗艳，颜色数量多且好看，但不是每个人都拥有将多种颜色搭配得很好看的天赋，因此将幻灯片的颜色控制在一两种是一个明智的选择，并不是五颜六色才好看。

2）演示文稿不注重观众感受

自己在电脑上观看演示文稿，看着都是清楚的，可投影出来就不一定清晰，因此配色的另一个标准就是观众的观感，要让演示场所的每一个观众都可以清晰地看见演示文稿。通常加大字体字号并加粗和使用对比色是有效的方法。

## 4.5.2 幻灯片构图设计

**1. 图片的处理**

1）给图片设置样式

PowerPoint 2016 自带图片工具，用户可以利用图片工具提供的 28 种预设样式设置图片样式，也可以通过"图片边框""图片效果""图片版式"三个命令按钮自定义图片样式。设置图片样式的方法是：选中图片，在图片工具"格式"选项卡的"图片样式"功能区中单击某种图片样式就可以给图片设置样式，增加图片的质感和层次。如图4-72所示就是其中三种样式的设置效果。

图4-72　三种图片样式设置效果

2）大胆裁剪图片

在大部分的演示文稿中文字的阐述是必不可少的，如果图片太大就会挤占幻灯片中的文字空间，这时可以对图片进行大胆裁剪，保留图片的核心元素，这样既保留了图片所要传达的信息，又为文字预留了更多的版面。裁剪图片的方法：选中图片，在图片工具"格式"选项卡的"大小"功能区中单击"裁剪"按钮，在图片的四周就会出现8个裁剪点，拖动鼠标就可以实现裁剪，在空白处单击鼠标可退出裁剪。

3）删除背景

有时准备的素材背景色与演示文稿搭配不合适，这时就需要将背景色删除，PowerPoint 2016应用程序本身提供这种删除的方法：利用"删除背景"按钮删除背景色。需要说明的是应用程序本身的这个功能是针对背景色比较单一的图片的，具体操作步骤如下：

选中需要删除背景的原始图片，在图片工具"格式"选项卡的"调整"功能区中单击"删除背景"按钮会出现如图4-73所示的功能区，调整如图4-74所示8个点实现删除背景色的效果，最后单击"保留更改"按钮完成操作。删除背景色前后对比如图4-75所示。

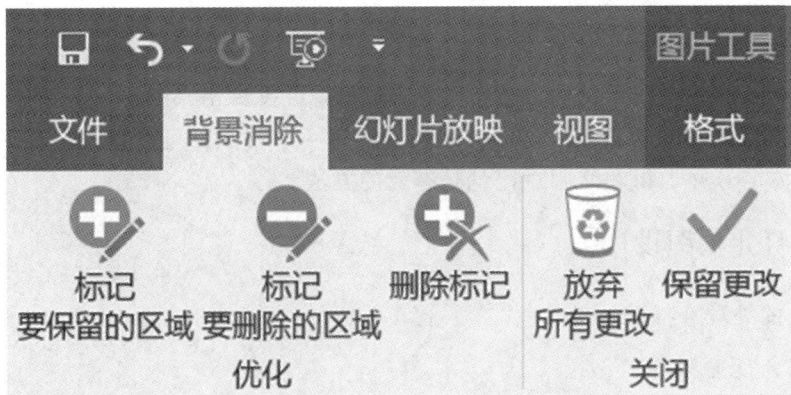

图4-73　"背景消除"功能区

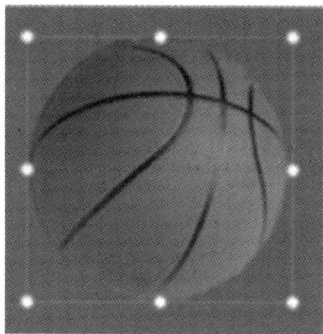

图 4-74  8 个点调节删除区域

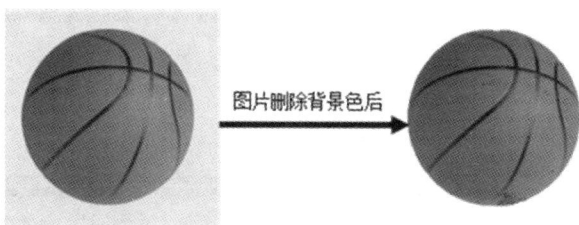

图 4-75  删除背景前后的效果对比

**2. 数据图表的应用**

好的数据图表可以提供详尽的数据清单,突出显示重点数据,直观清晰地显示逻辑关系。下面重点叙述如何用好图表。

1)数据归类

单纯地将数据插入表格显示在幻灯片上不能突出说明问题,这时需要依据要论证的观点将数据划分归类,突出重点,类似于 Excel 中的分类汇总。对于一些无法分类汇总的数据可以使用不同的颜色填充进行分类。

2)数据图形化

图形在直观清晰显示逻辑关系上明显优于表格,不过不是所有的观点都适合图形表示,因此要依据表达观点慎重选择图形。

**3. 文字排版**

文字排版要注意以下几方面:

(1)处理大量文字需要提炼主题,改变主题字号,突出显示;

(2)改变重点内容字体,突出显示;

(3)合理应用项目符号;

(4)控制孤行;

(5)保持文本的一致性;

(6)最大限度减少幻灯片数量;

(7)幻灯片文本应保持简洁;

(8)及时检查拼写和语法。

# 任务 4.6　PowerPoint 2016 综合应用案例

## 4.6.1　制作毕业设计答辩演示文稿

毕业设计答辩是毕业生毕业前学习考核的最后一个环节，制作毕业设计答辩演示文稿可以辅助毕业生顺利完成毕业设计答辩，毕业设计答辩演示文稿既要让人感觉赏心悦目又要将知识要点全部列出，因此演示文稿上的文字内容要高度概括、简洁明了、要点突出，尽量使用图、表来展示，下面使用学过的 PowerPoint 2016 知识来制作毕业设计答辩演示。完成效果如图 4-76 所示。

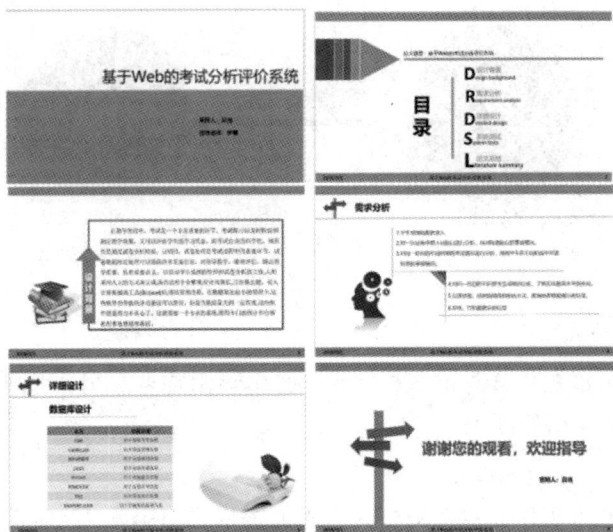

图 4-76　毕业设计答辩演示幻灯片

### 1. 利用模板新建演示文稿

（1）打开名为"毕业设计答辩演示 PPT 模板.pptx"演示文稿，选择"文件"菜单中的"另存为"命令，单击界面中部的"浏览"命令打开"另存为"对话框，在"保存类型"栏中选择"PowerPoint 模板"，保持模板默认保存位置不变，单击"保存"按钮，保存模板。

（2）打开 PowerPoint 2016 应用程序，新建一个演示文稿，单击"文件"菜单中的"保存"命令，单击界面中部的"浏览"命令打开"另存为"对话框，改变文件保存路径，修改文件名为"毕业设计答辩演示"，单击"保存"按钮保存。

（3）单击"文件"菜单中的"新建"命令，在打开的界面中单击"个人"选项卡后选择"毕业设计答辩演示 PPT 模板.potx"，在弹出的窗口中单击"创建"按钮，应用模板。

### 2. 依照模板完成幻灯片制作

（1）如图 4-76 所示，在每张幻灯片上插入图片，输入文字。

（2）在"数据库设计"页幻灯片上插入一张 2 列 9 行的表格，设置表格样式为"中度样式2.强调 2"，设置右侧图片样式为"柔化边缘椭圆"。

**3．设置母版，在母版中添加页眉和页脚**

在母版视图模式下设置"页眉和页脚"的字体为"宋体，16 磅，加粗，黑色"，单击"插入"选项卡的"文本"功能区中的"页眉和页脚"按钮，打开"页眉和页脚"对话框，设置日期和时间为"自动更新"、页脚为"基于 Web 的考试分析评价系统"、显示幻灯片编号、标题幻灯片中不显示，单击"全部应用"按钮将设置应用到全部幻灯片，如图 4 - 77 所示。

图 4 - 77 "页眉和页脚"设置

**4．设置幻灯片切换效果**

在"切换"选项卡的"切换到此幻灯片"功能区中选择"淡出"切换效果，单击"全部应用"按钮实现全部幻灯片应用同一切换方式。至此演示文稿的制作完成。

## 4.6.2 制作个人简历

随着网络的普及，PowerPoint 式的个人简历也逐渐进入招聘者的视线，一份制作精美的个人简历能够高效地推销自己，下面使用学过的 PowerPoint 2016 知识来制作《个人简历》。蓝色是冷色，具有沉稳、理智的意象，因此演示文稿背景颜色选用蓝色。

**1．制作第一张幻灯片**

（1）打开 PowerPoint 2016 应用程序，新建一个演示文稿，单击"文件"菜单中的"保存"命令打开文件界面，单击窗口中部的"浏览"按钮弹出"另存为"对话框，改变文件保存路径，修改文件名为"个人简历"，单击"保存"按钮保存。

（2）在"开始"选项卡的"幻灯片"功能区中单击"新建幻灯片"按钮右侧下拉箭头新建一张版式为"空白"的幻灯片。

（3）将选项卡切换到"设计"，在"主题"功能区中单击"电路"主题实现主题应用。

（4）将鼠标定位到标题占位符上，输入"个人简历"，在"开始"选项卡的"字体"功能区中将字体设置为"微软雅黑，60 号，黑色"。

（5）将鼠标定位到副标题占位符上，输入如图 4 - 78 所示文字，在"开始"选项卡的"字体"功能区中设置字体为"微软雅黑，20 号，黑色"。在"插入"选项卡的"插图"功能区中单击"形状"按钮下方下拉箭头，选择"直线"，在如图 4 - 78 所示位置拖动鼠标绘制一条线段。

图 4-78　第一张幻灯片

**2. 制作第二张幻灯片**

制作如图 4-79 所示效果的第二张幻灯片，具体操作如下：

（1）新建第二张幻灯片，版式为"仅标题"。在标题占位符上输入"目录"，字体设置为"微软雅黑，54 号，黑色"。

（2）如图 4-79 所示，插入四个"矩形"形状，填充颜色为"红色"，复制粘贴图片到对应的红色矩形上方。再插入四个"矩形"形状，设置"矩形"高度均为 1.6 厘米、宽度均为 8.6 厘米，填充颜色"黑色"。输入图中文字，文字字体为"微软雅黑，20 号，白色"。

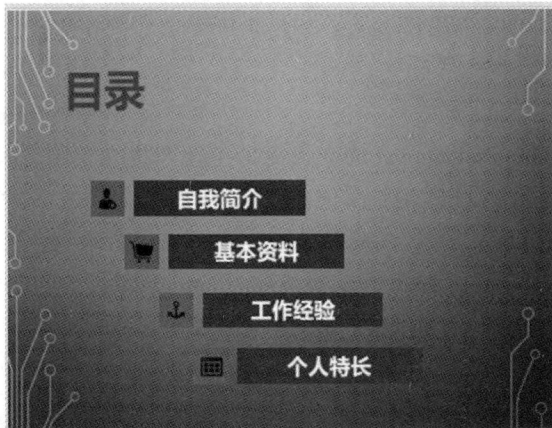

图 4-79　第二张幻灯片

**3. 制作第三、四、五张幻灯片**

（1）新建第三张幻灯片，版式为"仅标题"。在"插入"选项卡的"插图"功能区中单击"形状"按钮下方下拉箭头选择"椭圆"，同时按下<Shift>键在图 4-80 所示位置拖动鼠标绘制橙色圆形。圆形右侧插入文本框，输入文字，文字字体为"微软雅黑，32 号，黑色"，将"我"设置为"40 号，红色"。插入图片和文本框，按照图 4-80 所示输入文字，字体设置同第二张幻灯片，保持幻灯片风格一致。

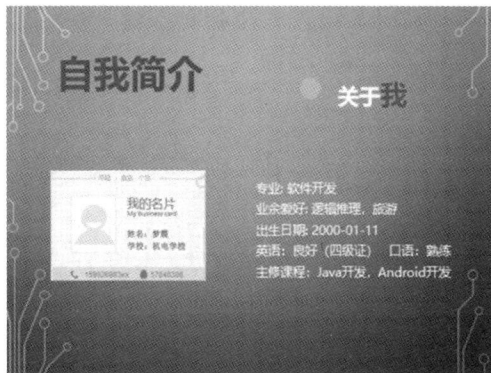

图4-80　第三张幻灯片

（2）按照上述步骤完成第四、五张幻灯片制作，如图4-81、图4-82所示。

图4-81　第四张幻灯片

图4-82　第五张幻灯片

**4. 制作完成其他幻灯片**

（1）新建第六张幻灯片，版式为"空白"。插入图片，调整到如图4-83所示位置。依次插入文本框输入文字，设置标题字体为"微软雅黑，40号，黑色"，内容字体为"微软雅黑，14号，黑色"，文字"社会工作""学生工作"设置为20号。

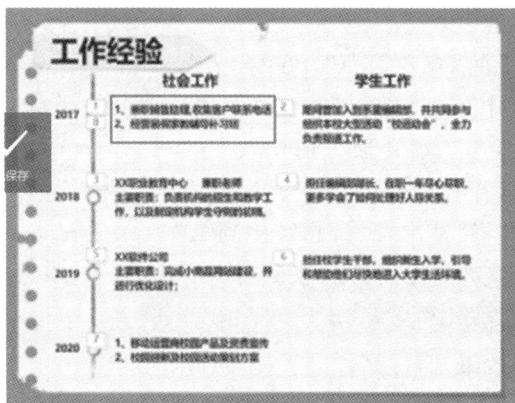

图4-83　第六张幻灯片

（2）按照上述步骤新建幻灯片，插入图片和文本框，输入图 4-84，图 4-85 所示文字，完成第七、八张幻灯片。

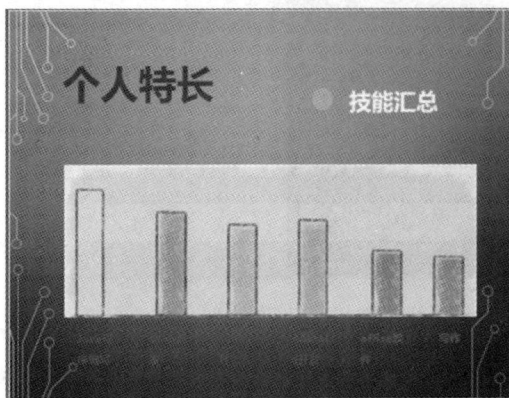

图 4-84　第七张幻灯片

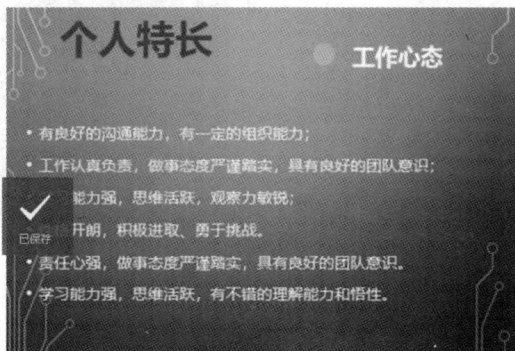

图 4-85　第八张幻灯片

**5. 为幻灯片设置动画增加趣味性**

（1）选中图 4-83 所示第六张幻灯片线框中的内容，在"动画"选项卡的"动画"功能区中选择"下划线"。单击"高级动画"功能区中的"添加动画"按钮下方的下拉箭头，弹出下拉列表，在下拉列表"强调"类中选择"字体颜色"，在"效果选项"按钮的下拉列表中选择颜色为"橙色"，在"计时"功能区中选择"上一动画同时"。

（2）选中第六张幻灯片设置好的动画，双击"动画"选项卡的"高级动画"功能区中的"动画刷"按钮，按照图 4-83 顺序依次单击套用同一动画，让 7 个动画保持一致，完成后单击"动画刷"结束设置。设置好动画的动画窗格如图 4-86 所示。

**6. 为幻灯片插入超链接**

选中第二张幻灯片上的"自我简介"，在"插入"选项卡的"链接"功能区中单击"链接"按钮，打开"插入超链接"对话框，单击"本文档中的位置"命令，在"幻灯片标题"中选择"3.自我简介"，完成超链接操作，按照上述操作将"基本资料"超链接到第四张幻灯片，"工作经验"超链接到第六张幻灯片，"个人特长"超链接到第七张幻灯片。

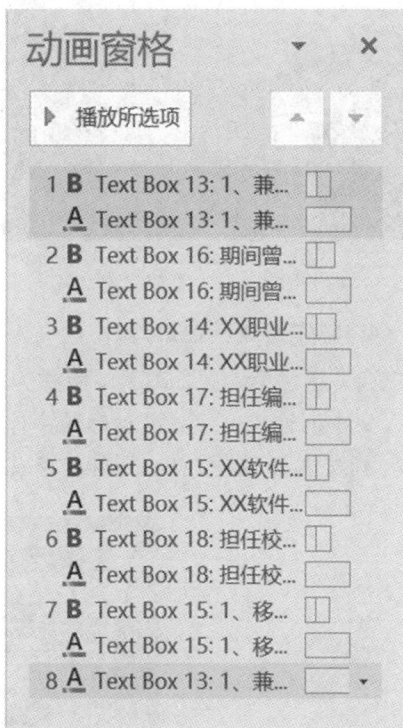

图 4-86　设置好动画的动画窗格

**7. 设置幻灯片切换效果**

在"切换"选项卡的"切换到此幻灯片"功能区中选择"门"，单击"全部应用"按钮实现全部幻灯片应用同一切换方式。至此个人简历演示文稿的制作完成。

# 模块 5

# 计算机操作系统与网格

操作系统(Operating System，简称 OS)是管理和控制计算机硬件与软件资源的计算机程序，是直接运行在"裸机"上的最基本的系统软件，任何其他软件都必须在操作系统的支持下才能运行。根据使用环境和运行环境的不同，各大 IT 公司纷纷推出自己的操作系统，其中市场占有率最高的是微软的 Windows 操作系统。本模块主要介绍与操作系统相关的技术，重点是 Windows 10 操作系统的相关操作。

## 任务 5.1　操作系统概述

### 5.1.1　操作系统功能

如图 5-1 所示，操作系统在计算机系统中位于底层硬件与用户之间，是两者沟通的桥梁。用户可以通过操作系统的用户界面，输入命令；操作系统则对命令进行解释，驱动硬件设备，实现用户要求。

一个标准个人计算机的操作系统具备以下功能：

(1) 资源管理；

(2) 虚拟内存；

(3) 进程管理；

(4) 程序控制；

(5) 人机交互。

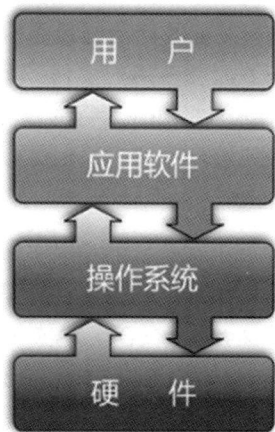

图 5-1　操作系统在计算机系统中的位置

**1. 资源管理**

资源管理主要包括内存管理、处理器管理、设备管理和信息管理。

内存管理就是负责把内存单元分配给需要内存的程序，以便让它执行；在程序执行结束后将它占用的内存单元收回，以便再次使用。对于提供虚拟存储的计算机系统，操作系统还要与硬件配合做好页面调度工作，根据执行程序的要求分配页面，在执行中将页面调入和调出内存以及回收页面等工作。

处理器管理又称处理器调度，在一个允许多个程序同时执行的系统里，操作系统会根据一定的策略将处理器交替地分配给系统内等待运行的程序。一道等待运行的程序只有在获得了处理器后才能运行。一道程序在运行中若遇到某个事件，例如启动外部设备而暂时不能继续运行下去，或发生一个外部事件等，操作系统就要来处理相应的事件，然后将处理器重新分配。

设备管理功能主要是分配和回收外部设备以及控制外部设备按用户程序的要求进行操作等。对于非存储型外部设备，如打印机、显示器等，它们可以直接作为一个设备分配给一个用户程序，在使用完毕后回收以便给另一个有需求的用户使用。对于存储型的外部设备，如磁盘、磁带等，则是给用户提供存储空间来存放文件和数据的。存储型外部设备的管理与信息管理是密切结合的。

信息管理主要是向用户提供一个文件系统。一般说，一个文件系统向用户提供创建文件、撤销文件、读写文件、打开和关闭文件等功能。有了文件系统后，用户可按文件名存取数据而无须知道这些数据存放在哪里。这种做法不仅便于用户使用而且还有利于用户共享公共数据。此外，由于文件建立时允许创建者规定使用权限，这就可以保证数据的安全性。

**2. 虚拟内存**

虚拟内存是计算机系统内存管理的一种技术。它使得应用程序认为它拥有连续的可用的内存（一个连续、完整的地址空间）；而实际上，它通常是被分割成多个物理内存碎片，还有部分暂时存储在外部磁盘存储器上，在需要时进行数据交换。

在早期的单用户单任务操作系统（如 DOS）中，每台计算机只有一个用户，每次运行一个程序，且程序不是很大，单个程序完全可以存放在实际内存中。这时虚拟内存并没有太大的用处。但随着程序占用存储器容量的增长和多用户多任务操作系统的出现，在设计程序时，在程序所需要的存储量与计算机系统实际配备的主存储器的容量之间往往存在着矛盾。例如，在某些低档的计算机中，物理内存的容量较小，而某些程序却需要很大的内存才能运行；而在多用户多任务系统中，多个用户或多个任务更新全部主存，要求同时执行独断程序。这些同时运行的程序到底占用实际内存中的哪一部分，在编写程序时是无法确定的，必须等到程序运行时才动态分配。

**3. 进程管理**

进程是正在运行的程序实体，并且包括这个运行的程序中占据的所有系统资源，进程管理指的是操作系统调整复数进程的功能。不管是常驻程序或者应用程序，它们都以进程为标准执行单位。最早的冯·诺依曼结架计算机，每个 CPU 最多只能同时执行一个进程。早期的操作系统（例如 DOS）也不允许任何程序打破这个限制，且 DOS 同时只能执行一个进程（虽然 DOS 自己宣称拥有终止并等待驻留（TSR）能力，可以部分且艰难地解决这问题）。现代的操作系统，即使只拥有一个 CPU，也可以利用多进程（Multitask）功能同时执行复数进程。

由于大部分电脑只包含一个 CPU，在单内核（Core）的情况下多进程只是简单迅速地切换各进程，让每个进程都能够执行，在多内核或多处理器的情况下，所有进程通过许多协同技术在各处理器或内核上转换。越多进程同时执行，每个进程能分配到的时间比率就越小。很多操作系统在遇到此问题时会出现诸如音效断续或鼠标跳格的情况（称作崩溃——一种操作系统只能不停地执行自己的管理程序并耗尽系统资源的状态，其他使用者或硬件的程序皆无法执行）。进程管理通常实现了分时的概念，大部分的操作系统可以利用指定不同的特权等级，为每个进程改变所占的分时比例。特权越高的进程，执行优先级越高，单位时间内占的比例也越高。交互式操作系统也提供某种程度的回馈机制，让直接与使用者交互的进程拥有较高的特权值。

**4. 程序控制**

一个用户程序的执行自始至终是在操作系统控制下进行的。一个用户将他要解决的问题用某一种程序设计语言编写了一个程序后就将该程序连同对它执行的要求输入到计算机内，操作系统就根据要求控制这个用户程序的执行直到结束。操作系统控制用户的执行主要有以下一些内容：调入相应的编译程序，将用某种程序设计语言编写的源程序编译成计算机可执行的目标程序，分配内存储等资源将程序调入内存并启动，按用户指定的要求处理执行中出现的各种事件以及与操作员联系请示有关意外事件的处理等。

**5. 人机交互**

操作系统的人机交互功能是决定计算机系统"友善性"的一个重要因素。人机交互功能主要靠可输入输出的外部设备和相应的软件来完成。可供人机交互使用的设备主要有键盘、显示器、鼠标、各种模式识别设备等。与这些设备相应的软件就是操作系统提供人机交互功能的部分。人机交互部分的主要作用是控制有关设备的运行和理解并执行通过人机交互设备传来的有关的各种命令和要求。

## 5.1.2　操作系统分类

根据不同的分类方法，可将操作系统分成以下几类。

（1）按应用领域：可分为桌面操作系统（如 Windows XP）、服务器操作系统（如 Windows Server）、嵌入式操作系统（如 VxWorks）；

（2）按所支持用户数：可分为单用户操作系统（如 MS-DOS、OS/2）、多用户操作系统（如 UNIX、Linux、MVS）；

（3）按源码开放程度：可分为开源操作系统（如 Linux、Free BSD）和闭源操作系统（如 Mac OSX、Windows）；

（4）按硬件结构：可分为网络操作系统（如 NetWare、Windows NT、OS/2 warp）、多媒体操作系统（如 Amiga）和分布式操作系统（如 Amoeba、Mach、Chorus）等；

（5）按操作系统环境：可分为批处理操作系统（如 MVX、DOS/VSE）、分时操作系统（如 Linux、UNIX、XENIX、Mac OSX）和实时操作系统（如 iEMX、VRTX、RTOS，Windows RT）；

（6）按存储器寻址宽度：可分为 8 位、16 位、32 位、64 位、128 位的操作系统。早期的操作系统一般只支持 8 位和 16 位存储器寻指宽度，现代的操作系统如 Linux 和 Windows 7 都支持 32 位和 64 位。

## 5.1.3　常用计算机操作系统

**1. Microsoft Windows**

Microsoft Windows 是微软公司制作和研发的一套桌面操作系统，它问世于 1985 年，起初仅仅是 MS-DOS 模拟环境，后续的系统版本由于微软不断地更新升级，成了人们最喜爱的操作系统。Microsoft Windows 采用了图形化模式 GUI，比起从前的 DOS 需要键入指令的使用方式更为人性化。随着计算机硬件和软件的不断升级，微软的 Windows 也在不断升级，从架构的 16 位、32 位再到 64 位，系统版本从最初的 Windows 1.0 到大家熟知的 Windows 95、Windows 98、Windows 2000、Windows XP、Windows Vista、Windows 7、Windows 8，Windows 8.1 和 Windows Server 企业级服务器操作系统。2009 年 4 月 14 日，微软正式停止对 Windows XP 的免费主流支持服务，不再提供免费更新和修复安全漏洞。推出了 Windows 10 系统，使用 Windows 7、Windows 8、Windows 8.1 的用户，可免费升级 Windows 10。Windows 10 图标及界面如图 5 - 2 所示。

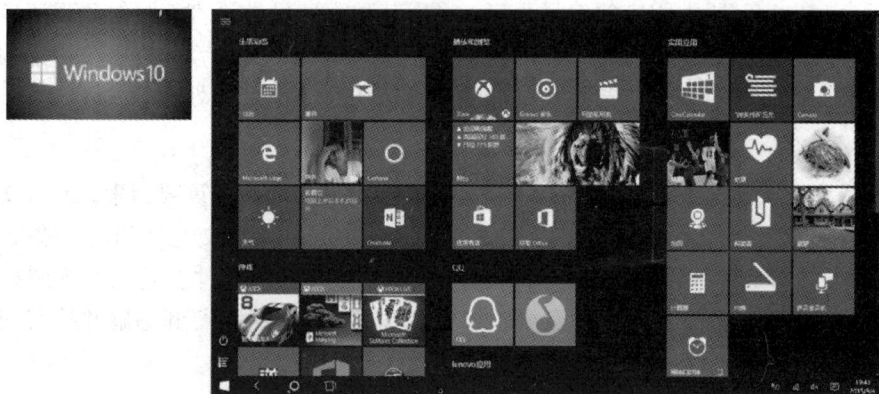

图 5 - 2　Windows 10 图标与操作系统界面

### 2. Mac OS

Mac OS 操作系统是苹果机专用系统，是基于 UNIX 内核的图形化操作系统，由苹果公司自行开发。例如苹果机的操作系统 OS 10，代号为 MAC OS X(X 为 10 的罗马数字写法)，这是苹果机诞生以来最大的变化。该系统较为可靠，它的许多特点和服务都体现了苹果公司的理念。另外，疯狂肆虐的计算机病毒几乎都是针对 Windows 的，由于 Mac 的架构与 Windows 不同，所以很少受到病毒的袭击。Mac OSX 操作系统界面非常独特，突出了形象的图标和人机对话。图 5 - 3 所示为 Mac OSX 图标与操作系统界面。

图 5 - 3　Mac OS 图标与系统界面

### 3. VxWorks

VxWorks 操作系统是美国 Wind River 公司于 1983 年设计开发的一种嵌入式实时操作系统(RTOS),是嵌入式开发环境的关键组成部分。具有良好的持续发展能力、高性能的内核以及友好的用户开发环境,在嵌入式实时操作系统领域占据一席之地。它以其良好的可靠性和卓越的实时性被广泛地应用在通信、军事、航空、航天等高精尖技术及实时性要求极高的领域中,如卫星通信、军事演习、弹道制导、飞机导航等。美国的 F-16、FA-18 战斗机,B-2 隐形轰炸机和爱国者导弹上,甚至连 1997 年 4 月在火星表面登陆的火星探测器、2008 年 5 月登陆的"凤凰号"和 2012 年 8 月登陆的"好奇号"也都使用到了 VxWorks。其图标界面如图 5-4 所示。

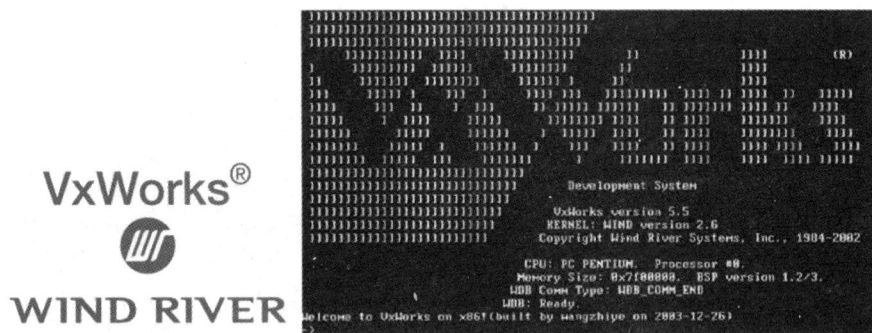

图 5-4  VxWorks 图标与操作系统启动界面

### 4. UNIX

UNIX 操作系统具有多任务、多用户的特征,于 1969 年在美国 AT&T 公司的贝尔实验室开发出来(图标见图 5-5),参与开发的人有肯·汤普逊、丹尼斯·里奇、布莱恩·柯林汉、道格拉斯·麦克罗伊、麦克·列斯克与乔伊·欧桑纳。目前它的商标权由国际开放标准组织所拥有,只有符合单一 UNIX 规范的 UNIX 系统才能使用 UNIX 这个名称,否则只能称为类 UNIX(UNIX-like)。

### 5. Linux

Linux 是一套免费使用和自由传播的类 UNIX 操作系统,是一个基于 POSIX 和 UNIX 的多用户、多任务、支持多线程和多 CPU 的操作系统。它能运行主要的 UNIX 工具软件、应用程序和网络协议。它支持 32 位和 64 位硬件。Linux 继承了 UNIX 以网络为核心的设计思想,是一个性能稳定的多用户网络操作系统。Linux 操作系统图标如图 5-6 所示。

图 5-5  Unix 操作系统图标

图 5-6  Linux 操作系统图标

### 6. Ubuntu

Ubuntu(乌班图)是一个以桌面应用为主的 Linux 操作系统，其名称来自非洲南部的祖鲁语或豪萨语的"ubuntu"一词，意思是"人性"。Ubuntu 基于 Debian 发行版和 GNOME 桌面环境，而与 Debian 的不同之处在于，其每 6 个月发布一次，Ubuntu 的目标在于为一般用户提供一个最新的，也是相当稳定的只使用自由软件的操作系统。Kubuntu 与 Xubuntu 是 Ubuntu 计划正式支援的衍生版本，分别将 KDE 与 Xfce 桌面环境带入 Ubuntu。Edubuntu 则是一个为了学校教学环境而设计，并且让小孩在家中也可以轻松学会使用的衍生版本。2013 年 Ubuntu 正式发布面向智能手机的移动操作系统。Ubuntu 的图标与操作系统界面如图 5-7 所示。

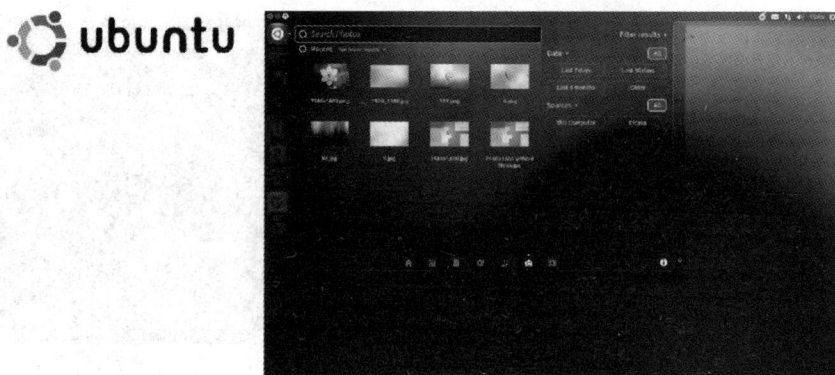

图 5-7  Ubuntu 图标与操作系统界面

### 7. 红旗 Linux

红旗 Linux 是由北京中科红旗软件技术有限公司开发的一系列 Linux 发行版，包括桌面版、工作站版、数据中心服务器版、HA 集群版和红旗嵌入式 Linux 等产品。在中国各软件专卖店可以购买到光盘版，同时官方网站也提供光盘镜像免费下载。红旗 Linux 是中国较大、较成熟的 Linux 发行版之一。红旗 Linux 图标与操作系统界面如图 5-8 所示。

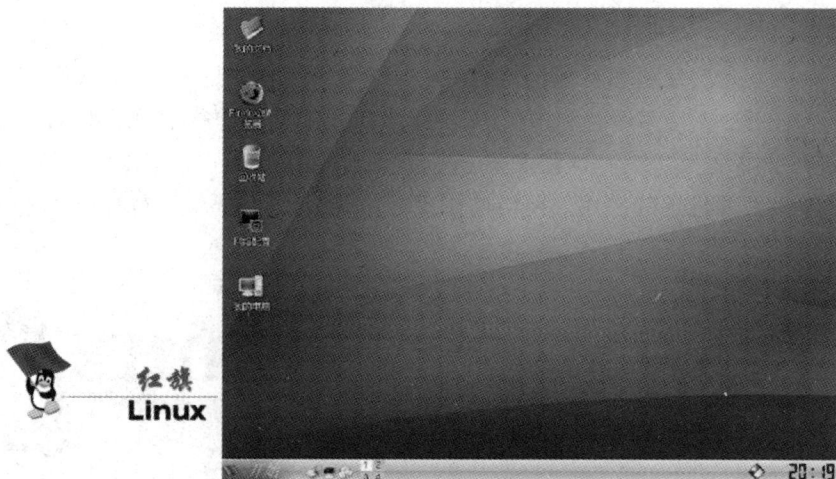

图 5-8  红旗 Linux 图标与操作系统界面

**8. 麒麟**

麒麟操作系统(Kylin OS)亦称银河麒麟,其图标与操作系统界面如图 5-9 所示,是由中国国防科技大学、中软公司、联想公司、浪潮集团和民族恒星公司合作研制的商业闭源服务器操作系统,于 2001 年开始使用。此操作系统是 863 计划重大攻关科研项目,目标是打破国外操作系统的垄断,研发一套中国自主知识产权的服务器操作系统,该系统具有高安全、跨平台、中文化的特点。2010 年 12 月 16 日,两大国产操作系统(民用的"中标 Linux"操作系统和解放军研制的"银河麒麟"操作系统)在上海正式宣布合并,双方共同以"中标麒麟"的新品牌统一出现在市场上。

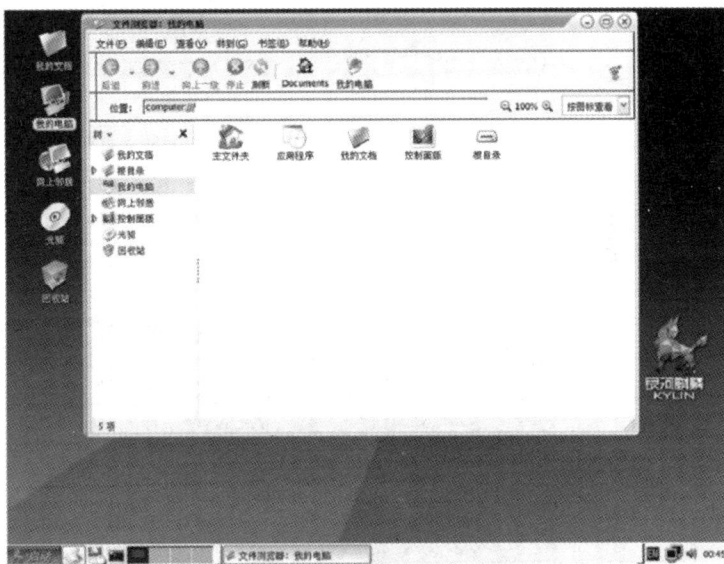

图 5-9 麒麟操作系统图标与系统界面

# 任务 5.2 Windows 10 基本操作

## 5.2.1 Windows 10 操作系统安装

Windows 的操作系统的安装可以通过光驱进行,也可以通过 U 盘进行,还可以采取其他特殊方法,这里以安装 Windows 10 操作系统为例,介绍通过光驱和 U 盘进行安装的方法。

**1. 光驱安装**

第一步,在 BIOS 中设置计算机为从光驱启动。此步骤需要在电脑启动时按热键(不同计算机的配置可能不同,一般为"F2"键)进入 BIOS 设置界面,在启动项设置中设置启动项的第一顺序为光驱启动,保存后退出。各型主板的 BIOS 界面有不同的显示风格,图 5-10 为某型主板的 BIOS 光驱启动设置方式。

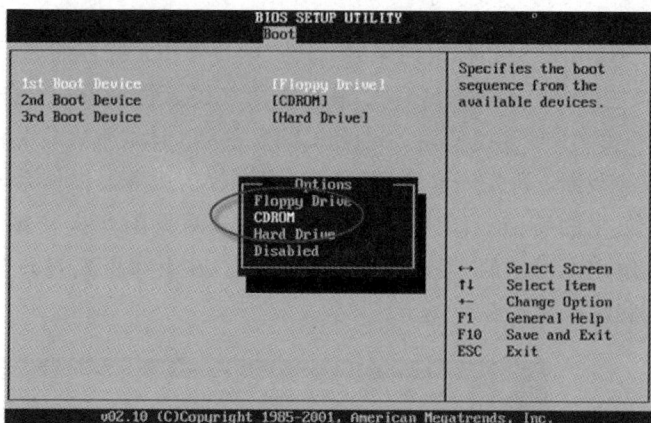

图 5-10　在 BIOS 中设置光驱启动

第二步，安装系统。在光驱中放入系统光盘，重启电脑，BIOS 会自动引导从光盘进入系统安装界面，在安装过程中只需要按照提示输入相应的序列号、设置项内容，或单击"下一步"按钮即可完成整个系统的安装。图 5-11 所示为其中的一个安装界面。

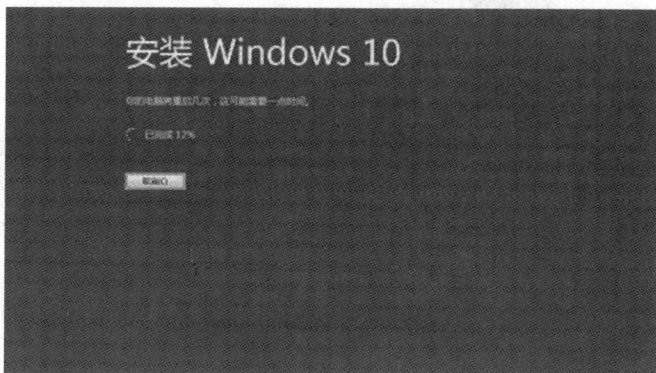

安装 Windows 10

图 5-11　Windows 10 安装界面

第三步，安装驱动程序。系统集成了部分常用的硬件驱动程序，但由于电脑配置的差异性和硬件的更新换代，大部分时候需要在系统安装完成后再进行驱动程序的安装或更新。驱动程序的安装由以下三种途径完成：

（1）使用电脑自带的驱动光盘进行驱动安装；

（2）使用 Windows 7 的驱动更新功能，通过网络完成更新或安装；

（3）借助第三方软件通过网络完成更新或安装。

**2. U 盘安装**

将制作好的 U 盘启动盘插入需要安装 Windows 10 操作系统的计算机上，启动计算机计入安装程序。计算机一般会直接进入安装系统，进入后按照安装导向进行安装。当安装界面出现欢迎类字样时，表示系统安装完成。紧接着在安装操作系统页面选择语言、时间与键盘首选项，然后单击"下一步"，将进入新安装的 Windows 10 操作系统。

### 3. 硬件配置

根据微软官方推荐，安装 Windows 10 的最低配置要求如表 5－1 所示。

表 5－1 安装 Windows 10 的最低配置要求

| 硬件名称 | 基本要求 | 建议与基本描述 |
|---|---|---|
| 处理器(CPU) | 1 GHz 以上 | 安装 64 位 Windows 10 需要更高 CPU 支持 |
| 内存 | 1 GB 以上 | 安装 64 位 Windows 10 需要 2 GB 以上 |
| 硬盘 | 16 GB 以上 | 安装 64 位 Windows 10 需要 20 GB 以上 |
| 显卡 | DirectX 9 显示支持 WDDM 驱动程序 | 如果低于此标准，Aero 主题特效可能无法实现 |

## 5.2.2 注册并登录 Microsoft 账户

在 Windows 10 中，系统集成了很多 Microsoft 服务，都需要使用 Microsoft 账户才能使用。使用 Microsoft 账户可以登录并使用任何 Microsoft 应用程序和服务，如 Outlook.com、Hotmai、Office 365、One Drive、Skype、Xbox 等，而且登录 Microsoft 账户后，还可以在多个 Windows 10 设备上同步设置和内容。

进入"电脑设置"，如图 2－12 所示。选择"账户"，继续选择"电子邮件和应用账户"，如图 5－13 所示。

图 5－12 进入"电脑设置"　　　　图 5－13 添加账户

单击"添加账户"，弹出如图 5－14 所示"选择账户"对话框，选择"Outlook.com"账户。

输入新账户的电子邮件地址，需要是微软 Outlook 邮箱或 Hot mail 邮箱，如果没有，则单击"注册新电子邮件地址"，转到创建 Microsoft 账户界面，如图 5－15 所示。

单击"下一步"按钮，如图 5－16 所示，设置好电话号码，安全信息能够帮助找回密码，所以必须记住。

图 5-14 "选择账户"对话框

图 5-15 创建 Microsoft 账户界面

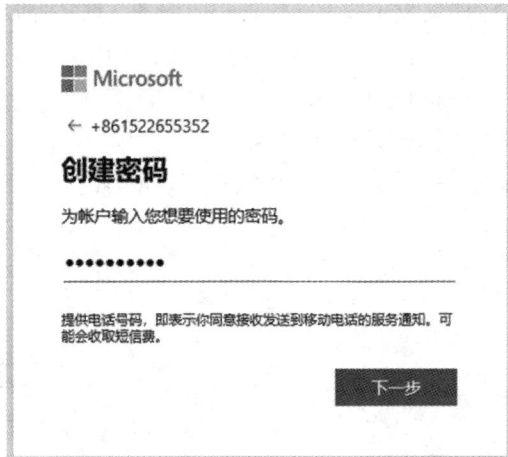

图 5-16 创建密码

单击"下一步"按钮，填写验证码，下面的两个复选项均与 Microsoft Advertising 微软广告有关，可不选。单击"下一步"按钮，显示"添加用户"完成页面。

单击"完成"按钮，即可完成该账户的添加，这时会返回"电脑设置"的"管理其他用户"界面，可看到刚刚添加的用户。

Microsoft 账户创建后，重启计算机登录时，需输入 Microsoft 账户的密码，进入计算机桌面时，One Drive 也会被激活。

## 5.2.3 Windows 10 操作系统使用方法

### 1. 进入和退出操作系统

系统安装完成以后，按计算机的"开机"按钮，即可进入操作系统启动界面，如图 5-17 所示。根据计算机配置的不同，系统启动所需时间也不尽相同，从几秒到几十秒不等，启动完成以后即可进入桌面，如图 5-18 所示。

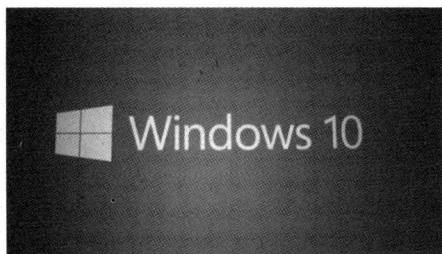

图 5-17　Windows 10 启动界面

图 5-18　Windows 10 桌面

进入系统后，单击"开始"按钮选择"关机"，如图 5-18 所示，即可关闭系统。也可利用快速退出程序：Win＋D 键即可快速退出程序。

**2. 磁盘管理器**

Windows 10 磁盘管理器能够创建、删除分区，格式化硬盘，进行基本磁盘和动态磁盘之间的转换等。使用 Win＋R 键打开运行窗口，在文本框中输入"diskmgmt.msc"，打开 Windows 10 磁盘管理器，如图 5-19 所示。

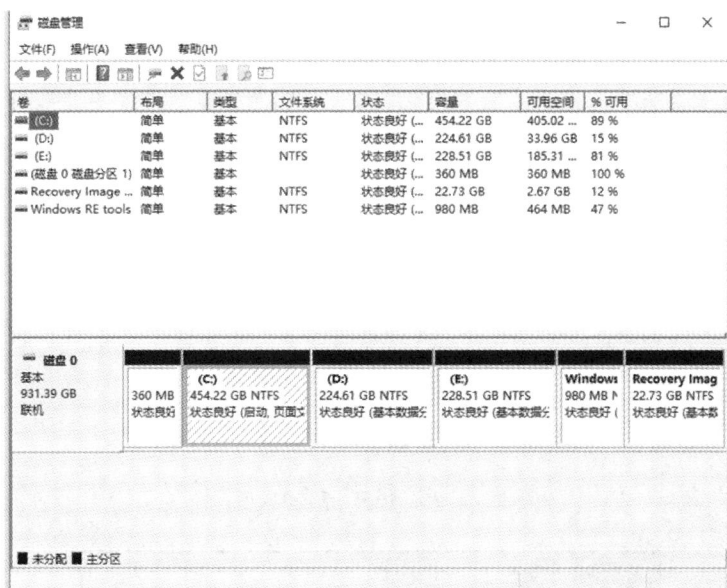

图 5-19　磁盘管理器

**3. 时间线**

时间线是 Windows 10 的新功能，是基于时间的新的任务视图。时间线可以按照时间顺序把使用过的应用进行排列展示。可以通过时间线功能按照时间顺序查看所有打开过的应用和文档信息。如果内容太多找不到相应的文件或程序，可以通过右上角的搜索功能进行搜索。时间线功能极大地简化了任务流程。

开启时间线功能，操作步骤如下：

（1）鼠标单击电脑"开始"按钮，如图 5-20 所示；再在弹出的界面中选择"设置"按钮，如图 5-21 所示。

图 5-20　单击"开始"按钮

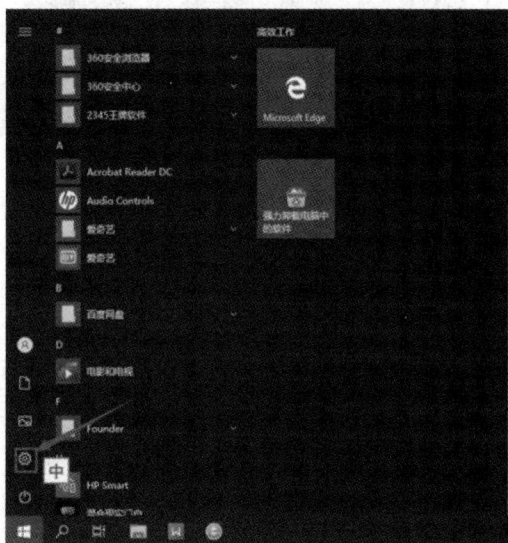

图 5-21　单击"设置"按钮

（2）在打开的界面单击"系统"选项，如图 5-22 所示；接着单击"多任务处理"按钮，如图 5-23 所示。

图 5-22　选择"系统"选项

图 5-23　单击"多任务处理"按钮

（3）进入"多任务处理"界面，选择打开按钮，开启时间线功能。

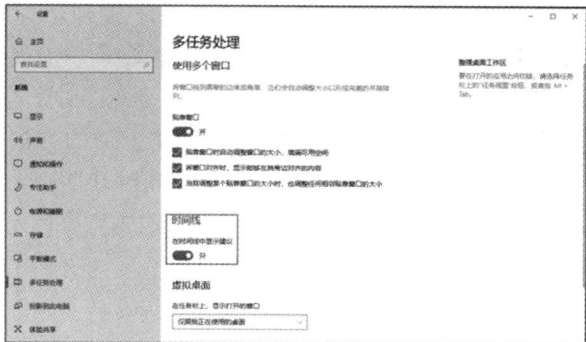

图 5-24 开启时间线功能

**4. 分屏显示**

在同时运行多个任务时，需要把这几个窗口同时显示在屏幕上，这样操作分比较方便，而且可以避免频繁切换窗口的麻烦，这就需要用到分屏显示功能。分屏显示就是把电脑屏幕划分多个分屏的显示方式，一般可分为：二与屏、三分屏、四分屏。

（1）二分屏。按住鼠标左键拖动某个窗口到屏幕左边缘或右边缘，直到鼠标指针接触屏幕边缘，显示一个虚化的大小为二分之一屏的半透明背景，如图 5-25 所示；松开鼠标左键，当前窗口就会二分之一屏显示了。同时其他窗口会在另半侧屏幕显示缩略窗口，单击想要在另二分之一屏显示的窗口，它就会在另半侧屏幕二分之一屏显示了，如图 5-26 所示。

图 5-25 拖动窗口显示虚化背

图 5-26 二分屏效果

（2）三分屏或四分屏。如果想让窗口四分之一屏显示，按住鼠标左键拖动某个窗口到屏幕任意一角，直到鼠标指针接触屏幕的一角，就会看到显示一个虚化的大小为四分之一屏的半透明背景。松开鼠标左键，当前窗口就会四分之一屏显示了。这时如果想要同时让三个窗口三分屏显示，那么就把其余的两个窗口，一个按上面的方法二分之一屏显示，另一个窗口拖到屏幕一角四分之一屏显示即可。如果想要同时让四个窗口四分屏显示，把四个窗口都拖动到屏幕一角四分之一屏显示就可以了。想要恢复窗口原始大小的话，只需把窗口从屏幕边缘或屏幕一角拖离即可。

### 5. 电脑锁屏

按"Win+L"快捷键可直接对计算机进行锁屏操作。

### 6. 屏幕记录

按"Win+R"快捷键开启运行对话框，在其中输入"psr.exe"后按回车键，就可以开始屏幕录制了。

### 7. 截屏功能

按"Win+Shift+S"快捷键，屏幕会显示截图范围及形状选项面板，有矩形截图、任意形状截图、窗口截图和全屏幕截图，如图5-27所示。截图完成后，图片文件会自动保存在剪贴板。

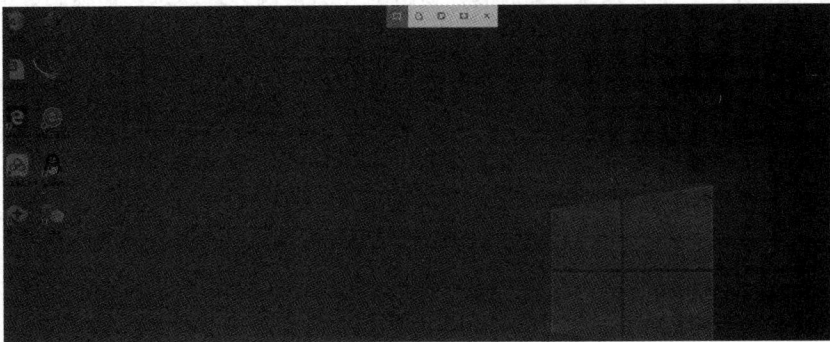

图5-27　截屏功能

### 8. 屏幕键盘(虚拟键盘)

按"Win+R"快捷键开启运行对话框，在其中输入"osk"后按回车键，就可以打开屏幕键盘(虚拟键盘)，如图5-28所示。

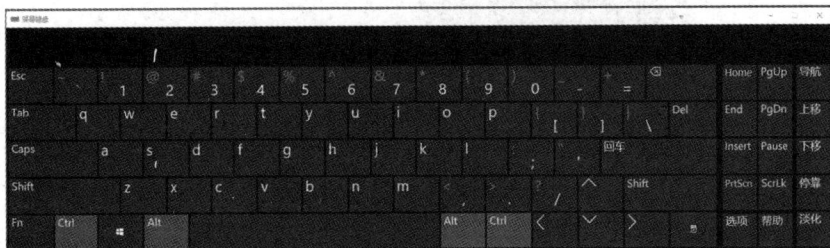

图5-28　屏幕键盘(虚拟键盘)

# 任务5.3　计算机网络

在过去的二十多年，互联网技术和应用取得巨大突破，随着全球经济信息技术革命的深入和4G网络的建设，出现了物联网。物联网，顾名思义是将物质的东西与网络紧密相连，也就是将实物网络化，来给人提供方便。物联网被称为世界信息产业第三次浪潮，代表下一个信息发展的重要方向。本章主要介绍计算机网络、互联网和物联网的相关技术。

## 5.3.1　计算机网络概述

### 1.计算机网络的定义

计算机网络，是指将地理位置不同的、具有独立功能的多台计算机及其外部设备，通过通信线路连接起来，在网络操作系统、网络管理软件及网络通信协议的管理和协调下，实现资源共享和信息传递的计算机系统。

从逻辑功能上看，计算机网络是以传输信息为基础目的，用通信线路将多个计算机连接起来的计算机系统的集合，一个计算机网络的组成包括传输介质和通信设备。

从用户角度看，计算机网络存在着一个能为用户自动管理的网络操作系统，由它调用完成用户所调用的资源，而整个网络像一个人的计算机系统一样，对用户是透明的。

简单地说，计算机网络就是通过电缆、电话线或无线通信将两台以上的计算机互联起来的集合。

### 2.计算机网络的分类

由于计算机网络自身的特点，其分类方法有多种。根据不同的分类原则，可以得到不同类型的计算机网络。

1）按覆盖范围分类

按网络所覆盖的地理范围的不同，计算机网络可分为局域网（LAN）、城域网（MAN）和广域网（WAN）。

局域网（Local Area Network，LAN）是将较小地理区域内的计算机或数据终端设备连接在一起的通信网络。局域网覆盖的地理范围比较小，一般在几十米到几千米之间。它常用于组建一个办公室、一栋楼、一个楼群、一个校园或一个企业的计算机网络。局域网主要用于实现短距离的资源共享。局域网的特点是分布距离近、传输速率高、数据传输可靠。

城域网（Metropolitan Area Network，MAN）是一种大型的LAN，它的覆盖范围介于局域网和广域网之间，一般为几千米至几万米，城域网的覆盖范围在一个城市内，它将位于一个城市之内不同地点的多个计算机局域网连接起来实现资源共享。城域网所使用的通信设备和网络设备的功能要求比局域网高，以便有效地覆盖整个城市的地理范围。一般在一个大型城市中，城域网可以将多个学校、企事业单位、公司和医院的局域网连接起来共享资源。

广域网（Wide Area Network，WAN）是在一个广阔的地理区域内进行数据、语音、图像信息传输的计算机网络。由于远距离数据传输的带宽有限，因此广域网的数据传输速率比局域网要慢得多。广域网可以覆盖一个城市、一个国家甚至于全球。因特网（Internet）是广域网的一种，但它不是一种具有独立性的网络，它将同类或不同类的物理网络（局域网、城域网与广域网）互联，并通过高层协议实现不同类网络间的通信。

2）按在网络中所处的地位分类

按照网络中计算机所处的地位的不同，可以将计算机网络分为对等网和基于客户机/服务器模式的网络。

在对等网中，所有的计算机的地位是平等的，没有专用的服务器。每台计算机既作为服务器，又作为客户机；既为别人提供服务，也从别人那里获得服务。由于对等网没有专用的服务器，所以在管理对等网时，只能分别管理，不能统一管理，导致管理起来很不方便。对等网一般应用于计算机较少、安全要求不高的小型局域网。

在基于客户机/服务器模式的网络中，存在两种角色的计算机，一种是服务器，一种是客户机。服务器一方面负责保存网络的配置信息，另一方面也负责为客户机提供各种各样的服务。因为整个网络的关键配置都保存在服务器中，所以管理员在管理网络时只需要修改服务器的配置，就可以实现对整个网络的管理了。同时，客户机需要获得某种服务时，会向服务器发送请求，服务器接到请求后，会向客户机提供相应服务。服务器的种类很多，有邮件服务器、Web 服务器、目录服务器等，不同的服务器可以为客户机提供不同的服务。我们在构建网络时，一般选择配置较好的计算机，并安装相关服务，它就成了服务器。客户机主要用于向服务器发送请求，获得相关服务。如客户机向打印服务器请求打印服务，向 Web 服务器请求 Web 页面等。

3）按传播方式分类

如果按照传播方式不同，可将计算机网络分为"广播式网络"和"点-点网络"两大类。

广播式网络是指网络中的计算机或者设备使用一个共享的通信介质进行数据传播，网络中的所有节点都能收到任一节点发出的数据信息。

目前，在广播式网络中的传输方式有 3 种：

（1）单播：采用一对一的发送形式将数据发送给网络所有目的节点。

（2）组播：采用一对一组的发送形式将数据发送给网络中的某一组主机。

（3）广播：采用一对所有的发送形式将数据发送给网络中所有目的节点。

点-点网络是指两个节点之间的通信方式是点对点的。如果两台计算机之间没有直接连接的线路，那么它们之间的分组传输就要通过中间节点接收、存储、转发，直至目的节点。点-点传播方式主要应用于 WAN 中，通常采用的拓扑结构有：星型、环型、树型、网状型。

4）按传输介质分类

按传输介质分类，可将网络分为有线网（Wired Network）和无线网（Wireless Network）两类。

（1）有线网采用的传输介质主要包括：

① 双绞线：特点是比较经济、安装方便、传输率和抗干扰能力一般，广泛应用于局域网中。

② 同轴电缆：俗称细缆，现在逐渐被淘汰。

③ 光纤：特点是光纤传输距离长、传输效率高、抗干扰性强，是高安全性网络的理想选择。

（2）无线网主要有以下几种形式：

① 无线电话网：是一种很有发展前景的连网方式。

② 语音广播网：价格低廉、使用方便，但安全性差。

③ 无线电视网：普及率高，但无法在一个频道上和用户进行实时交互。

④ 微波通信网：通信保密性和安全性较好。

⑤ 卫星通信网：能进行远距离通信，但价格昂贵。

**5）按传输技术分类**

计算机网络数据依靠各种通信技术进行传输，根据网络传输技术分类，计算机网络可分为以下 5 种类型：

（1）普通电信网：普通电话线网，综合数字电话网，综合业务数字网。

（2）数字数据网：利用数字信道提供的永久或半永久性电路以传输数据信号为主的数字传输网络。

（3）虚拟专用网：指客户基于 DDN 智能化的特点，利用 DDN 的部分网络资源所形成的一种虚拟网络。

（4）微波扩频通信网：是电视传播和企事业单位组建企业内部网和接入 Internet 的一种方法，在移动通信中十分重要。

（5）卫星通信网：是近年发展起来的空中通信网络。与地面通信网络相比，卫星通信网具有许多独特的优点。

**3. 计算机网络的功能**

计算机网络的主要功能包括：资源共享、网络通信、分布处理、集中管理、负荷均衡。

**1）资源共享**

（1）硬件资源：包括各种类型的计算机、大容量存储设备、计算机外部设备。如彩色打印机、静电绘图仪等。

（2）软件资源：包括各种应用软件、工具软件、系统开发所用的支撑软件、语言处理程序、数据库管理系统等。

（3）数据资源：包括数据库文件、数据库、办公文档资料、企业生产报表等。

（4）信道资源：通信信道可以理解为电信号的传输介质。通信信道的共享是计算机网络中最重要的共享资源之一。

**2）网络通信**

通信通道可以传输各种类型的信息，包括数据信息和图形、图像、声音、视频流等各种多媒体信息。

**3）分布处理**

把要处理的任务分散到各个计算机上运行，而不是集中在一台大型计算机上。这样，不仅可以降低软件设计的复杂性，而且还可以大大提高工作效率和降低成本。

**4）集中管理**

在没有联网的条件下，每台计算机都是一个"信息孤岛"。在管理这些计算机时，必须分别管理，而计算机联网后，可以在某个中心位置实现对整个网络的管理。如数据库情报检索系统、交通运输部门的订票系统、军事指挥系统等。

5）均衡负荷

当网络中某台计算机的任务负荷太重时，可通过网络和应用程序的控制和管理，将作业分散到网络中的其他计算机中，由多台计算机共同完成。

**4．计算机网络的应用**

1）商业应用

计算机网络在商业中的应用主要体现在以下几个方面：

（1）实现资源共享，最终打破地理位置束缚。主要运用客户机服务器模型。

（2）提供强大的通信媒介，如电子邮件、视频会议等。

（3）电子商务活动，如为各种不同供应商购买子系统提供商品购买接口，客户可以通过网络平台进行产品订购与支付，如书店、超市等。

2）家庭应用

计算机网络的家庭应用主要体现在以下几个方面：

（1）访问远程信息，如浏览 Web 页面获取艺术、商务、烹饪、健康、历史、爱好、娱乐、科学、运动、旅游等信息。

（2）个人之间的通信，如微信、邮件、视频电话等。

（3）交互式娱乐，如视频点播、即时评论及参加电视直播网络互动、网络游戏等。

（4）广义的电子商务，如以电子方式支付账单、管理银行账户、处理投资等。

3）移动用户

以无线网络为基础，以移动终端为媒介，进行诸如车队信息调度、货车位置监控、快递实时信息获取等。

当然，计算机网络的应用在军事、民生等其他领域还有丰富的应用，可以说，现代社会已经离不开网络。因为有网络，人们的生活才变得如此便捷。

**5．计算机网络的发展历史**

计算机网络从产生到发展，总体来说可以分成 4 个阶段。

1）远程终端联机阶段

20 世纪 60 年代末到 20 世纪 70 年代初为计算机网络发展的萌芽阶段。其主要特征是：为了增加系统的计算能力和资源共享，把小型计算机连成实验性的网络。第一个远程分组交换网叫 ARPANET，是由美国国防部于 1969 年建成的，第一次实现了由通信网络和资源网络复合构成的计算机网络系统，标志着计算机网络的真正产生。ARPANET 是这一阶段的典型代表。

2）计算机网络阶段

20 世纪 70 年代中后期是局域网络发展的重要阶段。其主要特征为：局域网络作为一种新型的计算机体系结构开始进入产业部门。局域网技术是从远程分组交换通信网络和 I/O 总线结构计算机系统派生出来的。1976 年，美国 Xerox 公司的 Palo Alto 研究中心推出以太网（Ethernet），它成功地采用了夏威夷大学 ALOHA 无线电网络系统的基本原理，使之发展成为第一个总线竞争式局域网络。1974 年，英国剑桥大学计算机研究所开发了著名的剑桥环（Cambridge Ring）局域网。这些网络的成功实现，一方面标志着局域网络的产生；

另一方面，它们形成的以太网及环网，对以后局域网络的发展起到了导航的作用。

3）计算机网络互联阶段

整个 20 世纪 80 年代是计算机局域网络的发展时期。其主要特征是：局域网络完全从硬件上实现了 ISO 的开放系统互联通信模式协议的能力。计算机局域网及其互联产品的集成，使得局域网与局域互联、局域网与各类主机互联，以及局域网与广域网互联的技术越来越成熟。综合业务数据通信网络（ISDN）和智能化网络（IN）的发展，标志着局域网络的飞速发展。1980 年 2 月，IEEE（美国电气和电子工程师学会）下属的 802 局域网络标准委员会宣告成立，并相继提出 IEEE801.5～802.6 等局域网络标准草案，其中的绝大部分内容已被国际标准化组织（ISO）正式认可。作为局域网络的国际标准，它标志着局域网协议及其标准化的确定，为局域网的进一步发展奠定了基础。

4）国际互联网与信息高速公路阶段

20 世纪 90 年代初到现在是计算机网络飞速发展的阶段，其主要特征是：计算机网络化，协同计算能力发展以及全球互联网络的盛行。计算机的发展已经完全与网络融为一体，体现了"网络就是计算机"的口号。目前，计算机网络已经真正进入社会各行各业，为社会各行各业广泛采用。另外，虚拟网络 FDDI 及 ATM 技术的应用，使网络技术蓬勃发展并迅速走向市场，走进平民百姓的生活。

### 6. 互联网的发展历史

20 世纪 60 年代末，美国军方为了自己的计算机网络在受到袭击，尤其是爆发核战争时，即使部分网络被摧毁，其余部分仍能保持通信联系，便由美国国防部的高级研究计划局（ARPA）建设了一个军用网，叫作"阿帕网"（ARPANET）。阿帕网于 1969 年正式启用，当时仅连接了 4 台计算机，供科学家们进行计算机联网实验用。这就是互联网的前身。

要了解国际互联网，就不可避免地要提及互联网发展过程中出现的几个重要事件。国际互联网的发展与信息技术发展息息相关，技术标准的制定以及技术上的创新是决定国际互联网得以顺利发展的重要因素。网络的主要功能是交换信息，而采取什么样的信息交换方式则是网络早期研究人员面临的首要问题。1961 年，MIT 的克兰罗克（Kleinrock）教授在其发表的一篇论文中提出了包交换思想，并在理论上证明了包交换技术（packet switching）对于电路交换技术在网络信息交换方面更具可行性。不久，包交换技术就获得了大多数研究人员的认同，当时 APRPANET 采用的就是这种信息交换技术。包交换思想的确立在国际互联网的发展史上是第一个具有里程碑意义的事件，因为包交换技术使得网络上的信息传输不仅在技术上更为便捷，而且还在经济上更为可行。

国际互联网发展中的第二个里程碑是信息传输协议（TCP/IP）的制定。网络在类型上有多种，诸如卫星传输网络、地面无线电传输网络等。信息的传输在同样类型的网络内部不存在任何问题，而要在不同类型的网络之间进行信息传输却会在技术上存在很大困难。为了解决这个问题，DARPA 研究人员卡恩（Kahn）在 1972 年提出了开放式网络架构思想，并根据这一思想设计出沿用至今的 TCP/IP 传输协议标准。由于兼容性是技术上一个重要的特征，因而标准的制定对于国际互联网的顺利发展具有重要的意义。同时，TCP/IP 标准中的开放性理念也是网络能够发展成为如今的"网中网"——Internet 一个决定性因素（Internet 是互联网的一个特例，是世界上最大的互联网）。

第三个里程碑事件是互联网页（World Wide Web，又叫万维网）技术的出现。早期在网络上传输数据信息或者查询资料需要在计算机上进行许多复杂的指令操作，这些操作只有那些对计算机非常了解的技术人员才能做到熟练运用。特别是当时软件技术还并不发达，软件操作界面过于单调，计算机对于多数人只是一种高深莫测的神秘之物，因而当时"上网"只是局限在高级技术研究人员这一狭小的范围之内。

WWW 技术是由瑞士高能物理研究实验室（CERN）的程序设计员 Tim Berners-Lee 最先开发的，它的主要功能是采用一种超文本格式（hypertext）把分布在网上的文件链接在一起。这样，用户可以很方便地在大量排列无序的文件中调用自己所需的文件。1993 年，位于美国伊利诺伊大学的国家超级应用软件研究 中心（NCSA）设计出了一个采用 WWW 技术的应用软件 Mosaic，这也是国际互联网史上第一个网页浏览器软件。该软件除了具有方便人们在网上查询资料的功能，还有一个重要功能，即支持呈现图像，从而使得网页的浏览更具直观性和人性化。可以说，如果网页的浏览没有图像这一功能，国际互联网是不可能在短短的时间内获得如此巨大的进展的。特别是，随着技术的发展，网页的浏览还具有支持动态的图像传输、声音传输等多媒体功能，这就为网络电话、网络电视、网络会议等提供一种新型、便捷、费用低廉的通信传输基础工具创造了有利条件。

在现代人的眼中，互联网已经潜移默化地进入人们的生活，虽然现在网络还存在一定问题，但是可以肯定的是，国际互联网仍将以一种不可预见的飞快速度向前发展。

## 5.3.2　计算机网络的体系结构

### 1. 通信协议的概念与层次结构

1）通信协议的基本概念

通信协议（Communications Protocol）是指双方实体完成通信或服务所必须遵循的规则和约定。协议定义了数据单元使用的格式、信息单元应该包含的信息与含义、连接方式、信息发送和接收的时序，从而确保网络中的数据顺利地传送到确定的地方。

在计算机通信中，通信协议用于实现计算机与网络连接之间的标准，网络如果没有统一的通信协议，计算机之间的信息传递就无法识别。通信协议是指通信各方事前约定的通信规则，可以简单地理解为各计算机之间进行相互会话所使用的共同语言。两台计算机在进行通信时，必须使用通信协议。

2）通信协议的三要素

通信协议主要由以下三个要素组成：

（1）语法："如何讲"，数据的格式、编码和信号等级（电平的高低）。

（2）语义："讲什么"，数据内容、含义以及控制信息。

（3）定时规则（时序）：明确通信的顺序、速率匹配和排序。

3）层次结构

由于网络节点之间联系的复杂性，在制定协议时，通常把复杂成分分解成一些简单成分，然后再将它们复合起来。最常用的复合技术就是层次方式，网络协议的层次结构如下：

（1）结构中的每一层都规定有明确的服务及接口标准。

（2）把用户的应用程序作为最高层。

（3）除了最高层，中间的每一层都向上一层提供服务，同时又是下一层的用户。

（4）把物理通信线路作为最低层，它使用从最高层传送来的参数，是提供服务的基础。

**2. OSI 参考模型及各层功能**

为了使不同计算机厂家生产的计算机能够相互通信，以便在更大的范围内建立计算机网络，国际标准化组织(ISO)在 1978 年提出了"开放系统互联参考模型"，即著名的 OSI/RM 模型(Open System Interconnection/Reference Model)。它将计算机网络体系结构的通信协议划分为七层，自下而上依次为：物理层(Physics Layer)、数据链路层(Data Link Layer)、网络层(Network Layer)、传输层(Transport Layer)、会话层(Session Layer)、表示层(Presentation Layer)和应用层(Application Layer)，如图 5-29 所示。

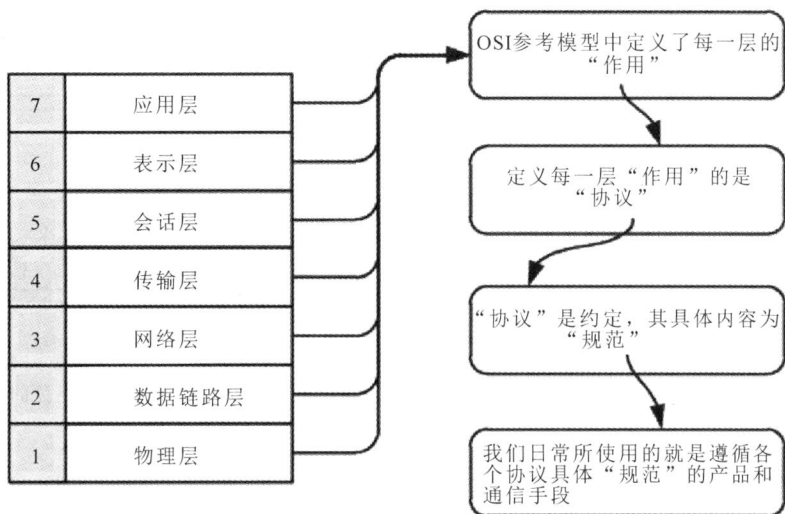

图 5-29  OSI 参考模型

其中第四层完成数据传送服务，上面三层面向用户。对于每一层，至少制定两项标准：服务定义和协议规范。前者给出了该层所提供的服务的准确定义，后者详细描述了该协议的动作和各种有关规程，以保证提供服务。上下层之间进行交互时所遵循的约定叫作"接口"，同一层之间的交互所遵循的约定叫作"协议"。

OSI 参考模型对通信协议中必要的功能做了很好的归纳，但它终究还是一个模型，只是对各层做了一系列粗略的定义，并没有对协议和接口做详细的描述。它只是起引导作用。所以要想了解更多的协议细节，就有必要参考每个协议的具体规范了。平常所见的那些通信协议大都对应 OSI 参考模型中七个分层中的一层。OSI 参考模型中各层的功能如表 5-1 所示。

表 5-1  OSI 参考模型各层功能

| 层 | 分层名称 | 功  能 | 每层功能概览 |
|---|---|---|---|
| 7 | 应用层 | 为应用程序提供服务，并规定应用程序中通信的相关细节。包括电子邮件，文件传输，远程登录，HTTP 等协议 | 针对每个应用的协议<br>电子邮件 ◄► 电子邮件协议<br>远程登录 ◄► 远程登录协议<br>文件传输 ◄► 文件传输协议 |

| 层 | 分层名称 | 功　能 | 每层功能概览 |
|---|---|---|---|
| 6 | 表示层 | 将应用程序处理的信息转化为适合网络传输的格式，或将来自下一层的数据转化为上层应用程序能够处理的数据 | 接收不同表现形式的信息，如文字流、图像、声音<br> |
| 5 | 会话层 | 负责建立与断开通信连接(数据流动的逻辑通路)，以及数据的分割等数据传输相关的管理 | 何时建立连接，何时断开连接以及保持多久的连接<br> |
| 4 | 传输层 | 起到可靠传输的作用，只在通信双方的节点上进行传输，而无须在路由器上进行处理 | 是否有数据丢失<br> |
| 3 | 网络层 | 地址管理与路由选择 | 经过哪个路由传递到目的地址<br> |
| 2 | 数据链路层 | 互联设备之间传送和识别数据帧 | 数据帧与比特流之间的转换<br>0101<br>分段转发<br> |
| 1 | 物理层 | 以"0""1"代表电压的高低灯光的闪烁，界定连接器和网线的规格 | 比特流与电子信号之间的切换<br>0101 → 0101<br>连接器与网线的规格<br> |

### 3. TCP/IP 体系结构

TCP/IP 是 Transmission Control Protocol/Internet Protocol 的简写，中译名为传输控制协议/因特网互联协议，又名网络通信协议，是 Internet 最基本的协议、Internet 国际互联网络的基础，由网络层的 IP 协议和传输层的 TCP 协议组成。TCP/IP 定义了电子设备如何连入因特网，以及数据如何在它们之间传输的标准。协议采用了4层的层级结构，每一层都呼叫它的下一层所提供的协议来完成自己的需求。通俗而言：TCP负责发现传输的问题，一有问题就发出信号，要求重新传输，直到所有数据安全正确地传输到目的地。而IP是给因特网的每一台联网设备规定一个地址。

TCP/IP协议并不完全符合OSI的七层参考模型，采用了4层的层级结构，每一层都呼叫它的下一层所提供的网络来完成自己的需求，TCP/IP协议结构与OSI的对应关系如表5-2所示。

表 5-2　TCP/IP 协议结构与 OSI 的对应关系

| TCP/IP | OSI |
|---|---|
| 应用层 | 应用层 |
| | 表示层 |
| | 会话层 |
| 传输层 | 传输层 |
| 网络层 | 网络层 |
| 网络接口层 | 数据链路层 |
| | 物理层 |

从协议分层模型方面来讲，TCP/IP由四个层次组成：网络接口层、网络层、传输层、应用层。

1）网络接口层

TCP/IP的网络接口层包括OSI模型的物理层和数据链路层。物理层是定义物理介质的各种特性：

（1）机械特性。

（2）电子特性。

（3）功能特性。

（4）规程特性。

数据链路层是负责接收IP数据包并通过网络发送，或者从网络上接收物理帧，抽出IP数据包，交给IP层。

（1）ARP是正向地址解析协议，通过已知的IP，寻找对应主机的MAC地址。

（2）RARP是反向地址解析协议，通过MAC地址确定IP地址。比如无盘工作站和DHCP服务。

常见的接口层协议有：Ethernet 802.3、Token Ring 802.5、X.25、Frame relay、HDLC、PPP ATM等。

2）网络层

网络层负责相邻计算机之间的通信。其功能包括三方面。

（1）处理来自传输层的分组发送请求，收到请求后，将分组装入 IP 数据报，填充报头，选择去往信宿机的路径，然后将数据报发往适当的网络接口。

（2）处理输入数据报：首先检查其合法性，然后进行寻径——假如该数据报已到达信宿机，则去掉报头，将剩下部分交给适当的传输协议；假如该数据报尚未到达信宿，则转发该数据报。

（3）处理路径、流控、拥塞等问题。

网络层协议包括：IP（Internet Protocol）协议、ICMP（Internet Control Message Protocol）控制报文协议、ARP（Address Resolution Protocol）地址转换协议和 RARP（Reverse ARP）反向地址转换协议。

IP 是网络层的核心，通过路由选择将下一条 IP 封装后交给接口层。IP 数据报是无连接服务。ICMP 是网络层的补充，可以回送报文，用来检测网络是否通畅。ping 命令就是发送 ICMP 的 echo 包，通过回送的 echo relay 进行网络测试。

3）传输层

传输层提供应用程序间的通信。其功能包括：格式化信息流、提供可靠传输。为实现后者，传输层协议规定接收端必须发回确认，并且假如分组丢失，必须重新发送，即耳熟能详的"三次握手"过程，从而提供可靠的数据传输。

传输层协议主要包括：传输控制协议 TCP（Transmission Control Protocol）和用户数据报协议 UDP（User Datagram Protocol）。

4）应用层

TCP/IP 的应用层包括 OSI 模型的会话层、表示层和应用层，它向用户提供一组常用的应用程序，比如电子邮件、文件传输访问、远程登录等。远程登录 Telnet 使用 Telnet 协议提供在网络其他主机上注册的接口。Telnet 会话提供了基于字符的虚拟终端。文件传输访问 FTP 使用 FTP 协议来提供网络内机器间的文件复制功能。

应用层协议主要包括 FTP、Telnet、DNS、SMTP、NFS 和 HTTP。

（1）FTP（File Transfer Protocol）是文件传输协议，一般上传下载用 FTP 服务，数据端口是 20H，控制端口是 21H。

（2）Telnet 是用户远程登录服务，使用 23H 端口，使用明码传送，保密性差，简单方便。

（3）DNS（Domain Name Service）是域名解析服务，提供域名到 IP 地址之间的转换，使用端口 53。

（4）SMTP（Simple Mail Transfer Protocol）是简单邮件传输协议，用来控制信件的发送和中转，使用端口 25。

（5）NFS（Network File System）是网络文件系统，用于网络中不同主机间的文件共享。

（6）HTTP（HyperText Transfer Protocol）是超文本传输协议，用于实现互联网中的 WWW 服务，使用端口 80。

OSI 模型与 TCP/IP 协议族的对应关系如表 5-3 所示。

表 5－3  OSI 模型与 TCP/IP 协议族对应关系

| OSI 中的层 | 功　　能 | TCP/IP 协议族 |
|---|---|---|
| 应用层 | 文件传输，电子邮件，文件服务，虚拟终端 | TFTP，HTTP，SNMP，FTP，SMTP，DNS，Telnet 等 |
| 表示层 | 数据格式化，代码转换，数据加密 | 没有协议 |
| 会话层 | 解除或建立与别的接点的联系 | 没有协议 |
| 传输层 | 提供端对端的接口 | TCP，UDP |
| 网络层 | 为数据包选择路由 | IP，ICMP，OSPF，EIGRP，IGMP |

## 5.3.3  互联网技术

### 1. 互联网技术概述

1）互联网的基本概念

互联网是由一些使用公用语言互相通信的计算机连接而成的网络，即局域网、广域网及单机按照一定的通信协议组成的国际计算机网络。互联网始于 1969 年的美国，是全球性的网络，是一种公用信息的载体，这种大众传媒比以往的任何一种通信媒体都要快。这种将计算机网络互相连接在一起的方法可称作"网络互联"，在这基础上发展出覆盖全世界的全球性互联网络称"互联网"，即是"互相连接一起的网络"。互联网并不等同万维网（World Wide Web），万维网只是一种基于超文本相互连接而成的全球性系统，且是互联网所能提供的服务其中之一。单独提起互联网，一般都是互联网或接入其中的某网络，有时将其简称为网或网络（the Net）可以通信、社交、网上贸易。

2）互联网、因特网、万维网三者的关系

互联网、因特网、万维网三者的关系是：互联网包含因特网，因特网包含万维网，凡是能彼此通信的设备组成的网络就叫互联网。所以，即使仅有两台机器，不论用何种技术使其彼此通信，也叫互联网。因特网是互联网的一种。因特网可不是仅有两台机器组成的互联网，它是由上千万台设备组成的互联网。因特网使用 TCP/IP 协议让不同的设备可以彼此通信。但使用 TCP/IP 协议的网络并不一定是因特网，一个局域网也可以使用 TCP/IP 协议。若要判断自己是否接入的是因特网，首先是看计算机是否安装了 TCP/IP 协议，其次看是否拥有一个公网地址（所谓公网地址，就是所有私网地址以外的地址）。

因特网是基于 TCP/IP 协议实现的，TCP/IP 协议由很多协议组成，不同类型的协议又被放在不同的层。其中，位于应用层的协议就有很多，比如 FTP、SMTP、HTTP。只要应用层使用的是 HTTP 协议，就称为万维网（World Wide Web）。之所以在浏览器里输入百度网址时，能看见百度网提供的网页，就是因为个人浏览器和百度网的服务器之间使用的是 HTTP 协议。

3）互联网＋

国内"互联网＋"理念的提出，最早可以追溯到 2012 年 11 月，易观国际董事长兼首席执行官于扬在易观第五届移动互联网博览会首次提出"互联网＋"的理念。

"互联网＋"是两化融合的升级版，将互联网作为当前信息化发展的核心特征提取出来，并与工业，商业，金融业等服务业全面融合。其中的关键就是创新，只有创新才能让这个"＋"真正有价值、有意义，因此，"互联网＋"被认为是创新 2.0 下的互联网发展新形态、新业态，是向知识社会创新 2.0 推动下的经济社会发展新形态演进。

通俗来说，"互联网＋"就是"互联网＋各个传统行业"，但这并不是简单地将两者相加，而是利用信息通信技术以及互联网平台，让互联网与传统行业进行深度融合，创造新的发展生态。

"互联网＋"有六大特征：

（1）跨界融合。"＋"就是跨界，就是变革，就是开放，就是重塑融合。融合本身也指代身份的融合，客户消费转化为投资，伙伴参与创新等，不一而足。

（2）创新驱动。中国粗放的资源驱动型增长方式早就难以为继，必须转变到创新驱动发展这条正确的道路上来。这正是互联网的特质，用所谓的互联网思维来求变、自我革命，也更能发挥创新的力量。

（3）重塑结构。信息革命化、全球化，互联网也已打破了原有的社会结构、经济结构、地域结构、文化结构。

（4）尊重人性。人性的光辉是推动科技进步、经济增长、社会进步、文化繁荣的最根本的力量。互联网的力量之强大最根本地也来源于对人性的最大限度的尊重、对人体验的敬畏、对人的创造性发挥的重视。

（5）开放生态。关于"互联网＋"，生态是非常重要的特征，而生态的本身就是开放的。推进"互联网＋"，其中一个重要的方向就是要把过去制约创新的环节化解掉，把孤岛式创新连接起来，让研发由人性决定的市场驱动，让努力的创业者有机会实现价值。

（6）连接一切。连接是有层次的，可连接性是有差异的，连接的价值是相差很大的，但是连接一切是"互联网＋"的目标。

**2．互联网工作原理**

1）网络的层次

每台接入互联网的计算机都属于某个网络，即使是用户家中的计算机也不例外。例如，用户可以使用调制解调器拨号连接到一个互联网服务提供商（ISP）的网络上。工作中，用户所处网络可能属于某个局域网（LAN），但很可能仍通过与公司签订合同的 ISP 连接到互联网上。当连接到 ISP 时就成为互网络的一部分了。这个 ISP 可以再连接到更大的网络并成为更大网络的一部分。互联网就是这样由网络连成的网络。多数大型通信公司都拥有自己的专用主干网，主干网将各地区连接起来，并在每个地区设置一个入网点（POP），本地用户往往使用本地电话或专线经由 POP 接入该公司的网络。但实际上并不存在一个总控网络，几个大型网络是通过网络接入点（NAP）互相连接的。互联网的层次结构如图 5-30 所示。

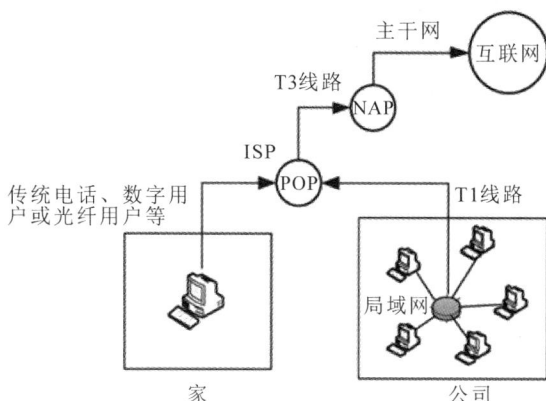

图5-30 互联网层次结构

2）TCP/IP协议

计算机网络是由许多计算机组成的，要实现网络内的计算机之间传输数据，必须要做两件事：明确数据传输目的地址和保证数据迅速可靠传输的措施。这是因为数据在传输过程中很容易丢失或传错，Internet使用一种专门的计算机语言（协议），以保证数据安全、可靠地到达指定的目的地，这种语言分两部分：TCP（Transmission Control Protocol）协议和IP（Internet Protocol）网间协议。

TCP/IP协议所采用的通信方式是分组交换方式。所谓分组交换，简单说就是数据在传输时分成若干段，每个数据段称为一个数据包，TCP/IP协议的基本传输单位是数据包。TCP/IP协议主要包括两个主要的协议，即TCP协议和IP协议。这两个协议可以联合使用，也可以与其他协议联合使用，它们在数据传输过程中主要完成以下功能。

（1）首先由TCP协议把数据分成若干数据包，给每个数据包写上序号，以便接收端把数据还原成原来的格式。

（2）IP协议给每个数据包写上发送主机和接收主机的地址，一旦写上源地址和目的地址，数据包就可以传送数据了。IP协议还具有利用路由算法进行路由选择的功能。

（3）这些数据包可以通过不同的传输途径（路由）进行传输，由于路径不同，加上其他的原因，可能出现顺序颠倒、数据丢失、数据失真甚至重复的现象。这些问题都由TCP协议来处理，它具有检查和处理错误的功能，必要时还可以请求发送端重发。

简言之，IP协议负责数据的传输，而TCP协议负责数据的可靠传输。

**3. 互联网网络地址**

1）IP地址

IP地址是Internet主机的一种数字型标识，它由两部分构成，一部分是网络标识（Net ID），另一部分是主机标识（Host ID）。

目前所使用的IP协议版本规定：IP地址的长度为32位，以点分十进制表示，如172.16.0.0。地址格式：IP地址＝网络地址＋主机地址，或者，IP地址＝主机地址＋子网地址＋主机地址。Internet的网络地址可分为三类（A类、B类、C类），每一类网络中IP地址的结构即网络标识长度和主机标识长度都有所不同。

（1）A 类地址的表示范围：0.0.0.0～126.255.255.255，默认网络掩码为：

255.0.0.0；A 类地址分配给规模特别大的网络使用。A 类网络用第一组数字表示网络本身的地址，后面三组数字作为连接于网络上的主机的地址。分配给具有大量主机（直接个人用户）而局域网络个数较少的大型网络，例如 IBM 公司的网络。

（2）B 类地址的表示范围：128.0.0.0～191.255.255.255，默认网络掩码为：

255.255.0.0；B 类地址分配给一般的中型网络。B 类网络用第一、二组数字表示网络的地址，后面两组数字代表网络上的主机地址。

（3）C 类地址的表示范围：192.0.0.0～223.255.255.255，默认网络掩码为：

255.255.255.0；C 类地址分配给小型网络，如一般的局域网和校园网，它可连接的主机数量是最少的，采用把所属的用户分为若干的网段进行管理。C 类网络用前三组数字表示网络的地址，最后一组数字作为网络上的主机地址。

实际上，还存在着 D 类地址和 E 类地址。但这两类地址用途比较特殊，在这里只是简单介绍一下：D 类地址称为广播地址，供特殊协议向选定的节点发送信息时用；E 类地址保留给将来使用。

2）域名、域名系统和域名服务器

前面讲到，IP 地址是一种数字型网络标识和主机标识。数字型标识对计算机网络来讲自然是最有效的，但是对使用网络的人来说有不便记忆的缺点，为此人们研究出一种字符型标识，这就是域名。目前所使用的域名是一种层次型命名法，例如：

第 $n$ 级子域名.……第二级子域名.第一级子域名.这里一般：$2 \leqslant n \leqslant 5$。

域名可以以一个字母或数字开头和结尾，并且中间的字符只能是字母、数字和连字符，标号必须小于 255。经验表明，为了简便和便于记忆，每个标号小于或等于 8 个字符，但这不是必需的。第一级子域名是一种标准化的标号，如表 5－4 所示。

**表 5－4　一级域名符号及意义**

| 序　号 | 域　名 | 含　义 |
|---|---|---|
| 1 | .com | 商业组织 |
| 2 | .edu | 教育机构 |
| 3 | .gov | 政府部门 |
| 4 | .mil | 军事部门 |
| 5 | .net | 主要网络支持中心 |
| 6 | .country code | 国家（采用国际通用两字符编码） |

NIC（网络信息中心）将第一级域名的管理特权分派给指定管理机构，各管理机构再对其管理下的域名空间继续划分，并将各子部分管理特权授予子管理机构。如此下去，便形成层次型域名，由于管理机构是逐级授权的，所以最终的域名都得到 NIC 承认，成为 Internet 全网中的正式名字。Internet 地址中的第一级域名和第二级域名由 NIC 管理，我国国家级域名(cn)由中国科学院计算机网络中心(NCFC)进行管理，第三级以下的域名由各个子网的 NIC 或具有 NIC 功能的节点自己负责管理。

域名在使用时要注意几点：

(1) 域名在整个 Internet 中必须是唯一的，当高级子域名相同时，低级子域名不允许重复。

(2) 大小写字母在域名中没有区别。

(3) 一台计算机可以有多个域名(通常用于不同的目的)，但只能有一个 IP 地址。

(4) 主机的 IP 地址和主机的域名对通信协议来说具有相同的作用，从使用的角度看，两者没有区别。但是，当用户所使用的系统没有域名服务器时，只能使用 IP 地址不能使用域名。

(5) 为主机确定域名时应尽量使用有意义的符号。

所谓域名系统：即把域名翻译成 IP 地址的软件。从功能上说，域名系统基本上相当于一本电话簿，已知一个姓名就可以查到一个电话号码，它与电话簿的区别是它可以自动完成查找过程，完整的域名系统应该具有双向查找功能。

所谓域名服务名：实际上就是装有域名系统的主机。

**4. 互联网接入方式**

在互联网接入方式中，目前可供选择的接入方式主要有 PSTN、ISDN、DDN、LAN、ADSL、VDSL、Cable-Modem、PON 和 LMDS 九种。

1) PSTN(Published Switched Telephone Network)

PSTN 是公用电话交换网，是普遍的窄带接入方式，即通过电话线，利用当地运营商提供的接入号码，拨号接入互联网。特点是使用方便，只需有效的电话线及自带 Modem 的 PC 就可完成接入。运用于一些低速率的网络应用，如网页浏览查询，聊天，收发 E-mail 等，主要适合于临时性接入或无其他宽带接入场所的使用。缺点是速率低，无法实现一些高速率要求的网络服务，其次是费用较高(接入费用由电话通信费和网络使用费组成)。

2) ISDN(Integrated Services Digital Network)

ISDN 是综合业务数字网，俗称"一线通"。它采用数字传输和数字交换技术，将电话、传真、数据、图像等多种业务综合在一个统一的数字网络中进行传输和处理。用户利用一条 ISDN 用户线路，可以在上网的同时拨打电话、收发传真，就像两条电话线一样。ISDN 基本速率接口有两条信息通路和一条信令通路，简称 2B＋D，当有电话拨入时，它会自动释放一个 B 信道来进行电话接听。主要适合于普通家庭用户使用。缺点是速率仍然较低，无法实现一些高速率要求的网络服务，其次是费用也比较高。

3) DDN(Digital Data Network)

DDN 是数字数据网，是利用数字信道传输数据信号的数据传输网，它的传输媒介有光缆、数字微波、卫星信道以及用户端可用的普通电缆和双绞线。利用数字信道传输数据信号与传统的模拟信道相比，具有传输质量高、速度快、带宽利用率高等一系列优点。

4) LAN(Local Area Network)

LAN 是局域网，是指在某一区域内由多台计算机互联成的计算机组。一般是方圆几千米以内。局域网可以实现文件管理、应用软件共享、打印机共享、工作组内的日程安排、电子邮件和传真通信服务等功能。局域网是封闭型的，可以由办公室内的两台计算机组成，也可以由一个公司内的上千台计算机组成。局域网还有诸如高可靠性、易扩缩和易于管理及安全等多种特性。

5）ADSL（Asymmetric Digital Subscriber Line）

ADSL 是非对称数字用户环路。因为上行和下行带宽不对称，因此称为非对称数字用户线环路。它采用频分复用技术把普通的电话线分成了电话、上行和下行三个相对独立的信道，从而避免了相互之间的干扰。即使边打电话边上网，也不会发生上网速率和通话质量下降的情况。

6）VDSL（Very-high-bit-rate Digital Subscriber Loop）

VDSL 是甚高速数字用户环路，是 ADSL 的快速版本。适用于家庭、个人等用户的大多数网络应用需求，满足一些宽带业务，包括 IPTV、视频点播（VOD）、远程教学、可视电话、多媒体检索、局域网互联、互联网接入等。

7）Cable-Modem

Cable-Modem 是线缆调制解调器，是一种基于有线电视网络铜线资源的接入方式。具有专线上网的连接特点，允许用户通过有线电视网实现高速接入互联网。适用于拥有有线电视网的家庭、个人或中小团体。特点是速率较高，接入方式简便（通过有线电缆传输数据，不需要布线），可实现各类视频服务、高速下载等。缺点在于基于有线电视网络的架构是属于网络资源分享型的，当用户激增时，速率就会下降且不稳定，扩展性不够。

8）PON（Passive Optical Network）

PON 是无源光纤网络，是一种点对多点的光纤传输和接入技术，局端到用户端最大距离为 20km。特点是接入速率高，可以实现各类高速率的互联网应用，如视频服务、高速数据传输、远程交互等。

9）LMDS（Local Multi-point Distribution Service）

LMDS 是无线网络，是一种有线接入的延伸技术，使用无线射频（RF）技术进行数据收发，减少使用电线连接，因此无线网络系统既可达到建设计算机网络系统的目的，又可让设备自由安排和搬动。在公共开放的场所或者企业内部，无线网络一般会作为已存在有线网络的一个补充方式，装有无线网卡的计算机通过无线手段方便接入互联网。

各种不同接入方式的性能对比如表 5-5 所示。

表 5-5　不同接入方式性能对比

| 序号 | 插入方式 | 传输介质 | 上传速率 | 下载速率 | 用户终端设备 |
|------|----------|----------|----------|----------|--------------|
| 1 | PSTN | 电话线 | 33.4 Kb/s | 33.4 Kb/s | Modem |
| 2 | ISDN | 电话线 | 128 Kb/s | 128 Kb/s | 路由器 |
| 3 | DDN | 电话线 | 2 Mb/s | 2 Mb/s | DTU＋路由器 |
| 4 | LAN | 双绞线 | 10 Mb/s | 10 Mb/s | 网卡 |
| 5 | ADSL | 电话线 | 1 Mb/s | 8 Mb/s | ADSL modem |
| 6 | VDSL | 电话线 | 19.2 Mb/s | 55 Mb/s | VDSL modem |
| 7 | Cable-Modem | 有线电视同轴电缆 | 10 Mb/s | 10 Mb/s | Cable Modem |
| 8 | PON | 光纤 | 155 Mb/s | 155 Mb/s | ONT/ONU |
| 9 | LMDS | 微波 | 155 Mb/s | 155 Mb/s | 无线网卡 |

### 5．网络互联

1）网络互联的基本概念

网络互联是指将两个以上的计算机网络，通过一定的方法，是将分布在不同地理位置的网络、网络设备连接起来，构成更大规模的网络系统，以实现网络的数据资源共享。与网络互联相关的几个名词解释如下：

（1）互连(Interconnection)是指网络在物理上的连接，两个网络之间至少有一条在物理上连接的线路，它为两个网络的数据交换提供了物质基础和可能性，但并不能保证两个网络一定能够进行数据交换，这要取决于两个网络的通信协议是不是相互兼容。

（2）互联(Internetworking)是指网络在物理和逻辑上，尤其是逻辑上的连接。

（3）互通(Intercommunication)是指两个网络之间可以交换数据。

（4）互操作(Interoperability)是指网络中不同计算机系统之间具有透明地访问对方资源的能力。

2）网络互联的层次

进行网络互联时，每一层使用不同的互联设备执行不同的功能。

（1）物理层：用于不同地理范围内的网段的互联。工作在物理层的网络设备是中继器、集线器。

（2）数据链路层：用于互联两个或多个同一类的局域网，传输帧。工作在数据链路层的网间设备是桥接器(或网桥)、交换机。

（3）网络层：主要用于广域网的互联中。工作在网络层的网间设备是路由器、第三层交换机。

（4）传输层及以上高层：用于在高层之间进行不同协议的转换。工作在第三层的网间设备称为网关。

3）网络互联的形式

网络互联的形式主要有四种形式：局域网与局域网(LAN-LAN)互联，局域网与广域网互联(LAN-WAN)，局域网与广域网与局域网互联(LAN-WAN-LAN)，广域网与广域网(WAN-WAN)互联。

（1）LAN-LAN。LAN互联又分为同种LAN互联和异种LAN互联。同构网络互联是指符合相同协议局域网的互联，主要采用的设备有中继器、集线器、网桥、交换机等。而异构网的互联是指两种不同协议局域网的互联，主要采用的设备为网桥、路由器等设备。

（2）LAN-WAN。这是最常见的方式之一，用来连接的设备是路由器或网关。

（3）LAN-WAN-LAN。这是将两个分布在不同地理位置的LAN通过WAN实现互联，连接设备主要有路由器和网关。

（4）WAN-WAN。通过路由器和网关将两个或多个广域网互联起来，可以使分别连入各个广域网的主机资源能够实现共享。

4）网络互联的方式

为将不同种类网络互联为一个网络，需要利用网间连接器或通过互联网实现互联。利用网间连接器实现网络互联时，一个网络的主要组成部分是节点和主机，按照互联的级别不同，又可以分为以下两类。

（1）节点级互联。这种连接方式较适合于具有相同交换方式的网络互联，常用的连接设备有网卡和网桥。

（2）主机级互联。这种互联方式主要适用于在不同类型的网络间进行互联的情况，常见的网间连接器如网关。通过互联网进行网络互联时，在两个计算机网络中，为了连接各种类型的主机，需要多个通信处理设备构成一个通信子网，然后将主机连接到子网的通信处理设备上。当要在两个网络间进行通信时，源网可将分组发送到互联网上，再由互联网把分组传送给目标网。

两种转换方式的比较：

当利用网关把 A 和 B 两个网络进行互联时，需要两个协议转换程序，其中之一用于 A 网协议转换为 B 网协议，另一程序则进行相反的协议转换。用这种方法来实现互联时，所需协议转换程序的数目与网络数目 $n$ 的平方成比例，即程序数为 $n(n-1)$，但利用互联网来实现网络互联时，所需的协议转换程序数目与网络数目成比例，即程序数为 2n。当所需互联的网络数目较多时，后一种方式可明显地减少协议转换程序的数目。

# 任务 5.4  物联网技术

## 5.4.1  物联网的概念

物联网的定义：通过射频识别（RFID）、红外感应器、全球定位系统、激光扫描器等信息传感设备，按约定的协议，把任何物品与互联网连接起来，进行信息交换和通信，以实现智能化识别、定位、跟踪、监控和管理的一种网络。物联网的概念是于 1999 年提出的，物联网就是"物物相连的互联网"，这有两层意思：第一，物联网的核心和基础仍然是互联网，是在互联网基础上的延伸和扩展的网络；第二，其用户端延伸和扩展到了任何物品与物品之间，进行信息交换和通信。

## 5.4.2  物联网的体系结构

物联网应该具备三个特征，一是全面感知，即利用 RFID、传感器、二维码等随时随地获取物体的信息；二是可靠传递，通过各种电信网络与互联网的融合，将物体的信息实时准确地传递出去；三是智能处理，利用云计算、模糊识别等各种智能计算技术，对海量数据和信息进行分析和处理，对物体实施智能化的控制。

在业界，物联网大致被公认为有三个层次，底层是用来感知数据的感知层，第二层是数据传输的网络层，最上面则是内容应用层。

### 1. 感知层

感知层包括传感器等数据采集设备，包括数据接入到网关之前的传感器网络。

对于目前关注和应用较多的 RFID 网络来说，张贴安装在设备上的 RFID 标签和用来识别 RFID 信息的扫描仪、感应器属于物联网的感知层。在这一类物联网中被检测的信息是 RFID 标签内容，高速公路不停车收费系统、超市仓储管理系统等都是基于这一类结构的物联网。

用于战场环境信息收集的智能微尘网络，感知层由智能传感节点和接入网关组成，智能节点感知信息（温度、湿度、图像等），并自行组网传递到上层网关接入点，由网关将收集到的感应信息通过网络层提交到后台处理。环境监控、污染监控等应用是基于这一类结构的物联网。

感知层是物联网发展和应用的基础，RFID 技术、传感和控制技术、短距离无线通信技术是感知层涉及的主要技术。其中又包括芯片研发，通信协议研究，RFID 材料，智能节点供电等细分技术。通信协议的研究机构主要有伯克利大学等。西安优势微电子的"唐芯一号"是国内自主研发的首片短距离物联网通信芯片。Perpetuum 公司针对无线节点的自主供电已经研发出通过采集振动能供电的产品，而 Powermat 公司也推出了一种无线充电平台。

**2. 网络层**

物联网的网络层将建立在现有的移动通信网和互联网基础上。物联网通过各种接入设备与移动通信网和互联网相连，如手机付费系统中由刷卡设备将内置手机的 RFID 信息采集上传到互联网，网络层完成后台鉴权认证并从银行网络划账。

网络层也包括信息存储查询、网络管理等功能。

网络层中的感知数据管理与处理技术是实现以数据为中心的物联网的核心技术。感知数据管理与处理技术包括传感网数据的存储、查询、分析、挖掘、理解以及基于感知数据决策和行为的理论和技术。云计算平台作为海量感知数据的存储、分析平台，将是物联网网络层的重要组成部分，也是应用层众多应用的基础。

在产业链中，通信网络运营商将在物联网网络层占据重要的地位。而正在高速发展的云计算平台将是物联网发展的又一助力。

**3. 应用层**

物联网应用层利用经过分析处理的感知数据，为用户提供丰富的特定服务。物联网的应用可分为监控型（物流监控、污染监控）、查询型（智能检索、远程抄表）、控制型（智能交通、智能家居、路灯控制）、扫描型（手机钱包、高速公路不停车收费）等。

应用层是物联网发展的目的，软件开发、智能控制技术将会为用户提供丰富多彩的物联网应用。各种行业和家庭应用的开发将会推动物联网的普及，也给整个物联网产业链带来利润。

目前已经有不少物联网范畴的应用，譬如通过一种感应器感应到某个物体触发信息，然后按设定通过网络完成一系列动作。当你早上拿车钥匙出门上班，在计算机旁待命的感应器检测到之后就会通过互联网络自动发起一系列事件：通过短信或者喇叭自动报今天的天气，在计算机上显示快捷通畅的开车路径并估算路上所花时间，同时通过短信或者即时聊天工具告知你的同事你将马上到达……又譬如已经投入试点运营的高速公路不停车收费系统、基于 RFID 的手机钱包付费应用等。

## 5.4.3　物联网的应用

物联网用途广泛，遍及智能交通、环境保护、政府工作、公共安全、平安家居、智能消防、工业监测、老人护理、个人健康、花卉栽培、水系监测、食品溯源、敌情侦察和情报搜集等多个领域。

国际电信联盟于 2005 年的一份报告曾描绘"物联网"时代的图景：当司机出现操作失误时汽车会自动报警；公文包会提醒主人忘带了什么东西；衣服会"告诉"洗衣机对颜色和水温的要求，等等。例如一家物流公司应用了物联网系统的货车，当装载超重时，汽车会自动告知超载了，并且超载多少，但空间还有剩余，告知轻重货怎样搭配。

物联网把新一代 IT 技术充分运用在各行各业之中，具体地说，就是把感应器嵌入和装备到电网、铁路、桥梁、隧道、公路、建筑、供水系统、大坝、油气管道等各种物体中，然后将"物联网"与现有的互联网整合起来，实现人类社会与物理系统的整合，在这个整合的网络当中，存在能力超级强大的中心计算机群，能够对整合网络内的人员、机器、设备和基础设施实施实时的管理和控制。在此基础上，人类可以以更加精细和动态的方式管理生产和生活，达到"智慧"状态，提高资源利用率和生产力水平，改善人与自然间的关系。

毫无疑问，如果"物联网"时代来临，人们的日常生活将发生翻天覆地的变化。然而，不谈什么隐私权和辐射问题，单就把所有物品都植入识别芯片这一点来看，现在还不太现实。人们正走向"物联网"时代，但这个过程可能需要很长的时间。

# 任务 5.5  网络安全与管理

## 5.5.1  网络安全

网络安全是指网络系统的硬件、软件及其系统中的数据受到保护，不因偶然的或者恶意的原因而遭受到破坏、更改、泄露，系统连续、可靠、正常地运行，网络服务不中断。

从网络运行和管理者角度来说，希望对本地网络信息的访问、读写等操作受到保护和控制，避免出现"陷门"、病毒、非法存取、拒绝服务和网络资源非法占用和非法控制等威胁，制止和防御网络黑客的攻击。对安全保密部门来说，他们希望对非法的、有害的或涉及国家机密的信息进行过滤和防堵，避免机要信息泄露，避免对社会产生危害，给国家造成巨大损失。

随着计算机技术的迅速发展，在计算机上处理的业务也由基于单机的数学运算、文件处理，基于简单连接的内部网络的内部业务处理、办公自动化等发展到基于复杂的内部网、企业外部网、全球互联网的企业级计算机处理系统和世界范围内的信息共享和业务处理。在系统处理能力提高的同时，系统的连接能力也在不断地提高。但在连接能力、信息流通能力提高的同时，基于网络连接的安全问题也日益突出，整体的网络安全主要表现在以下几个方面：网络物理安全、网络拓扑结构安全、网络系统安全、应用系统安全和网络管理安全等。

因此计算机安全问题，应该像每家每户的防火防盗问题一样，做到防患于未然。网络安全的一般解决措施是使用防火墙和杀毒软件，如图 5-31 所示。

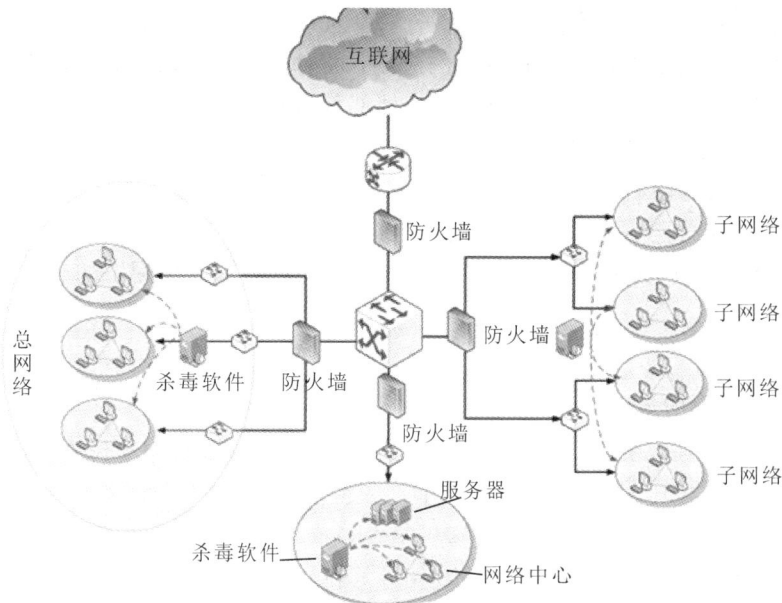

图 5-31 网络安全解决措施示例

## 5.5.2 防火墙技术

防火墙技术，最初是针对互联网不安全因素所采取的一种保护措施。顾名思义，防火墙就是用来阻挡外部不安全因素影响的内部网络屏障，其目的就是防止外部网络用户未经授权的访问。它是计算机硬件和软件的结合，使网络与网络之间建立起一个安全网关(Security Gateway)，从而保护内部网免受非法用户的侵入，防火墙主要由服务访问政策、验证工具、包过滤和应用网关四个部分组成，防火墙就是一个位于计算机和它所连接的网络之间的软件或硬件(其中硬件防火墙用的很少，只有国防部等地才用，因为它价格昂贵)，该计算机流入流出的所有网络通信均要经过此防火墙。

防火墙有网络防火墙和计算机防火墙的提法。网络防火墙是指在外部网络和内部网络之间设置网络防火墙。这种防火墙又称筛选路由器。网络防火墙检测进入信息的协议、目的地址、端口(网络层)及墙被传输的信息形式(应用层)等，滤除不符合规定的外来信息。网络防火墙也对用户网络向外部网络发出的信息进行检测。

计算机防火墙是指在外部网络和用户计算机之间设置防火墙。计算机防火墙也可以是用户计算机的一部分。计算机防火墙检测接口规程、传输协议、目的地址及/或被传输的信息结构等，将不符合规定的进入信息剔除。计算机防火墙对用户计算机输出的信息进行检查，并加上相应协议层的标志，用以将信息传送到接收用户计算机(或网络)中去。

使用防火墙的好处有：保护脆弱的服务，控制对系统的访问，集中地安全管理，增强保密性，记录和统计网络利用数据以及非法使用数据情况。防火墙的设计通常有两种基本设计策略：第一，允许任何服务除非被明确禁止；第二，禁止任何服务除非被明确允许。

一般采用第二种策略。

从技术角度来看，目前有两类防火墙，即标准防火墙和双穴网关。标准防火墙使用专门的软件，并要求比较高的管理水平，而且在信息传输上有一定的延迟。双穴网关是标准防火墙的扩充，也称应用层网关，它是一个单独的系统，但能够同时完成标准防火墙的所有功能。它的优点是能够运行比较复杂的应用，同时防止在互联网和内部系统之间建立任何直接的连接，可以确保数据包不能直接从外部网络到达内部网络。

随着防火墙技术的进步，在双穴网关的基础上又演化出两种防火墙配置，一种是隐蔽主机网关，一种是隐蔽智能网关。目前，技术比较复杂而且安全级别较高的防火墙是隐蔽智能网关，它将网关隐藏在公共系统之后使其免遭直接攻击。隐蔽智能网关提供了对互联网服务几乎透明的访问，同时也阻止了外部未授权访问者对专用网络的非法访问。

### 5.5.3 计算机病毒防御

#### 1. 计算机病毒的危害

计算机病毒(Computer Virus)在《中华人民共和国计算机信息系统安全保护条例》中被明确定义，病毒指"编制者在计算机程序中插入的破坏计算机功能或者破坏数据，影响计算机使用并且能够自我复制的一组计算机指令或者程序代码"。与医学上的"病毒"不同，计算机病毒不是天然存在的，是某些人利用计算机软件和硬件所固有的脆弱性编制的一组指令集或程序代码。它能通过某种途径潜伏在计算机的存储介质(或程序)里，当达到某种条件时即被激活，通过修改其他程序的方法将自己的精确复制或者可能演化的形式放入其他程序中，从而感染其他程序，对计算机资源进行破坏，所谓的病毒就是人为造成的，对其他用户的危害性很大。

计算机病毒具有如下特性：

(1) 繁殖性。计算机病毒可以像生物病毒一样进行繁殖，当正常程序运行的时候，它也进行运行且自身复制，是否具有繁殖、感染的特征是判断某段程序为计算机病毒的首要条件。

(2) 破坏性。计算机中毒后，可能会导致正常的程序无法运行，把计算机内的文件删除或进行不同程度的损坏，通常表现为：增、删、改、移。

(3) 传染性。计算机病毒不但本身具有破坏性，更有害的是具有传染性，一旦病毒被复制或产生变种，其传播速度之快令人难以预防。计算机病毒也会通过各种渠道从已被感染的计算机扩散到未被感染的计算机，在某些情况下造成被感染的计算机工作失常甚至瘫痪。是否具有传染性是判别一个程序是否为计算机病毒的最重要条件。

(4) 潜伏性。有些病毒像定时炸弹一样，什么时间发作是预先设计好的。一个编制精巧的计算机病毒程序，进入系统之后一般不会马上发作，因此病毒可以静静地躲在磁盘或磁带里待上几天，甚至几年，一旦时机成熟，得到运行机会，就要四处繁殖、扩散，发生危害。潜伏性的第二种表现是指，计算机病毒的内部往往有一种触发机制，不满足触发条件时，计算机病毒除了传染外不做什么破坏。触发条件一旦得到满足，有的在屏幕上显示信息、图形或特殊标识，有的则执行破坏系统的操作，如格式化磁盘、删除磁盘文件、对数据文件做加密、封锁键盘以及使系统锁死等。

(5) 隐蔽性。计算机病毒具有很强的隐蔽性，有的可以通过病毒软件检查出来，有的根本就查不出来，有的时隐时现、变化无常，这类病毒处理起来通常很困难。

(6) 可触发性。因某个事件或数值的出现，诱使病毒实施感染或进行攻击的特性称为可触发性。为了隐蔽自己，病毒必须潜伏，少做动作。如果完全不动，一直潜伏的话，病毒既不能感染也不能进行破坏，便失去了杀伤力。病毒既要隐蔽又要维持杀伤力，它必须具有可触发性。病毒的触发机制就是用来控制感染和破坏动作的频率的。病毒具有预定的触发条件，这些条件可能是时间、日期、文件类型或某些特定数据等。病毒运行时，触发机制检查预定条件是否满足，如果满足，启动感染或破坏动作，使病毒进行感染或攻击；如果不满足，使病毒继续潜伏。

**2. 计算机病毒的防御方法**

目前，反病毒技术所采取的基本方法，同医学上对付生理病毒的方法极其相似，即：发现病毒—提取标本—解剖病毒—研制疫苗。

所谓发现病毒，就是靠外观检查法和对比检查法来检测是否有病毒存在。如看看是否有异常画面、文件容量是否改变、C 盘引导扇区是否已经感染病毒等。一旦发现了新的病毒，反病毒专家就会设法提取病毒的样本，并对其进行解剖。

通过解剖，可以发现病毒的个体特征，即病毒本身所独有的特征字节串。这种特征字节串是从任意地方开始的、连续的、不长于 64 个字节的，并且是不含空格的。这种字节也被视为病毒的遗传基因。有了特征字节串就可以进一步建立病毒特征字节串的数据库，进而研制出反病毒软件，即病毒疫苗。

当用户使用反病毒软件时，实际上是反病毒软件在进行特征字节串扫描，以发现病毒数据库中的已知病毒。但这种反病毒软件也有缺点，就是它对新发现的病毒，只能采取改变程序的方法予以应付，而对未发现的病毒则无能为力。所以，用户只能通过不断升级反病毒软件版本，来对付新的病毒。采取解剖技术反病毒，只能视为"亡羊补牢"却不能"防患于未然"。

**3. 计算机网络病毒防御的常用技术**

计算机网络中最主要的软硬件实体就是服务器和工作站，所以防治计算机网络病毒应该首先考虑这两个部分，另外加强综合治理也很重要。

基于工作站的防治技术。工作站就像是计算机网络的大门，只有把好这道大门，才能有效防止病毒的侵入。工作站防治病毒的方法有三种：

（1）软件防治，即定期或不定期地用反病毒软件检测工作站的病毒感染情况。软件防治可以不断提高防治能力，但需人为地经常去启动软盘防病毒软件，因而不仅给工作人员增加了负担，而且很有可能在病毒发作后才能检测到。

（2）在工作站上插防病毒卡。防病毒卡可以达到实时检测的目的，但防病毒卡的版本升级不方便，从实际应用的效果看，对工作站的运行速度有一定的影响。

（3）在网络接口卡上安装防病毒芯片。它将工作站存取控制与病毒防护合二为一，可以更加实时有效地保护工作站及通向服务器的桥梁。但这种方法同样也存在芯片上的软件版本升级不便的问题，而且对网络的传输速度也会产生一定的影响。

上述三种方法，都是防病毒的有效手段，应根据网络的规模、数据传输负荷等具体情况决定使用哪一种方法。

基于服务器的防治技术。网络服务器是计算机网络的中心，是网络的支柱。网络瘫痪的一个重要标志就是网络服务器瘫痪。网络服务器一旦被击垮，造成的损失是灾难性的、难以挽回和无法估量的。目前基于服务器的防治病毒的方法大都采用防病毒可装载模块（NLM），以提供实时扫描病毒的能力。有时也结合利用在服务器上的插防毒卡等技术，目的在于保护服务器不受病毒的攻击，从而切断病毒进一步传播的途径。

加强计算机网络的管理。计算机网络病毒的防治，单纯依靠技术手段是不可能有效地杜绝和防止其蔓延的，只有把技术手段和管理机制紧密结合起来，提高人们的防范意识，才有可能从根本上保护网络系统的运行安全。目前在网络病毒防治技术方面，基本处于被动防御的状态，但管理上应该积极主动。首先应从硬件设备及软件系统的使用、维护、管理和服务等各个环节制定出严格的规章制度，对网络系统的管理员及用户加强法制教育和职业道德教育，规范工作程序和操作规程，严惩从事非法活动的集体和个人。其次，应有专人负责具体事务，及时检查系统中出现病毒的症状，汇报出现的新问题、新情况，在网络工作站上经常做好病毒检测的工作，把好网络的第一道大门。除了在服务器主机上采用防病毒手段，还要定期用查毒软件检查服务器的病毒情况。最重要的是，应制定严格的管理制度和网络使用制度，提高自身的防毒意识；应跟踪网络病毒防治技术的发展，尽可能采用行之有效的新技术、新手段，建立"防杀结合、以防为主、以杀为辅、软硬互补、标本兼治"的最佳网络病毒安全模式。

## 5.5.4 网络管理

网络管理(Network Management)包括对硬件、软件和人力的使用、综合与协调，以便对网络资源进行监视、测试、配置、分析、评价和控制，这样就能以合理的价格满足网络的一些需求，如实时运行性能、服务质量等。另外，当网络出现故障时能及时报告和处理，并协调、保持网络系统的高效运行等。常见的网络管理方式有以下几种。

(1) SNMP(Simple Network Management Protocol，简单网络管理协议)。首先是由Internet工程任务组织(Internet Engineering Task Force)(IETF)的研究小组为了解决Internet上的路由器管理问题而提出的，是目前最常用的环境管理协议。SNMP可以在IP，IPX，AppleTalk，OSI以及其他用到的传输协议上使用，提供了一种从网络上的设备中收集网络管理信息的方法，也为设备向网络管理工作站报告问题和错误提供了一种方法。通过将SNMP嵌入数据通信设备，如交换机或集线器中，就可以从一个中心站管理这些设备，并以图形方式查看信息。

(2) RMON(Remote Network Monitoring，远端网络监控)。最初的设计是用来解决从一个中心点管理各局域分网和远程站点的问题。RMON规范是由SNMP MIB扩展而来。RMON中，网络监视数据包含了一组统计数据和性能指标，它们在不同的监视器(或称探测器)和控制台系统之间相互交换，结果数据可用来监控网络利用率，以用于网络规划、性能优化和协助网络错误诊断。

(3) WBM(Web-Based Management，基于WEB的网络管理)。是一种全新的网络管理模式，融合了网络管理技术，允许网络管理人员使用任何一种Web浏览器，在网络任何节点上方便迅速地配置、控制以及存取网络和它的各个部分。比传统网络管理更直接、更易于使用的图形界面降低了对网络管理操作和维护人员的特别要求。WBM的基本实现方案有两种：一种是基于代理的解决方案，另一种是嵌入式解决方案。基于代理的WBM方案是在网络管理平台之上叠加一个Web服务器，使其成为浏览器用户的网络管理的代理者，网络管理平台通过SNMP或CMIP与被管设备通信、收集、过滤、处理各种管理信息，维护网络管理平台数据库；嵌入式WBM方案是将Web能力嵌入到被管设备之中，每个设备都有自己的Web地址，使得管理人员可以通过浏览器和HTTP协议直接进行访问和管理。

# 模块 6

# 多 媒 体 技 术

　　多媒体技术融计算机、声音、文本、图像、动画、视频和通信等多种功能于一体，借助日益普及的高速信息网，可实现计算机的全球联网和信息资源共享，因此被广泛应用在咨询服务、图书、教育、通信、军事、金融、医疗等诸多领域，并且潜移默化地改变着我们的生活。本章主要介绍与多媒体相关的技术，包括多媒体基础知识、多媒体信息与文件、多媒体信息处理的关键技术以及多媒体计算机系统的构成等内容。

## 任务 6.1　多媒体基础知识

### 6.1.1　多媒体技术基本概念

　　多媒体(Multimedia)是多种媒体的综合，一般包括文本，声音和图像等多种媒体形式。在计算机系统中，多媒体指组合两种或两种以上媒体的一种人机交互式信息交流和传播媒体。使用的媒体包括文字、图片、照片、声音 、动画和影片，以及程序所提供的互动功能。

　　多媒体技术(Multimedia Technology)是利用计算机对文本、图形、图像、声音、动画、视频等多种信息进行综合处理、建立逻辑关系和人机交互作用的技术，又称为计算机多媒体技术。

### 6.1.2　多媒体技术的产生和发展

#### 1. 多媒体的产生

　　一般认为，1984 年美国苹果公司提出的位图概念，标志多媒体技术的诞生。当时苹果公司正在研制 Macintosh 计算机，为了增强图形处理功能，改善人机交互界面，使用了位图(bitmap)、窗口(windows)、图标(icon)等技术。改善后的图形用户界面(GUI)受到普遍欢迎，在随后的几年间，多媒体技术得到了迅速发展。1985 年美国 Commodore 公司推出了世界上第一个真正的多媒体计算机系统 Amiga，该系统以其功能完备的视听处理能力、大量丰富的实用工具以及性能优良的硬件，使全世界看到了多媒体技术的未来。

#### 2. 多媒体技术的发展

　　多媒体技术的发展大致经历了 3 个阶段：传统多媒体技术、流媒体技术、智能多媒体技术。

　　传统多媒体技术是多媒体发展的初级阶段,这个阶段过程中,所有要接收处理的信息都是在完全接收之后才被处理的,这样就降低了处理的速度,大大增加了处理信息所用的时间,使人们必须花费大量的时间等待处理后的多媒体信息。

　　流媒体技术是解决传统多媒体弊端的新技术,所谓"流",是一种数据传输的方式,使用这种方式,信息的接收者在没有接到完整的信息前就能处理那些已收到的信息。这种一边接收、一边处理的方式,很好地解决了多媒体信息在网络上的传输问题。人们可以不必等待太长时间,就能收听、收看到多媒体信息,并且在此之后边播放边接收,不会感觉到文件没有传完。

　　智能多媒体技术是人工智能领域某些研究课题和多媒体计算机技术很好的结合,充分利用了计算机的快速运算能力,综合处理声、文、图信息,用交互式弥补计算机智能在文字的识别和输入、语音的识别和输入、自然语言理解和机器翻译、图形的识别和理解、机器人视觉和计算机视觉等方面的不足。

## 6.1.3　多媒体技术的特性

　　多媒体技术主要有以下几个特性。

　　(1)集成性。多媒体技术能够对信息进行多通道统一获取、存储、组织与合成。

　　(2)控制性。多媒体技术是以计算机为中心,综合控制和处理多媒体信息,并按人的要求以多种媒体形式表现出来,同时作用于人的多种感官。

　　(3)交互性。交互性是多媒体应用有别于传统信息交流媒体的主要特点之一。传统信息交流媒体只能单向地、被动地传播信息,而多媒体技术则可以实现人对信息的主动选择和控制。

　　(4)非线性。多媒体技术的非线性特点将改变人们传统的循序性的读写模式。以往人们的读写方式大都采用章、节、页的框架,循序渐进地获取知识,而多媒体技术将借助超文本链接(Hyper Text Link)的方法,把内容以一种更灵活、更多变的方式呈现给读者。

　　(5)实时性。当用户给出操作命令时,相应的多媒体信息都能够得到实时控制。

　　(6)互动性。它可以形成人与机器、人与人及机器间的互动、互相交流的操作环境及身临其境的场景,人们可根据需要进行控制。人机相互交流是多媒体最大的特点。

　　(7)信息使用的方便性。用户可以按照自己的需要、兴趣、任务要求、偏爱和认知特点来使用信息,任取图、文、声等信息表现形式。

　　(8)信息结构的动态性。"多媒体是一部永远读不完的书",用户可以按照自己的目的和认知特征重新组织信息,增加、删除或修改节点,重新建立链接。

## 6.1.4　多媒体技术的应用

　　近年来,多媒体技术得到了迅速发展,多媒体技术的应用已渗透到人们生活的各个领域,如通信系统、编著系统、工业领域、医学影像诊断系统、教学等。给人类的生活和生产带来了极大的便利。

**1. 多媒体在通信系统中的应用**

多媒体通信是 20 世纪 90 年代迅速发展起来的一项技术。一方面，多媒体技术使计算机能同时处理视频、音频和文本等多种信息，增加了信息的多样性；另一方面，网络通信技术消除了人们之间的地域限制，使信息具有瞬时性。二者结合所产生的多媒体通信技术把计算机的交互性、通信的分布性及电视的真实性有效地融为一体，成为当今信息社会的一个重要标志。

**2. 多媒体在编著系统中的应用**

多媒体编著系统用计算机综合处理文字、图形、影像、动画和音频等信息，使之在不同的界面上流通，并具有传送、转换及同步化的功能。目前，市场上的多媒体编著系统很多，主要应用在多媒体电子出版、软件出版两个领域。

**3. 多媒体在工业领域中的应用**

在工业应用领域，一些大公司通过应用媒体 PC 来开拓市场、培训雇员，以降低生产成本、提高产品质量、增强市场竞争能力。现代化企业的综合信息管理、生产过程的自动化控制，都离不开对多媒体信息的采集、监视、存储、传输，以及综合分析处理和管理。应用多媒体技术来综合处理多种信息，可以做到信息处理综合化、智能化，从而提高工业生产和管理的自动化水平。多媒体技术在工业生产实时监控系统中，尤其在生产现场设备故障诊断和生产过程参数监测等方面具有非常重大的实际应用价值。特别在一些责任重大的危险环境中，多媒体实时监控系统将起到越来越重要的作用。

**4. 多媒体在医疗影像诊断系统中的应用**

随着临床要求的不断提高，以及多媒体技术的发展，出现了新一代具有多媒体处理功能的医疗诊断系统。运用多媒体技术对医疗影像进行数字化和重建处理，使得传统诊断技术在诊断辅助信息、直观性和实时性等方面都相形见绌。在医疗诊断中经常采用的实时动态视频扫描、声影处理等技术都是多媒体技术成功应用的例证。多媒体数据库技术从根本上解决了医疗影像的另一关键问题——影像存储管理问题。多媒体和网络技术的应用，还使远程医疗从理想变成现实。

**5. 多媒体在教学中的应用**

目前，教师主讲的传统教学模式正受到多媒体教学模式的巨大冲击。因为后者能使教学内容更充实、更形象、更有吸引力，实现网络上的视、听、图形、文本和动画功能，包括一个以计算机为基础的实验室系统，以及可进行数据采集、分析与可视化的功能强大的联机工具，从而提高学生的学习热情和学习效率。可以预见，今后多媒体技术必将越来越多地应用于现代教学实践中，并将推动整个教育事业的发展。

**6. 多媒体在生活娱乐中的应用**

VOD 和交互电视(ITV)系统是根据用户要求播放节目的视频点播系统，具有提供给单个用户对大范围的影片、视频节目、游戏、信息等同时进行访问的能力。对于用户而言，只需配备相应的多媒体计算机终端或者一台电视机和机顶盒、一个视频点播遥控器，可以"想看什么就看什么，想什么时候看就什么时候看"。用户和被访问的资料之间高度的交互性使它区别于传统的视频节目的接收方式。它采用了多媒体数据压缩解压技术，综合了计算机技术、通信技术和电视技术。VOD 和交互电视系统的应用，在某种意义上讲是视频信息技术领域的一场革命，具有巨大的潜在市场，具体应用于电影点播、远程购物、游戏、卡拉 OK 服务、点播新闻、远程教学、家庭银行服务等方面。

# 任务6.2　多媒体信息与文件

## 6.2.1　文本信息

文本是以文字和各种专用符号表达的信息形式，它是现实生活中使用最多的一种信息存储和传递方式，主要用于对知识的描述性表述，如阐述概念、定义、原理和问题以及显示标题、菜单等内容。

文本信息可以反复阅读，从容理解，不受时间、空间的限制；但是，阅读屏幕上显示的文本信息，特别是信息量较大时容易引起视觉疲劳，使学习者产生厌倦情绪。另外，文本信息具有一定的抽象性，阅读者在阅读时，必须会"译码"工作，即抽象的文字还原为相应事物，这就要求阅读者有一定的抽象思维能力和想象能力，不同的阅读者对所阅读的文本的理解也不完全相同。

在设计多媒体文本时，给文本以丰富的格式，可吸引学习者的注意力。增加文本的格式可采用以下几种方式：

（1）借助 Microsoft Word、Word Pad 等专用的文字处理程序来进行文本的输入与加工。

（2）借助 Microsoft Word Art、PhotoShop 等软件进行图形文字的开发。

（3）借助 PowerPoint、Authorware 等软件进行动态文字的开发。

## 6.2.2　声音信息

声音是人们用来传递信息、交流感情最方便、最熟悉的方式之一。在多媒体课件中，按其表达形式，可将声音分为讲解、音乐、效果三类。

### 1. 声音三要素

声音是一种"能量"，声音的三要素分别是音色、音调和响度。

音色：简单理解，就是一种声音的固有特征。比如，电子琴和小提琴发出的声音是有明显区别的，笛子和古筝也有各自的声音特征。有些声音模仿秀的选手可以通过训练，达到模仿不同人或者不同乐器的效果。

音调：也就是人们所说的频率，单位是 Hz（赫兹），频率越高听起来越刺耳、越尖锐，频率越低听起来越低沉、越浑厚。医学研究表明，人的听觉系统能察觉的最低频率为 20 Hz，最高为 20 kHz，超出这个范围人类一般就听不到了。其实现实生活中根本就不存在完全能听到 20 Hz～20 kHz 频率声音的人，并且随着年龄的增长、体质的变化，人能听到的声音只会是这个区间的一个子集。人和一些动物的发声和听觉频率范围如图6-1所示。

人和一些动物的发声和听觉的频率范围 $f/\mathrm{Hz}$

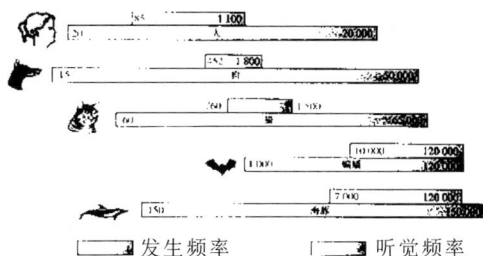

□ 发生频率   □ 听觉频率

图 6-1　人和一些动物的发声和听觉频率范围

响度：就是声音的大小，一般用"分贝"来表示，单位是 dB，这个参数说明了声音所携带的能量的大小。声音越大，在相同传播介质里所能传递的距离越远。人对不同频率、不同分贝的声音的生理反应也是有差别的，正如中医里提到的"五音"（宫、商、角、徵、羽）对身体脏腑（心、肝、脾、肺、肾）以及对人心神（喜、怒、忧、思、悲）的影响是一样的。人耳对声音的可闻阈如图 6-2 所示。

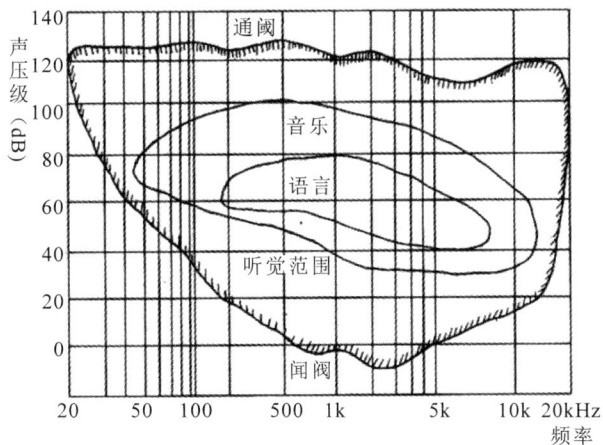

图 6-2　人耳对声音的可闻阈

### 2. 声音的数字化

在物理世界里，声音在传输过程中都是连续的，如果要让计算机来处理它，就牵扯到人们经常说的数字化了。关于声音的数字化过程有三个核心步骤：采样、量化和编码。

采样：在模拟声音的时间轴上周期性地取点，将时域连续的模拟信号变成离散信号的过程叫作采样。每秒钟的采样点越多，数字化之后的声音就越接近原模拟声音；每秒钟的采样次数叫作采样频率。根据奈奎斯特定理，采样频率 $f_s$ 和被采样声音的最高频率 $f_{max}$ 的关系如下：

$$f_s \geqslant 2f_{max}$$

量化：量化就是将空域连续的模拟信号转换成离散信号的过程。量化精度越高，所能表示的声音采样范围就越大，量化误差就也越小，相应地，所占用的存储空间也就越大。简而言之，就是对于采样所得到的样本点，打算用几位二进制数来表示它。例如，如果是 8 bit 的量化精度，那么最多能表示的采样点就只有 256 个；如果是 16 bit，最多能表示的采样点就可以多达 65 536 个。图 6-3 所示为声音量化过程，从图中可以看出，量化之后的声音与原始声音存在误差，所以量化精度越高，声音的保真度也就越高。

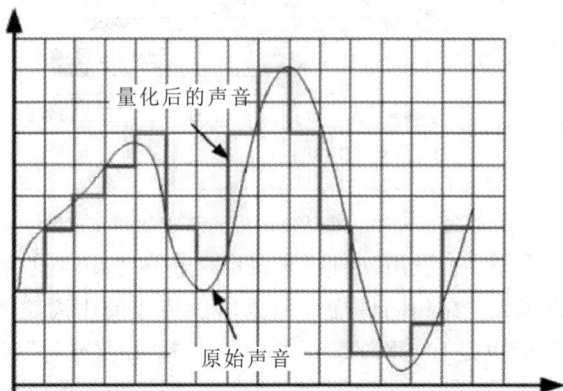

图 6-3  声音量化过程

编码：将经过采样量化后的数据按一定的算法进行编码处理。在计算机里最接近模拟声音的编码方式就是 PCM 脉冲编码方式。在计算机里认为 PCM 就是数字音频信号的原始无损格式，其存储方式通常是".wav 文件"，即 wav 格式的音频文件就是原始的未经任何压缩处理的数字音频文件，这样的文件大部分情况下都来自于录音设备。如果使用音频格式转换工具将 mp3 转成 wav，那么这个 wav 并不是无损格式的文件，因为 mp3 格式的文件是对原始 wav 文件经过有损压缩后得来的，而这个过程不是可逆的，即 mp3 转成的 wav 只有原始 wav 的部分信息。但从人的听觉系统来说，一般人是分辨不出来其中的差别的，除非使用专业音响设备，若再加上一双具有专业特性的耳朵，区别还是很明显的。

## 6.2.3  图形与图像信息

图形与图像是多媒体软件中最重要的信息表现形式之一，它是决定多媒体软件视觉效果的关键因素。图形是从点、线、面到三维空间黑白色或彩色的图形，也称为矢量图形。图像是由称为像素的点构成的矩阵图，也称为位图。

矢量图是使用一组指令集来描述的，这些指令构成一幅图形的所有直线、圆、圆弧、矩形、曲线等几何元素的位置、维数、色彩、大小和形状。矢量图形主要用于线型的图画、美术字、统计图和工程制图等。它占据的存储空间较小，但不适合表现复杂的、色彩逼真的图画。

位图是由描述图像中各个像素点的强度和颜色的数位集合组成的，即用二进制位来定义图中每个像素的颜色、亮度和属性。位图适合表现比较细致、层次和色彩比较丰富、包含大量细节的图像，如照片和图画等。位图的特点是显示速度快、色彩较逼真，但占用的存储空间较大。位图可以从网上下载、扫描仪扫描、数码相机拍摄、从位图图像素材众多的硬盘上复制等，还可用众多软件绘制。

图像的基本属性如下：

（1）图像分辨率：指组成一幅图像的像素密度和度量方法，通常使用单位打印长度上的图像像素数的多少，即每英寸多少点来表示。对同样大小的一幅图，如果组成该图的图像像素数目越多，说明图像的分辨越高，看起来越逼真。分辨率的单位为 dpi(display pixels/inch)，数值越大，图像越清晰。

（2）显示分辨率：是确定显示图像区域的大小，如显示分辨率为 640×480，表示显示屏分成 480 行，每行显示 640 个像素，整个屏幕就有 307 200 个像素。

（3）图像深度：也称图像的位深，是指描述图像中每个像素所占的二进制位数。图像的每一个像素对应的数据通常是一位或多位，用于存放该像素的颜色、亮度等信息，数据位数越多，可以表达的颜色数目就越多。

## 6.2.4　动画和视频信息

### 1. 动画和视频的区别

动画和视频都是利用人的视觉暂留特性，快速播放一系列连续运动变化的图形图像，也包括画面的缩放、旋转、变换、淡入淡出等特殊效果，具有时序性与丰富的信息内涵，常用于交代事物的发展过程。通过动画和视频可以把抽象的内容形象化，达到事半功倍的效果。

动画与视频具有很深的渊源，它们经常被认为是同一个东西，主要缘于它们都属于"动态图像"的范畴。动态图像是连续渐变的静态图像或者图形序列，沿时间轴顺次更换显示，从而产生运动视觉感受的媒体形式。然而，动画和视频却是两个不同的概念。

动画的每帧图像都是由人工或计算机产生的。根据人眼的特性，用 15 帧/秒～20 帧/秒的速度顺序地播放静止图像帧，就会产生运动的感觉。

视频的每帧图像都是通过实时摄取自然景象或者活动对象获得的。视频信号可以通过摄像机、录像机等连续图像信号输入设备来产生。

### 2. 动画的几种形式

动画一般可以分为以下几种形式：二维动画、三维动画、建筑动画、影视动画、游戏动画。

二维动画：平面上的画面。以纸张、照片或计算机屏幕显示，无论画面的立体感多强，终究是在二维空间模拟真实三维空间效果。

三维动画：画中的景物有正面、侧面和反面，调整三维空间的视点，能够看到不同的内容。

建筑动画：建筑动画采用动画虚拟数码技术结合电影的表现手法，根据建筑、园林、室内等规划设计图纸，将建筑外观、室内结构、物业管理、小区环境、生活配套等未来建成的生活场景进行演绎展示，建筑动画的镜头无限自由，可全面逼真地演绎未来的建筑与环境的整体形象，可以拍到实拍都无法表现的镜头，把设计大师的思想，完美无误地演绎出来，让人们感受到未来建筑的美丽和真实。制作建筑动画影片时，通过运用计算机知识、建筑知识、美术知识、电影知识和音乐知识等，制作出真实的影片。

影视动画：涉及影视特效创意、前期拍摄、影视 3D 动画、特效后期合成、影视剧特效动画等。随着计算机技术在影视领域的延伸和制作软件的增加，三维数字影像技术打破了影视拍摄的局限性，在视觉效果上弥补了拍摄的不足。在一定程度上，电脑制作的费用远比实拍所产生的费用要低得多。

游戏动画：游戏动画技术是依托数字化技术、网络化技术和信息化技术对媒体从形式到内容进行改造和创新的技术，覆盖图形图像、动画、音效、多媒体等技术和艺术设计学科，是技术和艺术的融合与升华。

**3. 视频属性**

视频属性主要包括以下几个方面：

(1) 画面更新率。画面更新率是指视频格式每秒播放的静态画面的数量。典型的画面更新率由早期的每秒 6 张或 8 张（frame per second，简称 fps）至现在的每秒 120 张不等。要达成最基本的视觉暂留效果大约需要 10 fps 的速度。

(2) 扫描传送。扫描传送是指视频可以用逐行扫描或隔行扫描来传送。

(3) 分辨率。分辨率就是屏幕图像的精密度。数位视频以像素为度量单位，而类比视频以水平扫描线数量为度量单位。

(4) 长宽比例。长宽比例是用来描述视频画面与画面元素的比例。传统的电视屏幕长宽比为 4∶3(1.33∶1)，HDTV 的长宽比为 16∶9(1.78∶1)，而 35 mm 胶卷底片的长宽比约为 1.37∶1。

(5) 品质。视频品质可以利用客观的峰值信噪比（peak signal-to-noise ratio，PSNR）来量化，或借由专家的观察来进行主观视频品质的评量。

(6) 压缩技术。自从数位信号系统被广泛使用以来，人们发展出许多方法来压缩视频串流。目前最常用的视频压缩技术为 DVD 与卫星直播电视所采用的 MPEG-2，以及因特网传输常用的 MPEG-4。

(7) 位元传输率。位元传输率是一种表现视频流中所含有的资讯量的方法，其计量单位为 b/s（每秒间所传送的位元数量）或者 Mb/s（每秒间所传送的百万位元数量）。较高的位元传输率将可容纳更高的视频品质。

(8) 立体型。立体型视频（Stereoscopic video，3D film）是指针对人的左右两眼送出略微不同的视频以营造立体感。由于两组视频画面是混合在一起的，因此直接观看时会觉得模糊不清或颜色不正确，必须借由分光片或特制眼镜才能呈现其效果。

## 6.2.5 多媒体文件

多媒体文件表示媒体的各种编码数据在计算机中都是以文件形式存储的，是二进制数据的集合。文件的命名遵循特定的规则，一般由主名和扩展名两部分组成，主名与扩展名之间用"."隔开，扩展名用于表示文件的格式类型。

多媒体文件的常见文件类型如下。

图片：.bmp、.gif、.jpg、.jpeg、.psd、.png。

声音：.wav、.mp1、.mp2、.mp3、.mp4、.mid、.ra、.rm、.ram、.rmi。

视频：.avi、.mov、.wmv、.gif、.mpeg、.mpg、.dat、.rm、.qt。

# 任务 6.3　多媒体信息处理的关键技术

## 6.3.1　多媒体数据的压缩/解压技术

### 1. 数据压缩的目的与意义

在多媒体计算机系统中，传输和处理大量数字化了的声音/图片/影像视频等信息，其数据量是非常大的。例如，一幅具有中等分辨率(640 * 480 像素)的真彩色图像(24 位/像素)，它的数据量约为每帧 7.37 MB。若要达到每秒 25 帧的全动态显示要求，则每秒所需的数据量为 184 MB，而且要求系统的数据传输速率必须达到 184 MB/s。对于声音也是如此。若用 16 位采样值的 PCM 编码，采样速率选为 44.1 kHz，则双声道立体声声音每秒将有 176KB 的数据量。

由此可见，音频、视频的数据量如此之大，如果不进行处理，计算机系统几乎无法对它进行存取和交换。因此，在多媒体计算机系统中，为了达到令人满意的图像、视频画面质量和听觉效果，必须解决视频、图像、音频信号数据的大容量存储和实时传输的问题。解决的方法，除了提高计算机本身的性能及通信信道的带宽，更重要的是对多媒体进行有效的压缩。

数据的压缩实际上是一个编码过程，即把原始的数据进行编码压缩，通俗地说，就是用最少的数码来表示信号。数据的解压缩是数据压缩的逆过程，即把压缩的编码还原为原始数据。因此数据压缩方法也称为编码方法，其作用有以下几方面。

(1) 能较快地传输各种信号，如传真、Modem 通信等。

(2) 在现有的通信干线并行开通更多的多媒体业务，如各种增值业务。

(3) 紧缩数据存储容量，如 CD-ROM、VCD 和 DVD 等。

(4) 降低发信机功率，这对于多媒体移动通信系统尤为重要。

由此看来，通信时间、传输带宽、存储空间甚至发射能量，都可能成为数据压缩的对象。

### 2. 数据压缩技术分类

目前数据压缩技术日臻发展，适应各种应用场合的编码方法不断产生。针对多媒体数据冗余类型的不同，相应地有不同的压缩方法。

按照压缩方法是否产生失真可分为有失真编码和无失真编码两大类。有失真压缩法会压缩熵，减少信息量，而损失的信息是不能再恢复的，因此这种压缩法是不可逆的。无失真压缩法会去掉或减少数据中的冗余，但这些冗余值是可以重新插入到数据中的，因此无失真压缩是可逆的过程，不会产生失真。

根据编码原理进行分类，大致有预测编码、变换编码、统计编码、分析-合成编码、混合编码和其他一些编码方法。其中统计编码是无失真编码，其他编码方法都是有失真编码。

### 6.3.2  多媒体数据的存储技术

多媒体数据存储是将经过加工整理序化后的信息按照一定的格式和顺序存储在特定的载体中的一种信息活动，其目的是便于信息管理者和信息用户快速、准确地识别、定位和检索信息。多媒体数据存储技术是指跨越时间保存信息的技术，主要包括数据磁存储技术、缩微存储技术、光盘存储技术等。

**1. 磁存储技术**

磁储存系统，尤其是硬磁盘存储系统是当今各类计算机系统的最主要的存储设备，在信息存储技术中占据统治地位。磁储存介质和磁介质都是在带状或盘状的带基上涂上磁性薄膜制成的，常用的磁存介质有计算机磁带、计算机磁盘（软盘、硬盘）、录音机磁带、录像机磁带等。

**2. 缩微存储技术**

微缩存储技术是缩微摄影技术的简称，是现代高技术产业之一。缩微存储是用缩微摄影机采用感光摄影原理，将文件资料缩小拍摄在胶片上，经加工处理后作为信息载体保存起来，供以后复制、发行、检索和阅读之用。

**3. 光盘存储技术**

光盘是用激光束在光记录介质上写入与读出信息的高密度数据存储载体，它既可以存储音频信息，又可以存储视频（图像、色彩、全文信息）信息，还可以用计算机存储与检索。光盘产品的种类比较多，按其读写数据的性能可分为以下三种：只读式光盘（CD-ROM），是永久性存放多媒体信息的理想介质；一次写入光盘（WORM），也称追记型光盘，用户可根据自己的需要自由地进行记录，但记录的信息无法抹去；可擦重写光盘，这种光盘在写入信息之后，还可以擦掉重写新的信息。

### 6.3.3  多媒体的输入输出技术

**1. 多媒体输入设备**

常用的多媒体的输入设备包括：

（1）文本：键盘、扫描仪等；

（2）图像：数字化仪、扫描仪、照相机等；

（3）音频：声卡、录音笔、麦克风等；

（4）视频：摄像机、视频采集卡等。

**2. 多媒体输出设备**

常用的多媒体输出设备包括：

（1）文本：打印机、显示器等；

（2）图像：打印机、印刷机、投影仪、显示器等；

（3）音频：音响、扬声器等；

（4）视频：刻录机、DVD 播放器、投影仪、显示器等。

## 6.3.4 虚拟现实技术

虚拟现实(简称VR),又称灵境技术,是以沉浸性、交互性和构想性为基本特征的计算机高级人机界面。综合利用了计算机图形学、仿真技术、多媒体技术、人工智能技术、计算机网络技术、并行处理技术和多传感器技术,模拟人的视觉、听觉、触觉等感觉器官功能,使人能够沉浸在计算机生成的虚拟境界中,并能够通过语言、手势等自然的方式与之进行实时交互,创建了一种适人化的多维信息空间。使用者不仅能够通过虚拟现实系统感受到在客观物理世界中所经历的"身临其境"的逼真性,而且能够突破空间、时间以及其他客观限制,感受到真实世界中无法亲身经历的体验。

虚拟现实技术具有超越现实的虚拟性。虚拟现实系统的核心设备仍然是计算机。它的一个主要功能是生成虚拟境界的图形,故此又称为图形工作站。目前在此领域应用最广泛的是SGI、SUN等生产厂商生产的专用工作站。图像显示设备是用于产生立体视觉效果的关键外设,目前常见的产品包括光阀眼镜、三维投影仪和头盔显示器等。其中高档的头盔显示器在屏蔽现实世界的同时,提供高分辨率、大视场角的虚拟场景,并带有立体声耳机,可以使人产生强烈的浸没感。其他外设主要用于实现与虚拟现实的交互功能,包括数据手套、三维鼠标、运动跟踪器、力反馈装置、语音识别与合成系统等。虚拟现实技术的应用前景十分广阔。它始于军事和航空航天领域的需求,但近年来,虚拟现实技术的应用已大步走进工业、建筑设计、教育培训、文化娱乐等方面。

虚拟现实的主要特征包括:

(1)多感知性(Multi-Sensory)。所谓多感知,是指除了一般计算机技术所具有的视觉感知,还有听觉感知、力觉感知、触觉感知、运动感知,甚至包括味觉感知、嗅觉感知等。理想的虚拟现实技术应该具有一切人所具有的感知功能。由于相关技术,特别是传感技术的限制,目前虚拟现实技术所具有的感知功能仅限于视觉、听觉、力觉、触觉、运动等几种。

(2)浸没感(Immersion)。浸没感又称临场感或存在感,指用户感到作为主角存在于模拟环境中的真实程度。理想的模拟环境应该使用户难以分辨真假,使用户全身心地投入到计算机创建的三维虚拟环境中,该环境中的一切看上去都是真的,听上去是真的,动起来是真的,甚至闻起来、尝起来等一切感觉都是真的,如同在现实世界中的感觉一样。

(3)交互性(Interactivity)。交互性是指用户对模拟环境内物体的可操作程度和从环境得到反馈的自然程度(包括实时性)。例如,用户可以用手去直接抓取模拟环境中的虚拟物体,这时手有握着东西的感觉,并且可以感觉到物体的重量,视野中被抓的物体也能立刻随着手的移动而移动。

(4)构想性(Imagination)。构想性又称为自主性,强调虚拟现实技术应具有广阔的可想象空间,可拓宽人类认知范围,不仅可再现真实存在的环境,也可以随意构想客观不存在的甚至是不可能发生的环境。

一般来说,一个完整的虚拟现实系统由虚拟环境,以高性能计算机为核心的虚拟环境处理器,以头盔显示器为核心的视觉系统,以语音识别、声音合成与声音定位为核心的听觉系统,以方位跟踪器、数据手套和数据衣为主体的身体方位姿态跟踪设备,以及味觉、嗅觉、触觉与力觉反馈系统等功能单元构成。生成虚拟现实需要解决以下三个主要问题:

（1）以假乱真的存在技术。即怎样合成对观察者的感官器官来说与实际存在相一致的输入信息，也就是如何产生与现实环境一样的视觉、触觉、嗅觉等。

（2）相互作用。观察者怎样积极和能动地操作虚拟现实，以实现不同的视点景象和更高层次的感觉信息。实际上也就是怎么可以看得更像、听得更真等。

（3）自律性现实。感觉者如何在不意识到自己动作、行为的条件下得到栩栩如生的现实感。在这里，观察者、传感器、计算机仿真系统与显示系统构成了一个相互作用的闭环流程。

# 任务6.4  多媒体计算机系统构成

## 6.4.1  多媒体计算机的技术规格

多媒体计算机系统由硬件系统和软件系统组成。其中硬件系统主要包括计算机主要配置和各种外部设备以及与各种外部设备的控制接口卡（其中包括多媒体实时压缩和解压缩电路），软件系统包括多媒体驱动软件、多媒体操作系统、多媒体数据处理软件、多媒体创作工具软件和多媒体应用软件。一个完整的多媒体计算机系统，包括5个层次的结构，如图6-4所示。

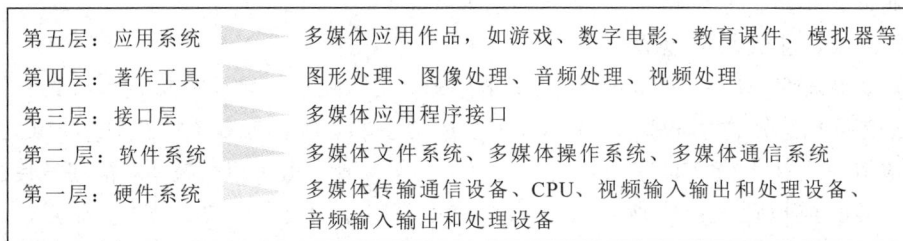

| | |
|---|---|
| 第五层：应用系统 ➤ | 多媒体应用作品，如游戏、数字电影、教育课件、模拟器等 |
| 第四层：著作工具 ➤ | 图形处理、图像处理、音频处理、视频处理 |
| 第三层：接口层 ➤ | 多媒体应用程序接口 |
| 第二层：软件系统 ➤ | 多媒体文件系统、多媒体操作系统、多媒体通信系统 |
| 第一层：硬件系统 ➤ | 多媒体传输通信设备、CPU、视频输入输出和处理设备、音频输入输出和处理设备 |

图6-4  多媒体计算机系统层次结构

第一层为多媒体计算机硬件系统。这一层的主要任务是能够实时地综合处理文、图、声、像信息，实现全动态视像和立体声的处理，同时还需对多媒体信息进行实时的压缩与解压缩。

第二层是多媒体的软件系统。这一层主要包括多媒体操作系统、多媒体通信软件等部分。操作系统具有实时任务调度、多媒体数据转换和同步控制、多媒体设备的驱动和控制以及图形用户界面管理等功能。为支持计算机对文字、音频、视频等多媒体信息的处理，解决多媒体信息的时间同步问题，提供了多任务的环境。目前在微机上，操作系统主要是Windows视窗系统和用于苹果机（Apple）的Mac OS系统。多媒体通信软件主要支持网络环境下的多媒体信息的传输、交互与控制。

第三层为多媒体应用程序接口（API）。这一层是为上一层提供软件接口，以便程序员在高层通过软件调用系统功能，并能在应用程序中控制多媒体硬件设备。为了能够让程序员方便地开发多媒体应用系统，Microsoft公司推出了DirectX设计程序，提供了让程序员直接使用操作系统的多媒体程序库的界面，使Windows变为一个集声音、视频、图形和游戏于一体的增强平台。

第四层为多媒体著作工具。这一层是在多媒体操作系统的支持下,利用图形和图像编辑软件、视频处理软件、音频处理软件等来编辑与制作多媒体节目素材,并在多媒体著作工具软件中集成。多媒体著作工具的设计目标是缩短多媒体应用软件的制作开发周期,降低对制作人员技术方面的要求。

第五层是多媒体应用系统。这一层直接面向用户,是为满足用户的各种需求服务的。应用系统要求有较强的多媒体交互功能、良好的人-机界面。

## 6.4.2 多媒体计算机的硬件系统

由计算机传统硬件设备、音频输入输出和处理设备、视频输入输出和处理设备、多媒体传输通信设备等选择性组合,就可以构成一个多媒体硬件系统,其中最重要的是根据多媒体技术标准而研制生产的多媒体信息处理芯片、板卡和外围设备等,主要分为下述几类。

芯片类:音频/视频芯片组、视频压缩/还原芯片组、数模转化芯片、网络接口芯片、数字信号处理芯片(DSP)、图形图像控制芯片等。

板卡类:音频处理卡、文-语转换卡、视频采集/播放卡、图形显示卡、图形加速卡、光盘接口卡、VGA/TV 转换卡、小型计算机系统接口(SCSI)、光纤连接接口(FDDI)等。

外设类:扫描仪、数码照相机、激光打印机、液晶显示器、光盘驱动器、触摸屏、鼠标、传感器、话筒/喇叭、传真机、头盔显示器、显示终端机、光盘盘片制作机、传感器、可视电话机。

## 6.4.3 多媒体计算机的软件系统

多媒体计算机的软件一般来说可将其按功能划分为三类:驱动程序、操作系统、多媒体数据编辑创作软件。

### 1. 驱动程序

如果想让操作系统认识多媒体 I/O 设备并使用它,就需要通过驱动程序了。所以当我们装上一个设备时,都必须安装相应的驱动程序,才能安全、稳定地使用上述设备的所有功能。驱动程序的安装方式有下面三种:可执行驱动程序安装方式、手动安装驱动方式、其他方式。

可执行的驱动程序一般有两种:一种是单独一个驱动程序文件,只需要双击它就会自动安装相应的硬件驱动;另一种则是一个现成目录(或者是压缩文件解开为一个目录)中有很多文件,其中有一个 setup.exe 或者 install.exe 可执行程序,双击这类可执行文件,程序也会自动将驱动装入计算机中。

由于可执行文件往往有相当复杂的执行指令,体积较大,有些硬件的驱动程序没有一个可执行文件,而采用 inf 格式手动安装驱动的方式。

除了以上两种驱动安装方式外,还有一些设备,如调制解调器(modem)和打印机需采用特殊的驱动安装方式。

### 2. 操作环境

支持多媒体的操作系统或操作环境是整个多媒体系统的核心,它负责多媒体环境下多媒体任务的调度，保证音频、视频同步控制以及信息处理的实时性；提供多媒体信息的各种基本操作和管理；具有对设备的相对独立性和可扩展性。目前还没有专门为多媒体应用设计、符合多媒体标准的多媒体操作系统。现在用得最多的是计算机平台上的对 Windows 操作环境、Mac OS 操作环境进行的多媒体扩充。

### 3. 多媒体数据编辑创作软件

多媒体数据编辑创作软件包括播放工具、媒体创作软件、用户应用软件等。

播放工具实现多媒体信息直接在计算机上播放或在消费类电子产品中播放，如：Video for Windows、暴风影音、风行、腾讯视频、迅雷看看等。

媒体创作软件工具用于建立媒体模型、产生媒体数据，如 2D Animation、3D Studio MAX、Wave Edit、Wave Studio 等。

用户应用软件是根据多媒体系统终端用户要求而定制的应用软件，如特定的专业信息管理系统、语音/Fax/数据传输调制管理应用系统、多媒体监控系统、多媒体 CAI 软件、多媒体彩印系统等。除上述面向终端用户而定制的应用软件，另一类是面向某一个领域的用户应用软件系统，这是面向大规模用户的系统产品，如多媒体会议系统、点播电视服务（VOD）等。

# 模块 7

# 信息前沿技术

计算机科学技术进步飞快，云计算、人工智能、大数据、区块链等前沿技术不断创新变革给人们的生活带来了巨大的影响。在一个人类衣食住行都无法离开计算机的时代里，每个人都应该掌握一些计算机技术。随着计算机技术的发展，计算机技术对人类生活的渗透将不断深入。

## 任务 7.1 大 数 据

进入 21 世纪的最初几年，一个词在计算机领域渐渐火了起来，这个词就是大数据（big data），大数据技术在几年间迅速火遍全球。是之前没有数据技术吗？当然不是，早在 20 世纪 70 年代，科学家就提出了使用关系数据库技术来处理大量的数据，直到现在关系数据库仍然是我们处理数据的主流技术。后来科学家们更是提出数据仓库、海量数据的概念。

### 7.1.1 数据挖掘及其与大数据的关系

数据挖掘是指通过大量数据集进行分类的自动化过程，以通过数据分析来识别趋势和模式，建立关系来解决业务问题。换句话说，数据挖掘是从大量的、不完全的、有噪声的、模糊的、随机的数据中提取隐含在其中的、人们事先不知道的，但又是潜在有用的信息和知识的过程。

数据挖掘通常与计算机科学有关，并通过统计、在线分析处理、情报检索、机器学习、专家系统（依靠过去的经验法则）和模式识别等诸多方法来实现上述目标。

数据挖掘分为有指导的数据挖掘和无指导的数据挖掘。有指导的数据挖掘是利用可用的数据建立一个模型，这个模型是对一个特定属性的描述。无指导的数据挖掘是在所有的属性中寻找某种关系。具体而言，分类、估值和预测属于有指导的数据挖掘；关联规则和聚类属于无指导的数据挖掘。

大数据是一个领域，是专门应对大量数据的领域。假如一个系统产生的数据量小，那么开发或者架构的方法就很简单；反之，如果量大的话，那么架构和开发难度就不在同一个量级上，所以大数据自己单独成为一个领域。数据挖掘属于数据分析的一部分，是对于大量数据中包含的信息的探索和分析，最终目的是提取数据中的价值。数据挖掘的前提是要有数据,这就涉及大数据的集成,也就是说把大量的数据收集到一起,大数据集成也是大数据领域的一部分。

## 7.1.2 数据挖掘算法

目前,数据挖掘的算法主要包括神经网络法、决策树法、遗传算法、粗糙集法、模糊集法、关联规则法等。

神经网络法是模拟生物神经系统的结构和功能,是一种通过训练来学习的非线性预测模型,它将每一个连接看作一个处理单元,试图模拟人脑神经元的功能,可完成分类、聚类、特征挖掘等多种数据挖掘任务。神经网络的学习方法主要表现在权值的修改上,其优点是具有抗干扰、非线性学习、联想记忆功能,对复杂情况能得到精确的预测结果;缺点是不适合处理高维变量,不能观察中间的学习过程,具有"黑箱"性,输出结果也难以解释,需要较长的学习时间。神经网络法主要应用于数据挖掘的聚类技术中。

决策树法是根据对目标变量产生效用的不同而构建分类的规则,通过一系列的规则对数据进行分类的过程,其表现形式是类似于树形结构的流程图。最典型的算法是罗斯·昆兰(Ross Quinlan)于1986年提出的ID3算法,之后在ID3算法的基础上又提出了极其流行的C4.5算法。采用决策树法的优点是决策制定的过程是可见的,不需要长时间构造过程、描述简单,易于理解,分类速度快;缺点是很难基于多个变量组合发现规则。决策树法擅长处理非数值型数据,而且特别适合大规模的数据处理。决策树法可以展示在不同条件下将会得到相应的值。比如,在贷款申请中要对申请的风险大小做出判断。

遗传算法模拟了自然选择和遗传中发生的繁殖、交配和基因突变现象,是一种采用遗传结合、遗传交叉变异及自然选择等操作来生成实现规则的、基于进化理论的机器学习方法。它的基本观点是"适者生存",具有隐含并行性,易于和其他模型结合等性质。其主要的优点是可以处理许多数据类型,同时可以并行处理各种数据;缺点是需要的参数太多,编码困难,一般计算量比较大。遗传算法常用于优化神经元网络。

粗糙集法也称粗糙集理论,是由波兰数学家波拉克(Pawlak)在20世纪80年代初提出的,是一种新的处理含糊、不精确、不完备问题的数学工具,可以处理数据约简、数据相关性发现、数据意义的评估等问题。其优点是算法简单,在处理过程中可以不需要关于数据的先验知识,可以自动找出问题的内在规律;缺点是难以直接处理连续的属性,需要先进行属性的离散化。因此,连续属性的离散化问题是制约粗糙集理论实用化的难点。粗糙集理论主要应用于近似推理、数字逻辑分析和化简、建立预测模型等问题。

模糊集法是利用模糊集合理论对问题进行模糊评判、模糊决策、模糊模式识别和模糊聚类分析。模糊集合理论是用隶属度来描述模糊事物的属性,系统的复杂性越高,模糊性就越强。

关联规则法反映了事物之间的相互依赖性或关联性,最著名的算法是由阿格拉瓦尔(Agrawal)等人提出的Apriori算法。其算法的思想是:首先找出频繁性至少和预定意义的最小支持度一样的所有频集,然后由频集产生强关联规则,这样的规则必须满足。

## 7.1.3 大数据应用

经过近几年的发展,大数据技术已经慢慢地渗透到各个行业。不同行业的大数据应用进程的速度，与行业的信息化水平，行业与消费者的距离，行业的数据拥有程度有着密切的关系。

**1. 大数据在金融行业的应用**

金融行业一直较为重视大数据技术的发展。相比常规商业分析手段，大数据可以使业务决策具有前瞻性，让企业战略的制定过程更加理性化，实现生产资源优化分配，依据市场变化迅速调整业务策略，提高用户体验以及资金周转率，降低库存积压的风险，从而获取更高的价值和利润。

大数据在金融行业的应用可以总结为以下三个方面。

（1）精准营销：依据客户消费习惯、地理位置、消费时间进行推荐。

金融行业一般以用户属性和信用信息为主来构成用户画像，通过用户画像实现精准营销。用户属性如学历、月度收入、婚姻状况、职位等，都可以成为描述用户消费能力的特征和信贷能力的维度。而信用信息可以直接证明客户的消费能力，是用户画像中最重要和基础的信息。

精准营销有助于企业了解客户需求，分析客户价值，从而为客户制定相应的策略和资源配置，提升产品服务质量。

（2）风险管控：依据客户消费和现金流提供信用评级或融资支持，利用客户社交行为记录实施信用卡反欺诈。

传统的风控技术，多由各机构自己的风控团队以人工的方式进行经验控制。但随着互联网技术不断发展，传统的风险管控方式已逐渐不能支撑金融公司的业务扩展；而大数据对多维度、大量数据的智能处理，批量标准化的执行流程，更能贴合信息发展时代风险管控业务的发展要求，越来越激烈的行业竞争，也正是如今大数据风控如此火热的重要原因。与原有人为对借款企业或借款人进行经验式风控不同，通过采集大量借款人或借款企业的各项指标进行数据建模的大数据风险管控更为科学有效。

（3）决策支持：利用决策树技术进行抵押贷款管理，利用数据分析报告实施产业信贷风险控制。

**2. 大数据在医疗行业的应用**

医疗行业很早就遇到了海量数据和非结构化数据的挑战。除了较早前就开始利用大数据的互联网公司，医疗行业是让大数据分析最先发扬光大的传统行业之一。我们面对的数目及种类众多的病菌、病毒，以及肿瘤细胞，其都处于不断进化的过程中。在发现诊断疾病时，疾病的确诊和治疗方案的确定是最困难的。医疗行业拥有大量的病例，病理报告，治愈方案，药物报告等。如果这些数据可以被整理和应用将会极大地帮助医生和病人。

我们借助于大数据平台可以收集不同病例和治疗方案，以及病人的基本特征，可以建立针对疾病特点的数据库。如果未来基因技术发展成熟，可以根据病人的基因序列特点进行分类，建立医疗行业的病人分类数据库。在医生诊断时可以根据病人的疾病特征、化验报告和检测报告，参考疾病数据库来快速帮助病人确诊。在制定治疗方案时，医生可以依据病人的基因特点，调取相似基因、年龄、人种、身体情况相同的有效治疗方案，制定出适合病人的治疗方案，帮助更多人及时进行治疗。同时这些数据也有利于医药行业开发出更加有效的药物和医疗器械。

医疗行业的数据应用一直在进行，但是数据没有打通，都是孤岛数据，没有办法进行大规模应用。未来需要将这些数据统一收集起来，纳入统一的大数据平台，为人类健康造福。政府和医疗行业是推动这一趋势的重要动力。

**3. 大数据在环保行业的应用**

2016 年，我国颁布了生态环境大数据建设总体方案，明确我国将通过大数据建设加强环境保护。基于这样的背景，目前环保大数据发展很快。随着环境监管升级，针对性、精确化、智能化的服务需求激增，大数据在环境领域大有用武之地。

与此同时，环保数据量呈爆发式增长，给计算资源和存储资源的扩展性和高可用性带来挑战。另外，生态监测网实时数据也给数据平台带来性能挑战。而非结构化数据、时间序列数据、关系型数据等多类型数据，也增加了数据处理及分析的复杂性。因此大数据在环保行业也有着不可或缺的作用。

大数据可以全面地记录污染源全生命周期各个节点的各类数据，并可以精准计算、分析其对环境影响的过程和程度，并建立包括大气、水、土壤在内的环境监测系统。大数据可以通过对各环节的监测数据进行收集、整合和分析，实现对各环境要素及污染因子的全方位、全覆盖、全时段、全天候、全过程的监管和预测，通过构建以互联网信息技术与计算机技术为基础的监测网络，实时更新监测数据，为环境监督管理提供坚实的数据支撑，实现环境监管的信息化。

大数据正逐步转变人们的态度与思维，使人们从整体上认识和了解环境保护的重要性，进而对环境保护工作产生了积极的监督意识，将环境保护工作从小范围的环境监测转化为大范围的监督管理的同时不断进行探究与创新。

# 任务7.2 云 计 算

近几年来，云计算也正在成为信息技术产业发展的战略重点，全球的信息技术企业都在纷纷向云计算转型。

## 7.2.1 什么是云计算

云计算是分布式计算的一种，指的是通过网络"云"将巨大的数据计算处理程序分解成无数个小程序，然后通过多部服务器组成的系统对这些小程序进行处理和分析，把最终得到的结果返回给用户。早期的云计算，就是简单的分布式计算，解决任务分发，并进行计算结果的合并。因此，云计算又称为网格计算。通过这项技术，可以在很短的时间内（几秒）完成对数以万计的数据的处理，从而达到强大的网络服务。

从广义上说，云计算是与信息技术、软件、互联网相关的一种服务，这种计算资源共享池叫作"云"，云计算把许多计算资源集合起来，通过软件实现自动化管理，只需要很少的人参与就能让资源被快速提供。也就是说，计算能力作为一种商品可以在互联网上流通，就像水、电、煤气一样，可以方便地取用且价格较为低廉。

云计算不是一种全新的网络技术，而是一种全新的网络应用概念，云计算的核心概念就是以互联网为中心，在网站上提供快速且安全的云计算服务与数据存储，让每一个使用互联网的用户都可以使用网络上的庞大计算资源与数据中心。

　　云计算是继计算机、互联网后在信息时代的又一种革新，云计算是信息时代的一大飞跃，未来的时代可能是云计算的时代。

### 7.2.2　云计算与大数据的关系

　　大数据是一种移动互联网和物联网背景下的应用场景，需要对各种应用产生的巨量数据进行处理和分析，挖掘有价值的信息；云计算是一种技术解决方案，利用这种技术可以解决计算、存储、数据库等一系列 IT 基础设施按需构建的需求。两者并不是同一个层面的概念。

　　大数据对数据进行专业化处理的过程离不开云计算的支持。大数据的特色在于对海量数据进行分布式数据挖掘，但它必须依托云计算的分布式处理、分布式数据库和云存储、虚拟化技术。大数据分析常和云计算联系到一起，因为实时的大型数据集分析需要框架来向数十、数百甚至数千的计算机分配工作。适用于大数据的技术，包括大规模并行处理数据库、数据挖掘、分布式文件系统、分布式数据库、云计算平台、互联网和可扩展的存储系统。简而言之，云计算作为计算资源的底层，支撑着上层的大数据处理。

### 7.2.3　云计算的应用

　　较为简单的云计算技术已经普遍服务于现如今的互联网服务中，最为常见的就是网络搜索引擎和网络邮箱。在任何时刻，只要通过移动终端就可以在搜索引擎上搜索任何自己想要的资源，通过云端共享数据资源。网络邮箱也是如此，在过去，寄写一封邮件是一件比较麻烦的事情，过程也很慢，而在云计算技术和网络技术的推动下，电子邮箱成为社会生活中的一部分，现在只要在网络环境下就可以实现实时的邮件寄收。

　　常用的 App、搜索引擎、听歌软件，它们的服务器都"跑"在云上，为我们提供服务。除此之外还有存储云和医疗云等。

　　存储云是在云计算技术上发展起来的一种新的存储技术。云存储是一个以数据存储和管理为核心的云计算系统。用户将本地的资源上传至云端，就可以在任何地方连入互联网来获取云上的资源。存储云向用户提供了存储容器服务、备份服务、归档服务和记录管理服务等，大大方便了使用者对资源的管理。

　　医疗云是指在云计算、移动技术、多媒体、4G 通信、大数据以及物联网等新技术的基础上，结合医疗技术，使用云计算来创建医疗健康服务云平台，实现了医疗资源的共享和医疗范围的扩大。因为云计算技术的运用与结合，医疗云提高了医疗机构的效率，方便了居民就医。现在医院的预约挂号、电子病历、医保等都是云计算与医疗领域结合的产物，同时医疗云还具有数据安全、信息共享、动态扩展、布局全国的优势。

# 任务7.3　人工智能

　　这是一个大数据的时代，更是一个召唤人工智能的时代。人类对于人工智能的期盼由来已久，在各种科幻小说中常见各种拥有人类智慧的机器人。智能机器人长久以来一直是人类的一个梦想，如今这个梦想被重新点燃，离我们触手可及。

### 7.3.1　人工智能战胜人类

　　让人工智能程序去下棋似乎是一个传统了，在棋类游戏上战胜人类顶尖高手成为人工智能程序证明自己的一种方式。早在 1997 年 IBM 的超级计算机"深蓝"就以微弱优势战胜了当时的国际象棋大师卡斯帕罗夫，那算是人工智能的一次预演。不过由于围棋的复杂度远不是国际象棋可以比拟的，所以当时人们普遍认为计算机在围棋上要想胜过人类职业选手还遥遥无期。然而仅仅不到 20 年，谷歌旗下的 DeepMind 公司研发的人工智能程序 AlphaGo 就战胜了人类顶尖围棋选手之一韩国九段李世石。这个轰动性的事件，对于人工智能来说可谓一个绝佳的广告，一时间普罗大众都开始关注人工智能的发展。

### 7.3.2　人工智能技术

　　人工智能领域普遍包含了机器学习、知识图谱、自然语言处理、人机交互、计算机视觉、生物特征识别、AR/VR 七个关键技术。

　　机器学习是一门涉及统计学、系统辨识、逼近理论、神经网络、优化理论、计算机科学、脑科学等诸多领域的交叉学科。研究计算机怎样模拟或实现人类的学习行为，以获取新的知识或技能，重新组织已有的知识结构使之不断改善自身的性能，是人工智能技术的核心。基于数据的机器学习是现代智能技术中的重要方法之一，研究从观测数据(样本)出发寻找规律，利用这些规律对未来数据或无法观测的数据进行预测。根据学习模式、学习方法以及算法的不同，机器学习存在不同的分类方法。

　　知识图谱本质上是结构化的语义知识库，是一种由节点和边组成的图数据结构，以符号形式描述物理世界中的概念及其相互关系，其基本组成单位是"实体—关系—实体"三元组，以及实体及其相关"属性—值"对。不同实体之间通过关系相互联结，构成网状的知识结构。在知识图谱中，每个节点表示现实世界的"实体"，每条边为实体与实体之间的"关系"。通俗地讲，知识图谱就是把所有不同种类的信息连接在一起而得到的一个关系网络，提供了从"关系"的角度去分析问题的能力。知识图谱可用于反欺诈、不一致性验证、反组团欺诈等公共安全保障领域，需要用到异常分析、静态分析、动态分析等数据挖掘方法。知识图谱在搜索引擎、可视化展示和精准营销方面有很大的优势，已成为业界的热门工具。随着知识图谱应用的不断深入，还有一系列关键技术需要突破，如数据的噪声问题，即数据本身有错误或者数据存在冗余。

　　自然语言处理是计算机科学领域与人工智能领域中的一个重要方向，不是研究自然语言，而是研制能有效地实现自然语言通信的计算机系统。自然语言处理的目的是实现人与计算机之间用自然语言进行有效通信的各种理论和方法。

　　人机交互主要研究人和计算机之间的信息交换，主要包括人到计算机和计算机到人的两部分信息交换，是人工智能领域的重要外围技术。人机交互是与认知心理学、人机工程学、多媒体技术、虚拟现实技术等密切相关的综合学科。传统的人与计算机之间的信息交换主要依靠交互设备进行，包括键盘、鼠标、操纵杆、数据服装、眼动跟踪器、位置跟踪器、数据手套、压力笔等输入设备，以及打印机、绘图仪、显示器、头盔式显示器、音箱等输出设备。人机交互技术除了传统的基本数据交互和图形交互外，还包括语音交互、情感交互、体感交互及脑机交互等技术。

计算机视觉是一门研究如何使机器"看"的科学，就是用摄影机和计算机代替人眼对目标进行识别、跟踪和测量，并进一步做图形处理，使其成为更适合人眼观察或仪器传送和检测的图像。计算机视觉的主要任务是通过对采集的图片或者视频进行处理以获得相应场景的三维信息。

生物特征识别技术是指通过个体生理特征或行为特征对个体身份进行识别认证的技术。从应用流程看，生物特征识别通常分为注册和识别两个阶段。注册阶段通过传感器对人体的生物表征信息进行采集，如利用图像传感器对指纹和人脸等光学信息进行采集，用话筒对说话声等声学信息进行采集，利用数据预处理以及特征提取技术对采集的数据进行处理，得到相应的特征进行存储。生物特征识别技术涉及的内容十分广泛，包括指纹、掌纹、人脸、虹膜、指静脉、声纹、步态等多种生物特征，其识别过程涉及图像处理、计算机视觉、语音识别、机器学习等多项技术。目前生物特征识别作为重要的智能化身份认证技术，在金融、公共安全、教育、交通等领域得到广泛的应用。

增强现实（AR）/虚拟现实（VR）是以计算机为核心的新型视听技术。结合相关科学技术，在一定范围内生成与真实环境在视觉、听觉、触感等方面高度近似的数字化环境。用户借助必要的装备与数字化环境中的对象进行交互，获得近似真实环境的感受和体验。

增强现实/虚拟现实从技术特征角度，按照不同处理阶段，可以分为获取与建模技术、分析与利用技术、交换与分发技术、展示与交互技术以及技术标准与评价体系5个方面。其目前面临的挑战主要体现在智能获取、普适设备、自由交互和感知融合四个方面。在硬件平台与装置、核心芯片与器件、软件平台与工具、相关标准与规范等方面存在一系列科学技术问题。总体来说，增强现实/虚拟现实呈现虚拟现实系统智能化、虚实环境对象无缝融合、自然交互全方位与舒适化的发展趋势。

## 7.3.3　人工智能应用

本节主要介绍人工智能在自然语言处理、计算机视觉、语音识别技术、专家系统以及交叉领域等5个领域的应用。

### 1. 自然语言处理

自然语言处理的一个主要应用方面就是外文翻译。生活中遇到外文文章，我们一般会借助于翻译网页或者App，然而机器翻译出来的结果，容易出现不符合语言逻辑的情况，需要我们对句子进行二次处理。对如法律、医疗等专业领域的外文，机器翻译难度更大。面对这一困境，自然语言处理正在努力打破翻译的壁垒，只要提供海量的数据，机器就能自己学习任何语言。

在临床医学方面，自然语言处理还可以将积压的病例自动批量转化为结构化数据库，通过机器学习和自然语言处理技术自动抓取病历中的临床变量，生成标准化的数据库，对临床科研的专业统计分析提供支持。

### 2. 计算机视觉

计算机视觉有着广泛的细分应用，其中包括医疗领域成像分析、人脸识别、公关安全、安防监控等。

以智能安防为例。在各级政府大力推进"平安城市"建设的过程中，监控点位越来越多，视频和卡口产生了海量的数据。尤其是高清监控的普及，整个安防监控领域的数据量都在爆炸式增长，依靠人工来分析和处理这些信息变得越来越困难，以计算机视觉为核心的安防技术可以处理海量的数据源以及丰富的数据层次。同时安防业务的诉求本质与 AI 的技术逻辑高度一致，可以从事前的预防应用延伸到事后的追查，计算机视觉在今后也将越来越多地应用在打击犯罪等安全领域。

**3. 语音识别技术**

语音识别技术最通俗易懂的讲法就是语音转化为文字，并对其进行识别认知和处理，如图 7-1 所示。语音识别技术的主要应用包括医疗听写、语音书写、计算机系统声控、电话客服等。

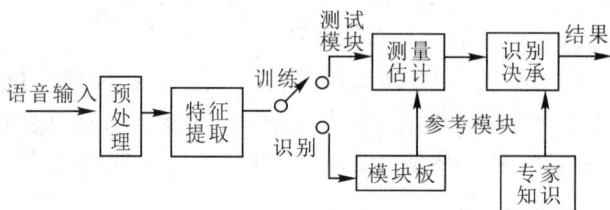

图 7-1　语音识别技术

语音识别技术还有一个比较有趣的应用——语音评测服务，语音评测服务是利用云计算技术，将自动口语评测服务放在云端，并开放 API 接口供客户远程使用。在语音测评服务中，通过人机交互式教学，能实现一对一口语辅导。

**4. 专家系统**

专家系统是一个或一组能在某些特定领域内，应用大量的专家知识和推理方法求解复杂问题的一种人工智能计算机程序。应用过程一般是将该领域专家的知识和经验，用某种知识表达模式存入计算机，系统对需要解决的问题进行推理，做出判断和决策。专家系统通常由人机接口、知识获取机构、推理机、解释器、知识库及其管理系统、数据库及其管系统等 6 个部分构成，如图 7-2 所示。

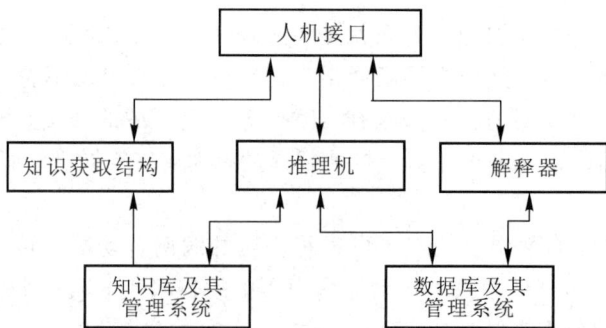

图 7-2　专家系统构成

自 20 世纪 60 年代末，费根鲍姆等人研制出第一个专家系统 DENDRAL 以来，专家系统已被成功地运用到工业、农业、地质矿产业、科学技术、医疗、教育、军事等众多领域，并产生了巨大的社会效益和经济效益。它实现了人工智能从理论研究走向实际应用，从一般思维方法探讨转入专门知识运用的重大突破。成为人工智能应用研究中最活跃、也最有成效的一个重要领域。

### 5．交叉领域

人工智能在交叉领域应用最突出的方面是智能机器人。机器人是自动执行工作的机器装置。它既可以接受人类指挥，又可以运行预先编排的程序，也可以根据以人工智能技术制定的原则纲领行动。它的任务是协助或取代人类的工作，多从事服务业、生产业、建筑业，或是危险的工作。

例如常见的陪护机器人，应用于养老院或社区服务站，其具有生理信号检测、语音交互、远程医疗、智能聊天、自主避障漫游等功能，能够实现自主导航避障，能够通过语音和触屏进行交互。还可以无线连接社区网络并传输信息到社区医疗中心，紧急情况下可及时报警或通知亲人。陪护机器人为人口老龄化带来的重大社会问题提供了解决方案。

# 任务7.4　区　块　链

区块链作为一种新型去中心化协议，能安全地存储数据或信息，信息不可伪造和篡改，可以自动执行智能合约，无需任何中心化机构的审核。

## 7.4.1　什么是区块链

区块链是一个信息技术领域的术语。从本质上讲，它是一个共享数据库，存储于其中的数据或信息具有"不可伪造""全程留痕""可以追溯""公开透明""集体维护"等特征。基于这些特征，区块链技术奠定了坚实的"信任"基础，创造了可靠的"合作"机制，具有广阔的运用前景。

区块链以其可信任性、安全性和不可篡改性，让更多数据被解放出来，推进数据的海量增长。区块链的可追溯性使得数据从采集、交易、流通，以及计算分析的每一步记录都可以留存在区块链上，使得数据的质量获得前所未有的强信任背书，也保证了数据分析结果的正确性和数据挖掘的效果。

区块链能够进一步规范数据的使用，精细化授权范围。脱敏后的数据交易流通，则有利于突破信息孤岛，建立数据横向流通机制，形成"社会化大数据"。

区块链提供的是账本的完整性，数据统计分析的能力较弱。大数据则具备海量数据存储技术和灵活高效的分析技术，极大提升区块链数据的价值和使用空间。区块链提供的卓越的数据安全性和数据质量，可以改变人们处理大数据的方式。

## 7.4.2　区块链金融应用

在区块链的创新和应用探索中，金融是最主要的领域，也是最早的应用领域之一，现阶段主要的区块链应用探索和实践，也都是围绕金融领域展开的。在金融领域中，区块链技术在数字货币、支付清算、智能合约、金融交易、物联网金融等多个方面存在广阔的应用前景，一定程度上推动解决了此前金融服务中存在的信用校验复杂、成本高、流程长、数据传输误差等难题。

目前，金融服务领域已有一些典型案例，例如通过区块链技术改造的跨境直联清算业务系统。之前的跨境支付结算时间长、费用高、必须通过多重中间环节。当跨境汇款与结算的方式日趋复杂，付款人与收款人之间所仰赖的第三方中介角色更显得重要。

通过区块链的平台，不但可以绕过中转银行，减少中转费用，还因为区块链安全、透明、低风险的特性，提高了跨境汇款的安全性，并加快了结算与清算速度，大大提高了资金利用率。银行与银行之间不再通过第三方，而是通过区块链技术打造点对点的支付方式，省去第三方金融机构的中间环节，不但可以全天候支付、实时到账、提现简便及没有隐性成本，也有助于降低跨境电商资金风险及满足跨境电商对支付清算服务的及时性、便捷性需求。

在发展特点上，一方面由于金融服务行业注重多方对等合作，并具有强监管和高级别的安全要求，需要对节点准入、权限管理等作出要求，因此更倾向于选择联盟链的技术方向；另一方面该领域的应用更加强调可监管性，从金融监管机构的角度看，区块链为监管机构提供了一致且易于审计的数据，使得金融业务的监管审计更快更精确。

### 7.4.3 区块链政务应用

政务领域是区块链技术落地的场景之一，政府方面对区块链的接受度愈发高涨。

在国外，日本等国开发了基于区块链的国民身份证系统，马来西亚的商业登记处引入了区块链技术，巴西的圣保罗市政府计划通过区块链登记公共工程项目。在我国，政府部门也积极应用区块链技术。例如，北京市政府部门的数据目录都将通过区块链形式进行锁定和共享，形成"目录链"。2019 年 6 月，重庆上线了区块链政务服务平台，在重庆注册公司的时间从过去的十余天缩短到三天。

区块链在政府工作方面的广泛落地，基于一个重要的技术原理，即区块链能够打破数据壁垒，解决信任问题，极大地提升办事效率。

区块链＋电子票据，是区块链技术在政务领域的重要应用之一，也是区块链技术在国内的最早落地场景之一。一直以来，我国采取"以票管税"的税收征管模式，需要用繁复的技术手段确保电子发票的唯一性，这在无形中提高了社会成本。而区块链技术在低成本的前提下，实现了电子发票的不可作伪、按需开票、全程监控、数据可询，有效解决了发票造假的问题，真正实现了交易即开票，开票即报销。

司法也是区块链政务落地的重要领域之一。2018 年 9 月，最高人民法院在最新司法解释中指出："当事人提交的电子数据，通过电子签名、可信时间戳、哈希值校验、区块链等证据收集、固定和防篡改的技术手段或者通过电子取证存证平台认证，能够证明其真实性的，互联网法院应当确认。"如今在司法界，区块链凭着多方见证、不可篡改的属性，已经被视作是有效增强电子证据可信度的工具之一。

### 7.4.4 区块链溯源应用

区块链是一个分散的数据库，记录了区块链数据的输入输出，从而可以轻松地追踪数据的变化，即产生的任何数据信息都会被区块链所记录，这些数据信息都具有准确性和唯一性，且不可进行篡改，这就是区块链的可追溯性。

溯源的本质是信息传递，区块链本身也是利用信息传递将数据做成区块，然后按照相关的算法生成私钥,防止篡改,再用时间戳等方式形成链,这恰恰符合了商品市场流程化生产模式。因此,将区块链技术运用到市场当中,任何数据信息都能够被记录,并且这个数据信息是可以追溯查询的。当有假冒伪劣产品出现在市场上时,区块链的可追溯性能够帮助找到产品造假的源头,方便监管部门切断造假源头,防止假冒伪劣产品流向市场。另外,对于已经流向市场的假冒伪劣产品,区块链的可追溯性也能够查询到其准确的流向位置,方便监管部门将其召回,给予消费者更好的购物环境,如图7-3所示。

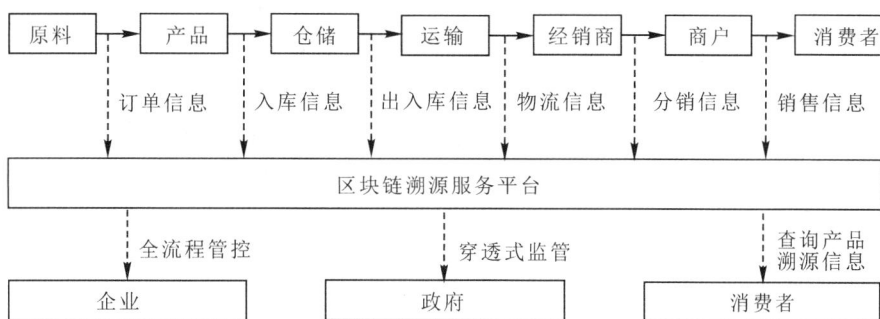

图7-3 区块链溯源应用

对税务进行实时监督也是区块链溯源的重要应用。对于税务监管部门来说,如何防止偷税、漏税情况的出现,一直都是他们最为关心的话题。将区块链技术运用到税务管理系统当中,区块链的可追溯性能够对发放的每一张发票信息进行追溯查询,这就意味着企业登记的每一笔财务信息,都能被区块链数据系统查询到。这就方便税务机关实时地进行监管,防止偷税、漏税情况的出现。

# 参 考 文 献

［1］ 顾刚. 大学计算机基础［M］. 4 版. 北京：高等教育出版社，2021.

［2］ 程向前. 计算机应用基础 2011［M］. 北京：中国人民大学出版社，2010.

［3］ 陆汉权. 计算机科学基础［M］. 北京：电子工业出版社，2011.

［4］ 宋文军，谭可久. 大学计算机实训教程［M］. 长春：吉林大学出版社. 2016.

［5］ 侯丽萍，王海舰，陈丽娟. 计算机基础实训教程［M］. 济南：山东科学技术出版社. 2017.

［6］ 康华，陈少敏. 计算机文化基础实训教程［M］. 北京：北京理工大学出版社. 2018.